"十一五"国家重点图书

节能减排技术指南丛书

# 电力工业节能减排技术指南

米建华　主编

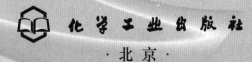

化学工业出版社

·北京·

电力工业是支撑国民经济和社会发展的基础性产业和公用事业，而节能减排是实现经济健康发展的必然选择。本书全面、系统地介绍了电力工业节能减排的基础知识、发电工业能效状况、电力企业节能制度体系、污染物与温室气体减排以及电网节能降损等内容。

　　本书可供电力工业的环保工程技术人员、科研人员和管理人员参考，也可供高等学校环境科学与工程、能源工程等专业的师生参阅。

**图书在版编目（CIP）数据**

电力工业节能减排技术指南/米建华主编 . —北京：
化学工业出版社，2011.7
"十一五"国家重点图书
（节能减排技术指南丛书）
ISBN 978-7-122-11165-4

Ⅰ. 电… Ⅱ. 米… Ⅲ. 电力工业-节能-指南 Ⅳ. TM-62

中国版本图书馆 CIP 数据核字（2011）第 076208 号

| | |
|---|---|
| 责任编辑：刘兴春　徐　娟 | 文字编辑：汲永臻 |
| 责任校对：蒋　宇 | 装帧设计：刘丽华 |

出版发行：化学工业出版社（北京市东城区青年湖南街 13 号　邮政编码 100011）
印　　刷：北京永鑫印刷有限责任公司
装　　订：三河市万龙印装有限公司
787mm×1092mm　1/16　印张 13½　字数 301 千字　2011 年 8 月北京第 1 版第 1 次印刷

购书咨询：010-64518888(传真：010-64519686)　售后服务：010-64518899
网　　址：http://www.cip.com.cn
凡购买本书，如有缺损质量问题，本社销售中心负责调换。

定　　价：68.00 元　　　　　　　　　　　　　　　　版权所有　违者必究

# 前　言

　　节能减排是我国经济工作中的重点任务之一，是建设资源节约型、环境友好型社会和实现经济社会可持续发展的主要措施。"十一五"期间，电力行业认真贯彻落实科学发展观，不断加强结构调整步伐，加大节能减排力度，认真履行社会责任。在此期间，清洁能源比重进一步提高，火电结构不断优化，电源布局调整步伐加快，电网优化配置资源能力显著提升，供电煤耗、电网线损、二氧化硫排放绩效达到同等条件国家先进水平。"十二五"期间，电力行业将继续以加快转变电力发展方式为主线，以保障安全、优化结构、节能减排、积极应对气候变化为重点构建现代电力工业体系，满足经济社会科学发展的需求，为实现我国2020年非化石能源比重和单位GDP二氧化碳减排目标做出应有的贡献。本书结合近年来国家出台的一系列与节能减排相关的法律、法规和政策，总结了行业和企业"十一五"期间在节能减排技术改造和技术管理方面的部分经验，重点把握政策和技术的行业适用性和及时性，同时进行系统化整理分类，并进行综合性评述，以期为节能减排工作深入开展提供政策和技术方面的信息支持。本书共分七章，主要包括：电力工业发展与节能减排、发电企业能效状况、发电企业节能技术体系、发电企业节能技术管理、发电企业污染物减排、发电企业温室气体减排、电网节能降损。

　　在本书的编写过程中，得到了中国电力企业联合会环保与资源节约部、科技开发服务中心和全国发电技术协作网有关领导和专家的大力支持，在此深表谢意。

　　由于时间仓促和作者水平所限，书中疏漏和不妥之处在所难免，恳请读者批评指正。

编者

**2011 年 4 月**

# 目　录

# 第一章　电力工业发展与节能减排

## 第一节　我国电力工业的现状与发展

电力工业是支撑国民经济和社会发展的基础性产业和公用事业，一次能源转换为电力的比重，特别是煤炭转换为电力的比重已成为衡量一个国家经济发展水平、能源使用效率的高低和环境保护好坏的重要标志。同时，电气化和电气化水平已成为国家和地区实现现代化的必要条件和重要指标，随着我国国民经济的快速发展和人民生活水平的不断提高，对电力的依赖程度也越来越高。

### 一、我国电力工业发展情况

1949 年，全国发电装机容量只有 185 万千瓦，年发电量 43 亿千瓦时，发电装机容量和发电量均居世界第 25 位，人均年用电量只有 9 千瓦时。建国后，我国根据电力工业发展的内在规律，确立了电力先行原则，特别是改革开放以来，通过实施集资办电、大规模城农网改造、电力体制改革和电力结构调整等多种措施，提高了电力工业的技术含量，使电力工业不断跨上新的台阶，基本满足了经济发展对电力的需求。特别是改革开放以来，我国电力工业与国家宏观经济的发展规律呈现了一个相互促进的过程，发电装机规模从1978 年的 5712 万千瓦，增加到 2009 年的 87410 万千瓦，31 年累计增长了 14 倍。我国发电装机容量已连续 14 年位居世界第二位。

#### 1. 发电装机快速增长，结构逐步调整，供应能力极大提高

我国"十五"期间电力装机增长迅速，总增加装机相当于建国后前 45 年的装机总和；"十一五"期间，年均投产容量约 8660 万千瓦，是世界上发电建设速度最快的国家。我国电力工业从建国初期的 185 万千瓦装机发展到 1 亿千瓦，用了 38 年时间；从 1 亿千瓦发展到 2 亿千瓦用了 8 年的时间；从 2 亿千瓦到 3 亿千瓦缩短到 5 年；从 3 亿千瓦到 4 亿千瓦用了 4 年；从 4 亿千瓦至 5 亿千瓦用了 19 个月的时间；从 5 亿千瓦发展到 9 亿千瓦，每亿千瓦增量平均只用了 13.5 个月的时间。

截至 2010 年底，全国发电装机容量达到 96641 万千瓦，其中，水电达到 21606 万千瓦，火电达到 70967 万千瓦，水、火电装机容量占总容量的比例分别为 22.36%和 73.44%；核电装机 1082 万千瓦；并网生产风电设备容量达到 2958 万千瓦；气电2650 万千瓦，占总容量的 2.74%；太阳能、生物质能及垃圾发电 299 万千瓦。截至

2010年底，包括水电、核电以及风电、生物质发电等新能源在内的清洁能源装机容量共计2.60亿千瓦，占总装机的26.9%，绿色能源发电量占总发电量比重达到19.3%。在各省市，广东、内蒙古、江苏、山东发电设备容量突破6000万千瓦，浙江、河南发电设备容量突破5000万千瓦，湖北、山西、四川、河北装机容量突破4000万千瓦。

### 2. 发电量保持快速增长

"十一五"期间，全国发电量保持快速增长，发电量由2005年的24975亿千瓦时增长到2010年的42272亿千瓦时，年均增长11.10%。其中，水电发电量由3964亿千瓦时增长到6867亿千瓦时，年均增长10.60%；火电发电量由20437亿千瓦时增长到34166亿千瓦时，年均增长10.81%；核电由531亿千瓦时增长到747亿千瓦时，年均增长9.67%；并网风电由16亿千瓦时增长到494亿千瓦时，年均增长99.1%。

### 3. 电网不断强化和完善

近年以来，电网建设和发展越来越受到重视，电网覆盖面和现代化程度不断提高，全国跨区联网格局基本形成。

电网规模不断扩大，区域、省电网主网架得到较大发展，电网技术等级不断提高。2010年底，全国电网220千伏及以上输电线路回路长度44.27万千米，220千伏及以上公用变电设备容量19.74亿千伏安。随着各省区500千伏环网的逐步形成，全国大部分地区已经形成了500千伏为主（西北地区为330千伏）的电网主网架，电网结构日趋合理、网架日趋坚强。目前，我国电网规模已超过美国，跃居世界首位。2009年1月，晋东南—荆门1000千伏特高压交流试验示范工程正式投产；12月，±800千伏云南—广东特高压直流工程单极投运，±800千伏向家坝—上海特高压直流示范工程全线带电，使我国最高直流、交流电压等级分别由±500千伏和750千伏提高到±800千伏和1000千伏，远距离大容量输电能力增强，为全国资源优化配置提供了更高等级的网络平台；500千伏海南与南方电网海底电缆联网工程投运结束了海南"电力孤岛"的历史。全国500千伏电网结构也得到进一步优化和完善，供电能力大大增强。农村电网建设加快，全国"户户通电率"达到99.85%。

2009年底，"西电东送"南通道形成"八交五直"大通道，输电能力超过2300万千瓦。包括皖电东送东西通道能力720万千瓦，以及阳城送江苏300万千瓦，中通道输送到华东负荷中心的输电能力超过1800万千瓦；±800千伏向家坝—上海直流线路也在2010年投运，中通道能力已超过2000万千瓦。2009年，内蒙古外送通道能力加强，最大能力增加到400万千瓦；加上陕西锦界、府谷电厂送河北线路，目前西电东送北通道累计最大送电能力超过2200万千瓦；西北能源基地建设将带动北通道规模继续扩大。截至2009年底，全国"西电东送"三大通道总输送能力超过6300万千瓦，支撑着东、中、西部经济平稳快速发展。在现有基础上，包括长江上游、金沙江、红水河以及黄河上游等流域水电开发以及大型坑口电站建设，到2020年，西电东送三大通道输送能力还要扩大1倍以上，进一步实现能源资源在更大范围内的优化配置。

### 4. 节能减排取得明显成效

"十一五"期间，通过加快高参数大容量火电机组建设、加快关停小火电机组、加大热电联产机组建设力度、积极开展现役火电机组节能技术改造等措施，火电机组供电煤耗进一步下降。火电厂供电煤耗和电网输配电线损率持续下降，到 2010 年底，供电煤耗实现 $333g/(kW \cdot h)$，比"十一五"确定的 $355g/(kW \cdot h)$ 的目标值多下降了 $22g/(kW \cdot h)$。"十一五"期间，通过对输变电系统和配电系统进行节能技术改造，使电网线损不断下降，电网输配电线损率实现 6.53%，比"十一五"确定的 7% 的目标值多下降了 0.47%。

电力是全国二氧化硫减排的主战场，政府、行业和企业高度重视，2010 年电力二氧化硫排放 926 万吨，提前超额完成国家"十一五"规划的年排放量 1000 万吨以内的目标要求；2010 年，全国电力二氧化硫排放量下降 28.80%，达到总量控制要求，也保证了"十一五"全国减排目标的实现。电力行业二氧化硫排放量下降，为全国二氧化硫排放量下降做出了重要贡献。

## 二、电力工业发展政策和目标

电力工业的科学发展是为社会和谐创造雄厚物质基础的重要保证，其发展必须与国民经济发展相适应。目前是电力工业改革与发展的关键时期，电力发展无论对于电力工业的发展还是我国国民经济的发展都具有重要的意义。

我国电力工业在取得辉煌成就和长足进步的同时，也需要在与国民经济协调发展，优化产业结构，不断提高效率，促进环境友好，稳步推进改革等方面继续迈出新步伐。电力工业发展历程证明，电力事业蓬勃发展，既要遵循和把握社会发展和市场经济规律，又必须遵循和把握电力工业自身特有的规律，需要继续保持稳定有序发展，创新发展模式，提高发展质量，加大创新力度，更加重视资源节约与环境保护，更加重视提高经济效益，为实现我国"十一五"经济社会发展目标，提供经济发展的基础保障。

目前，我国人均用电水平仍然较低，适度超前发展依然是首要任务。2010 年，我国人均用电量约 3146 千瓦时，大致相当于美国和德国的 20%，日本和法国的 30%；人均生活年用电量仅为 380 千瓦时，大致相当于美国的 7%，日本的 14%。电力工业经过"十一五"不懈努力取得的相对缓和的平衡仍然是低水平的、脆弱的和暂时的，还应考虑到电力结构、备用容量和电力建设周期等特征，因此在供需相对缓和的情况下，发展仍然是我国电力工业的首要任务，要保持一定的规模、速度和投资，避免电力发展的大起大落，使电力适当超前发展，真正发挥好先行官作用。

在科学发展观和宏观调控政策的影响下，为建设资源节约型、环境友好型社会，作为能源工业的重要组成部分，电力工业不断转变发展模式，以节约发展、清洁发展、安全发展，实现电力工业的可持续发展的要求，确定电力工业的发展政策。坚持电力工业适度超前发展的方针，在电源领域，大力开发以水电为主的可再生能源，加快发展核电，优化燃煤发电结构，重点区域发展天然气发电；在电网领域，大力实施发电、输电、变电、配电、用电、调度等各环节的建设与智能化改造，不断提高电力系统的运行效率、供电质量、互动服务能力和抵御风险能力；加强以特高压电网为骨干网架、各级电网协调发展，进一步提高能源基地外送规模，加强区域电网联系，提高电网安全运行水平，保障大容量输送工程可靠运行，形成更加坚强的电网结构。在发展的过程中，促进电力技术进步，带动装备工业发展；坚持开发与节约并重，引导科学合理用电；深化电力体制改革，进一步发挥市场在配置资源中的基础性作用；完善电源电网协调发展机制，坚持统一规划和统一调度；充分利用国际国内两个市场、两种资源，确保电力安全；构建节约型、和谐型电力工业，促进电力与经济、社会、环境协调发展。

"十一五"期间，我国国民经济继续持续较快发展，工业化、城镇化、市场化、国际化步伐加快，人民生活进一步改善。与此相适应，电力需求在未来几年仍将继续保持稳定增长的态势，电力工业将迎来更为广泛的发展空间。在此期间，工业用电占主导地位的格局不会发生根本性改变，第一产业用电比重将会有所下降，城乡居民和第三产业用电比重将继续较快增长，空调等用电负荷对电力需求的影响日益显著，"十一五"全社会用电量的年均增速预计在 10% 以上，电力供应能力将进一步增强。2010 年，发电装机容量达到 9.66 亿千瓦，到 2020 年预计达 18～19 亿千瓦，全社会电气化水平进一步提高。

# 第二节 电力工业的节能减排构成

## 一、工作领域

在电力行业，节能减排是一项开展了二十余年的基础管理工作，习惯上一直包括节煤、节油、节电、节水、节地和污染预防治理等，符合国家资源节约和环境友好的含义。长期以来，在国家各项政策基础上，电力行业建立了较为系统的规范、标准和管理体系，并把节能减排作为规划、建设、生产和经营的重点工作之一，通过调整和优化电力产业结构，在开发中实现节约，加强技术改造以及节能降耗、污染治理、无渗漏企业、上星级、达标、创一流、行业对标等与效益目标相结合的管理，不断加大基础性管理和设备治理力度，取得了很大成绩；环境保护主要工作已从 20 世纪烟尘、废水治理发展到二氧化硫减排和氮氧化物控制。在新的形势下，电力行业对节能减排的认识，在保障电力供应和提高企业经济效益的基础上，进一步增加了节约资源、保护环境和提升履行企业社会责任的内涵，同时，也是我国应对气候变化积极行动的重要组成部分。

电力工业作为国民经济的基础产业和主要能源行业，在建设和生产运营中都需要占用和消费大量资源，包括土地、水资源、环境容量以及煤炭、石油、燃气等各类能源，涉及能源转换、输送和使用整个过程，电力工业是节能降耗和污染减排的重点行业。目前，我国电力消费能源约占一次能源的 42%，其中发电供热用煤占全国煤炭消费量的 50%，电力企业自身消耗电力占全社会用电量的 14% 左右，电力行业排放二氧化硫占全国排放总量的 51%。电力行业充分认识到自己的社会责任，把节约能源，提高能效，减少环境污染作为企业持续、健康发展的内在动力，通过结构调整、技术改造、优化运行方式和加强管理，围绕节能减排两大目标开展了大量工作，取得了显著的成绩。

在电力行业节能减排行动中，政府、监管机构、行业组织和企业按照各自定位，充分发挥作用，其中企业是根本的主体。近年来，政府在规划制定产业结构调整、电价和运行管理等方面出台了一系列政策文件和措施，监管机构在电力市场建设和管理方面做了基础性工作，行业组织在行业发展研究、统计分析、标准制定、自律管理和交流培训方面开展了综合性工作，企业在完成政府通过行政手段下达的目标责任之外，进一步优化资产结构，提升生产管理水平。

在电力发展过程中，节能减排是一个涉及电力规划、建设、生产和使用全过程综合性目标，包括以下几个方面。

### 1. 规划是节约的根本

首先，应当在能源开发利用方面采取更强有力的可持续发展政策，大力开发以水电为主的可再生能源，调整和优化能源产业结构，在开发中实现节约，在满足电力需求和经济发展的同时尽可能减少煤炭、石油等矿物燃料的使用；其次，根据我国能源资源和负荷中心分布特点，合理安排能源流向，优化区域能源配置，控制大量电力输送过程中的损耗；第三，优化燃煤发电结构，通过技术进步不断提高发电机组参数和容量等级，建设高效节能机组，发展洁净煤技术，因地制宜发展热电联产，减少电力生产过程中自身能源消耗，提高污染物排放控制水平。电力规划的科学性、权威性处于电力发展的核心和先导地位，应认真规划制订、修订和执行过程中的经验，特别是在水电、核电、热电联产这些需要综合协调领域的问题和不足，充分考虑电力需求变化和投资周期波动两方面因素，避免被动适应和无序发展。

### 2. 设计是节约的基础

电力是装备性行业，设计一旦完成，其能耗、排放水平基本确定。如果在设计上存在不足，会长期影响运行效率，再行改造也会造成新的损失。因此，根据技术和管理水平的进步，及时修订设计标准，优化设计，打好节约的基础。例如，在相同参数的机组中，能耗水平相差很大，反映机组设计、制造和安装水平。除了与煤种和水资源条件密切相关外，在主机设备条件、辅机设备配置、厂用电范围确定、环保和节水工艺选择等方面，各个时期与各国别设备有相当差异，设计是基础。从总体经济性把握，西部地区、产煤地区对机组能耗要求可适当降低。

### 3. 技术改造是节约的现实措施

电力存量资产能效提高，重点为在役燃煤火电机组的改造，通过提高机组安全性和可靠性、开展清洁生产、完善自动化及信息化手段，实现对早期30万～60万千瓦机组重点系统和设备技术升级，5万～20万千瓦纯凝汽式机组进行"上大压小"、热电联产和综合利用改造，综合提高现有企业经济效益和环境效益。

### 4. 调度及运行管理是节约的保证

当前全国大部分地区实现了电力供需平衡，电力投资体制逐步理顺，市场竞争初现端倪，原来同一电网内同类型机组安排基本相同的利用小时数的调度方式，已经不利于电力工业节能减排、结构调整和有序发展目标的实现，需要适时予以改进，在解决调度计划安排、可执行的排序、合理的利益分配和加强监管的前提下，近期实施调度方式，可直接提高能源利用效率。发电企业自身需要加强机组运行管理，通过机组运行监测及优化，使机组在设计工况下运行；优化辅机运行方式，根据机组负荷情况和季节变化合理安排主要辅机经济运行；机组与电网配合，燃煤火电机组可采用复合运行方式，平水期蓄水式水电应优先参与电网调峰，径流式水电及丰水期水电应尽可能满负荷发电，燃气联合循环机组和抽水蓄能机组只参加调峰，以保证大型燃煤机组负荷稳定；电网负荷低谷期间，部分发电机实施进相运行，提高整个系统效率。

**5. 电力企业与用户紧密配合是全社会节电的共同责任**

在政府的政策引导下，通过电力需求侧管理，可以达到优化运行、节约投资和提高能效的目的。

**6. 深化改革是节能减排的长久之计**

为提高能源利用效率、保护环境，近期采取行政手段节能减排，长期则应继续坚持电力市场化改革。节能减排应是市场竞争的产物，通过市场竞争的方式，使推动技术进步、提高生产效率成为电力投资者和经营者自觉的主动选择，电力市场化是最大限度地优化资源配置、促进电力节约发展的长效手段。

**7. 节能减排也是电力工业发展的永恒主题**

在循环经济模式下，通过发展清洁生产，在节能、节油、节电、节水、节地、降低排放、保护生态和综合利用等方面采取措施，实现资源节约型、环境友好型的电力工业。在烟尘、二氧化硫、氮氧化物逐步得到控制之后，烟气中的重金属等污染物的控制将会提到议事日程，而二氧化碳排放在未来将是制约电力工业发展的最大影响因素。华能等主要电力企业正在参与研究开发大幅提高发电效率、实现二氧化碳和污染物近零排放的下一代煤炭发电新技术，为今后发展打下基础。

## 二、电力行业节能减排政策体系

落实科学发展观，建设资源节约型、环境友好型社会，含义丰富、内容科学，节能减排是突出了当前工作重点的抓手，国家出台了一系列与节能减排相关的法律、法规、规章和其他政策措施，对经济结构调整和电力行业的健康发展产生着重要影响。一是法律制度修订和配套措施出台，包括《可再生能源法》、《节约能源法》和《循环经济促进法》等；二是制定综合措施，包括提出《节能减排综合性工作方案》，制定《节能中长期专项规划》和《国家环境保护"十一五"规划》、《国家酸雨和二氧化硫污染防治"十一五"规划》，实施节能目标和二氧化硫减排目标责任制，淘汰落后产能、控制高耗能高污染行业过快增长，突出十大重点节能工程和千家企业节能行动等节能重点领域工作，要求中央企业率先垂范，建立指标体系，出台财税支持政策，大力发展循环经济，全面推进清洁生产，积极应对气候变化，加强节能减排宣传，全面推动了节能减排工作的开展。节能减排是我国当前经济发展和资源开发利用所应遵循的基本政策，今后需要不断全面推进，进一步体现在制定和实施发展战略、发展规划、法律法规、产业政策、投资管理以及财税、金融和价格等政策的各个方面，成为全面落实科学发展观的重要保障。

在此基础上，电力行业结合行业特性和发展需要，制定完善了节能减排政策体系，包括以下内容。

### 1. 规划制定

根据我国经济社会发展目标和国家能源战略，结合电力工业本身的规律和特点，国家制定了能源和电力发展规划，从资源保护、结构调整、环境保护、技术进步、效益提高、资金需求、设备制造、电能节约等多方面进行规划，统筹解决好电力工业发展中的问题，实现电力的安全、稳定、可靠供应。规划是我国电力发展的总体行动纲领。其中，节能减排的原则得到了规划的确定。

"十一五"期间，政府部门分别于 2007 年 3 月发布了《关于印发现有燃煤电厂二氧化硫治理"十一五"规划的通知》、2007 年 4 月公布了《能源发展"十一五"规划》、2007 年 9 月公布了《可再生能源中长期发展规划》、2007 年 10 月公布了《核电中长期发展规划（2005～2020 年）》，所提出的目标已经全面并超额完成。

### 2. 产业结构调整

国务院于 2006 年 3 月 12 日发出《关于加快推进产能过剩行业结构调整的通知》（国发〔2006〕11 号），认为虽然当前电力产需基本平衡，但其在建规模很大，属于存在潜在产能过剩问题的行业。2006 年 4 月 18 日，国家发展改革委等 8 部门发出《关于加快电力工业结构调整，促进健康有序发展有关工作的通知》（发改能源〔2006〕661 号），针对电站无序建设、电源结构不合理、电网建设相对滞后、电力设备生产增长过快、设备订货过于集中、电力建设质量和安全隐患不容忽视等问题，要求采取有力措施，完善电力规划，实现有序发展；继续做好清理工作，规范建设秩序；加大关停力度，着力结构调整；调整发电调度规则，实施节能、环保、经济调度；落实责任，加强电力建设工程质量和安全管理，促进电力工业健康发展。

在小机组关停方面，国务院于 2007 年 1 月 20 日发布《国务院批转发展改革委、能源办关于加快关停小火电机组若干意见的通知》（国发〔2007〕2 号），明确了"十一五"期间上大压小任务和目标。国家发展改革委与 30 个省、市、自治区人民政府以及五大发电集团公司和两大电网公司签订了目标责任书并出台降低小火电机组上网电价政策，明确了"十一五"期间关停小火电机组的责任、措施和考核办法，各地还采取了积极推广发电权交易等措施。

在电力项目准入标准和要求方面，国家发展改革委发布或会同有关部门发布了相关文件，包括《关于燃煤电站项目规划和建设有关要求的通知》（发改能源〔2004〕864 号）、《关于无电地区电力建设有关问题的通知》（发改能源〔2006〕2312 号）、《关于印发〈热电联产和煤矸石综合利用发电项目建设管理暂行规定〉的通知》（发改能源〔2007〕141 号）、《申报国家发展改革委审核的资源综合利用电厂认定管理暂行规定》（发改办环资〔2007〕1564 号）、《国家发展改革委关于印发天然气利用政策的通知》（发改能源〔2007〕2155 号）和《关于煤矸石综合利用电厂项目核准有关事项的通知》（发改办能源〔2008〕

101 号）等文件，对电力建设项目的资源节约提出了准入要求。

在可再生能源开发利用方面，国家各有关部门出台了一系列政策。国家发展改革委发布了《可再生能源产业发展指导目录》（发改能源〔2005〕2517 号）、《可再生能源发电价格和费用分摊管理试行办法》（发改价格〔2006〕7 号）、《关于印发促进风电产业发展实施意见的通知》（发改能源〔2006〕2535 号）、《可再生能源发电有关管理规定》（发改能源〔2006〕13 号）和《可再生能源电价附加收入调配暂行办法》（发改价格〔2007〕44 号），电监会发布《电网企业全额收购可再生能源电量监管办法》（国家电力监管委员会第 25 号令），财政部发布了《可再生能源发展专项资金管理暂行办法》（财建〔2006〕237 号），对鼓励可再生能源开发利用和促进可再生能源并网发电等方面做出了相关规定。

### 3. 电价政策

电价政策是电力节能减排政策的重要组成部分，涉及电力企业自身的生产经营和对电力用户的价格引导。国家为了遏制高耗能行业盲目发展，扶优抑劣，促进产业结构调整和优化升级，提高能源利用效率，促进经济、环境与资源的协调发展，从 2004 年起，按照国家产业政策的要求，将企业分为淘汰类、限制类、允许和鼓励类等类别开始试行差别电价，并出台了一系列政策文件。多年来，差别电价政策为高耗能产业淘汰落后生产能力，促进结构调整和技术升级，抑制行业盲目扩张，缓解供电紧张矛盾发挥了重要作用，但目前看各省的落实情况也存在不同的问题，需要建立长效机制。

### 4. 电力运行

2007 年 8 月 2 日，国务院办公厅发布《关于转发国家发展改革委等部门节能发电调度办法（试行）的通知》（国办发〔2007〕53 号），要求在保障电力可靠供应的前提下，按照节能、经济的原则，优先调度可再生发电资源，最大限度地减少能源、资源消耗和污染物排放。12 月 19 日，国家发展改革委、国家环境保护总局、国家电力监管委员会、国家能源领导小组办公室发布《关于印发节能发电调度试点工作方案和实施细则（试行）的通知》（发改能源〔2007〕3523 号），对相关工作进行了具体安排。从根本上说，节能发电调度不是一个单纯的技术问题，涉及电价、利益分配、边界机组运行、小机组关停和调度监管等问题，需多方共同协作保障。

为保证电力安全稳定和充足的供应，科学引导电力消费，国家发展改革委于 2003 年 6 月 3 日下发了《关于加强用电侧管理的通知》（发改能源〔2003〕469 号），对加强用电侧管理提出了具体要求。2004 年 5 月 27 日，国家发展改革委、国家电监会印发的《加强用电需求侧管理工作的指导意见》（发改能源〔2004〕939 号）中对需求侧管理进行了全面安排，各省（市、自治区）也出台了相应管理办法。2010 年 11 月，国家发展改革委等六部委印发了《电力需求侧管理办法》（发改运行〔2010〕2643 号），明确了管理措施和激励措施。

### 5. 电力二氧化硫减排

国家"十一五"主要污染物减排只针对二氧化硫和化学需氧量。在全国排放量中，电力二氧化硫排放占 51%，化学需氧量占 1%，电力二氧化硫控制在全国减排目标中占举足轻重的地位。实际上，国家出台的一系列二氧化硫政策措施，主要实施对象和减排成效的取得都在燃煤火电二氧化硫的控制和治理领域。

国务院 1998 年 1 月 12 日发布了《关于酸雨控制区和二氧化硫污染控制区有关问题的批复》（国函 [1998] 5 号），这是在全国范围组织开展二氧化硫控制和治理的标志性起点文件，随后，国家和政府各部门制定了一系列法律法规文件。《中华人民共和国大气污染防治法》（自 2000 年 9 月 1 日起施行）规定，新建、扩建排放二氧化硫的火电厂和其他大中型企业，超过规定的污染物排放标准或者总量控制指标的，必须建设配套脱硫、除尘装置或者采取其他控制二氧化硫排放、除尘的措施。国家环保总局、国家经贸委、科技部于 2002 年 1 月 30 日发布的《燃煤二氧化硫排放污染防治技术政策》（环发 [2002] 26 号），确定了烟气脱硫设施建设技术路线。国家环保总局于 2003 年 9 月 29 日发布的《关于加强燃煤电厂二氧化硫污染防治工作的通知》（环发 [2003] 159 号），提出不同地区、不同煤种、不同类型项目烟气脱硫设施建设的规定。

进入"十一五"以来，随着国家环境政策的日益严格、节能减排力度加大和电力工业在迅猛发展的过程中技术水平不断提高，火电厂烟气脱硫得到了实质性巨大进展。为实现"十一五"规划纲要提出的二氧化硫削减目标，《国务院关于印发节能减排综合性工作方案的通知》（国发 [2007] 15 号）对火电行业脱硫提出明确要求，国务院并发布了《关于"十一五"期间全国主要污染物排放总量控制计划的批复》（国函 [2006] 70 号）、《关于印发国家环境保护"十一五"规划的通知》（国发 [2007] 37 号）中，对二氧化硫排放和控制提出了明确指标和要求，国家环保总局《关于印发〈二氧化硫总量分配指导意见〉的通知》（环发 [2006] 182 号）、《关于印发〈国家酸雨和二氧化硫污染防治"十一五"规划〉的通知》（环发 [2008] 1 号）进行了具体安排，并颁布了《污染源自动监控管理办法》（国家环境保护总局令第 28 号）。国家发展改革委和国家环保总局 2007 年 5 月 29 日发布的《燃煤发电机组脱硫电价及脱硫设施运行管理办法（试行）》（发改价格 [2007] 1176 号），进一步完善了脱硫电价政策，同时强化了监管，包括加强脱硫运行在线监测、明确责任及处罚办法和加强监督检查等，以保证政策措施落实到位。为促进烟气脱硫设施建设和运行，国家发展改革委发布了《关于印发加快火电厂烟气脱硫产业化发展的若干意见的通知》（发改环资 [2005] 757 号），会同国家环保总局发布了《关于印发现有燃煤电厂二氧化硫治理"十一五"规划的通知》（发改环资 [2007] 592 号）和《关于开展火电厂烟气脱硫特许经营试点工作的通知》（发改办环资 [2007] 1570 号）等文件，促进了相关环保产业的发展。

# 第三节  电力一次能源结构优化

## 一、我国一次能源情况

电力工业节能减排，首先体现在发电一次能源结构方面，火电、水电、核电都得到合理发展，并通过开发新能源和可再生能源，在满足电力需求和经济发展的同时尽可能减少石油、煤炭等不可再生能源的使用，实现在开发中节约、在开发中减排的根本目标。

2010 年，我国能源消费量 32.5 亿吨标准煤，居世界第二位。由于中国经济处于工业化的中期阶段，与发达国家、新兴工业化等后工业化国家处在不同的经济发展阶段，经济发展对能源的依赖要大得多。目前，中国人均能源和电力的消费水平都比较低，人均一次能源消费、人均净用电量只有世界平均水平的 60%，是发达国家的（1/9）～（1/3），因此，能源工业的发展仍然是中国的主要任务。在今后 15 年时间里，中国对能源需求的增长依然强劲，预计到 2020 年能源需求超过 45 亿吨标准煤，人均接近目前世界平均水平。

我国一次能源消费构成中，长期以煤炭为主的格局一直未曾改变，煤炭消费量在一次能源消费总量中所占比重最高的 1952 年曾经占到 96.74%，20 世纪 50～60 年代占到 80%～90%，1980 年降为 72.2%，80 年代有所上升，到 1990 年上升为 76.2%，随后处于下降趋势，2000 年为 66.1%，2008 年为 68.7%。我国是世界上少数几个以煤为主要一次能源的国家，在 2005 年全球一次能源消费构成中，煤炭仅占 27.8%。与石油、天然气等燃料相比，单位热量燃煤引起的二氧化碳排放比使用石油、天然气分别高出约 36% 和 61%。近年来，通过积极调整能源消费结构，煤炭消费的比重趋于下降，优质清洁能源消费的比重逐步上升，从 1990 年到 2008 年，煤炭消费比重下降 7.5 个百分点，油气比重由 18.7% 提高到 22.5%，水电、核电等比重由 5.1% 提高到 8.9%。从总体上来讲，能源消费结构由以煤为主的单一结构逐步向煤炭、石油、天然气、水电、核电、风能、太阳能等多元方向发展，能源消费结构将会不断得到优化。我国能源消费总量及构成见表 1-1。

表 1-1  我国能源消费总量及构成

| 年份 | 能源消费总量 /万吨标准煤 | 占能源消费总量的比重/% | | | |
|---|---|---|---|---|---|
| | | 原煤 | 原油 | 天然气 | 水电 |
| 1957 | 9644 | 92.3 | 4.6 | 0.1 | 3.0 |
| 1965 | 18901 | 86.5 | 10.3 | 0.9 | 2.7 |
| 1970 | 29291 | 80.9 | 14.7 | 0.9 | 3.5 |
| 1975 | 45425 | 71.9 | 21.1 | 2.5 | 4.6 |
| 1978 | 57144 | 70.7 | 22.7 | 3.2 | 3.4 |
| 1980 | 60275 | 72.2 | 20.7 | 3.1 | 4.0 |
| 1985 | 76682 | 75.8 | 17.1 | 2.2 | 4.9 |
| 1990 | 98703 | 76.2 | 16.6 | 2.1 | 5.1 |
| 1995 | 131176 | 74.6 | 17.5 | 1.8 | 6.1 |
| 2000 | 130297 | 66.1 | 24.6 | 2.5 | 6.8 |
| 2005 | 223319 | 68.9 | 21.0 | 2.9 | 7.2 |
| 2008 | 285000 | 68.7 | 18.7 | 3.8 | 8.9 |

　　一次能源转换为电能的比重和电能占终端能源消费量的比重，是衡量一个国家经济发展水平、能源使用效率乃至整个经济效率的高低和环境保护程度的重要标志。我国电力消费在一次能源中的比重见表1-2。

表1-2　我国电力消费在一次能源中的比重

| 年份 | 比重/% | 年份 | 比重/% |
|---|---|---|---|
| 1980 | 20.60 | 2005 | 41.39 |
| 1985 | 21.32 | 2006 | 43.10 |
| 1990 | 24.68 | 2007 | 44.20 |
| 1995 | 29.58 | 2008 | 40.94 |
| 2000 | 41.72 | 2009 | |

　　在我国发电量中，主要以火电、水电为主，其中火电发电量一直在80%左右，见表1-3。

表1-3　发电量构成及比重

| 年份 | 总计/亿千瓦时 | 火电 | | 水电 | |
|---|---|---|---|---|---|
| | | 发电量/亿千瓦时 | 比重/% | 发电量/亿千瓦时 | 比重/% |
| 1952 | 73 | 60 | 82.6 | 13 | 17.9 |
| 1957 | 193 | 145 | 75.0 | 48 | 24.8 |
| 1965 | 676 | 572 | 84.6 | 104 | 15.4 |
| 1970 | 1159 | 954 | 82.3 | 205 | 17.7 |
| 1975 | 1958 | 1482 | 75.7 | 476 | 24.3 |
| 1980 | 3006 | 2424 | 80.6 | 582 | 19.4 |
| 1985 | 4107 | 3183 | 77.5 | 924 | 22.5 |
| 1990 | 6213 | 4950 | 79.7 | 1263 | 20.3 |
| 1995 | 10069 | 8074 | 80.2 | 1868 | 18.6 |
| 2000 | 13685 | 11079 | 81.0 | 2431 | 17.8 |
| 2005 | 24975 | 20437 | 81.8 | 3964 | 15.9 |
| 2009 | 36812 | 30117 | 81.8 | 5717 | 15.5 |
| 2010 | 42278 | 34166 | 80.8 | 6867 | 16.2 |

　　我国以煤为主的能源特点短期内难以改变，根据世界主要工业国家经验，煤炭利用应以发电为主（发达国家煤炭80%以上用于发电），社会对能源的需求应尽可能通过电力这种二次能源形式来实现。应不断提高煤炭用于发电及热电联产的比例，大幅度提高煤炭利用效率，减少原煤消耗，集中解决污染问题，做到高效、清洁利用煤炭。煤炭总消费与发电用煤量情况见表1-4。

　　在世界各国中，我国燃煤发电所占比例大幅度高于其他国家。在这样的资源环境前提下，大力调整能源结构，开发利用水电和其他可再生能源就更为重要。2008年世界主要工业国家各种能源发电量比例见表1-5。

表 1-4　煤炭总消费与发电用煤量

| 年份 | 煤炭消费量/万吨 | 发电供热用煤量/万吨 | 电煤占煤炭比例/% |
|---|---|---|---|
| 1990 | 105523.0 | 27100 | 25.68 |
| 1995 | 137676.5 | 45100 | 32.76 |
| 2000 | 132000.0 | 59200 | 44.85 |
| 2005 | 216722.5 | 98480 | 45.44 |
| 2006 | 239216.5 | 130760 | 54.66 |
| 2007 | 258641.4 | 143720 | 55.57 |
| 2008 | 274000 | 146640 | 53.52 |
| 2009 | 302000 | 154630 | 51.20 |

表 1-5　2008 年世界主要工业国家各种能源发电量比例　　　　单位:%

| 国别 | 发电量/亿千瓦时 | 火电 | | | 水电 | 核电 | 风电 | 其他 |
|---|---|---|---|---|---|---|---|---|
| | | 燃煤 | 燃油 | 天然气 | | | | |
| 美国 | 43690.99 | 48.81 | 1.32 | 20.84 | 6.45 | 19.18 | 1.27 | 2.12 |
| 日本 | 10820.14 | 26.64 | 12.86 | 26.17 | 7.70 | 23.86 | 0.24 | 2.53 |
| 德国 | 6372.32 | 45.61 | 1.45 | 13.76 | 4.23 | 23.30 | 6.37 | 5.28 |
| 英国 | 3893.66 | 32.54 | 1.57 | 45.39 | 2.38 | 13.48 | 1.82 | 2.82 |
| 法国 | 5748.68 | 4.74 | 1.01 | 3.81 | 11.89 | 76.45 | 0.99 | 1.12 |
| 意大利 | 3191.30 | 15.23 | 9.86 | 54.12 | 14.80 | 0 | 1.52 | 4.48 |
| 加拿大 | 6513.24 | 17.19 | 1.51 | 6.24 | 58.74 | 14.42 | 0.59 | 1.31 |
| 俄罗斯 | 10403.79 | 18.91 | 1.55 | 47.55 | 16.02 | 15.68 | 0 | 0.29 |

## 二、各类一次能源发电

在国家能源战略和规划指导下，我国电力工业在能源开发利用方面采取强有力的可持续发展政策，调整和优化产业结构有序进行。近年来，在合理利用能源、提高转换效率方面做出了扎实的工作。

### 1. 把发展水电作为促进能源结构向清洁低碳化方向发展的重要措施，积极开发水电

我国是水电资源蕴藏最丰富的国家，根据 2005 年 11 月公布的水力资源复查结果，我国水能资源技术可开发的资源量大约 5.42 亿千瓦，年可发电量 2.26 亿千瓦时；经济可开发装机容量 4.02 亿千瓦时。但是，目前开发的利用程度只有 1/3，远远低于美国、日本等发达国家的 80% 的水平，合理开发和利用丰富的水力资源的潜力巨大。目前，在科学论证、系统规划、妥善处理好生态环境保护和移民安置的前提下，正在加快水电开发步伐，重点加快西部水电建设，因地制宜开发小水电资源。到 2010 年，水电装机规模已达到 2.16 亿千瓦，总量上是世界上水电装机规模最大的国家；到 2015 年，水电装机规模预计将超过 3 亿千瓦；到 2020 年，水电装机规模预计将达到 3.8 亿千瓦。

### 2. 大力发展风电和新的可再生能源

《可再生能源法》2005 年出台和 2009 年进一步修订后，中国制定了一系列配套政策，包括资源调查、规划制定、项目核准、电量收购、电价政策、科技创新和财税支持等方面内容，促进了可再生能源的快速发展。近年来，可再生能源特别是风电步入高速增长期，2006～2010 年呈现倍增式发展，一年投产风电装机容量相当于以往历史的总和，截至 2010 年，全国并网风电装机容量 2958 万千瓦，处于世界第二位，大大超过了调整后的可再生能源规划中的风电容量。到 2015 年，我国风电装机将达到 9000 万千瓦；到 2020 年，将达到 1.5 亿千瓦。同时，太阳能作为后续潜力最大的可再生能源产业，到 2015 年预计可达到 500 万千瓦，生物质能多元化发展，也将取得长足进步。

### 3. 加快推进核电建设

核电是清洁高效的能源，污染少、温室气体接近零排放，是有效优化能源结构的优先选择，在世界范围迎来了又一轮复苏，是应对能源挑战和气候变化的主流技术方向之一。近几年，我国把核能作为国家能源战略的重要组成部分，调整核电中长期发展规划，加快了核电发展步伐。目前，我国已投产核电装机容量只占电力总装机容量的 1.04%，仅位列世界第九位，核电发电量只占总发电量的 1.91%，与世界核电占电力的 16% 左右相差很大，需要逐步提高核电在中国一次能源供应总量中的比重，加快经济发达、电力负荷集中的沿海地区的核电建设。到 2010 年底，全国核电在建项目 13 个，共 28 台机组容量 2773 万千瓦，在建施工规模居世界首位。目前，通过提高自主技术品牌核电站设计和设备制造、引进型第三代核电技术开始实施，一批项目已经开工或处于开工前准备阶段，为实现核电中长期发展目标奠定了坚实的基础。到 2020 年，在保证安全的前提下，我国投入使用的核电装机容量将从目前的 1000 万千瓦提高到 8000 万千瓦左右。

### 4. 加快火力发电的技术进步

优化火电结构，重点发展单机 60 万千瓦及以上超（超）临界机组，加快淘汰落后的小火电机组，适当发展以天然气、煤层气为燃料的小型分散电源，开发利用整体煤气化联合循环（IGCC）、大型循环流化床等高效发电和综合利用技术与装备，积极发展热电联产、热电冷联产和热电煤气多联供技术。截至 2010 年底，全国已投运百万千瓦超超临界机组 32 台，是世界上拥有百万千瓦超超临界机组最多的国家；30 万千瓦及以上火电机组占全部火电机组的比重已经从 2000 年的 38.86% 提高到 2010 年的 71.14%。在火电机组"上大压小"工作中，我国政府明确了"十一五"期间逐步关停常规小火电机组的原则和目标，要求建设大型电源项目必须结合小火电机组关停因素，确保全国关停小燃煤火电机组 5000 万千瓦以上。到 2010 年底，共关停小火电机组 7683 万千瓦，这是我国政府在节能减排方面的重点措施之一。

# 第四节　循环经济与电力清洁生产

循环经济、清洁生产是区域和企业实现资源节约和环境友好的综合性体系，我国分别于 2002 年 6 月出台了《清洁生产促进法》、2008 年 8 月出台了《循环经济促进法》。节能减排作为重点工作的抓手，与循环经济和清洁生产有着内在的联系。

## 一、循环经济与电力发展

循环经济和清洁生产是一种新的经济发展模式和工业生产方法思路，节能环保作为电力工业的长期以来的基础管理工作，始终贯穿其中并在新的理念下更加系统化。

循环经济强调最有效利用资源和保护环境，按照低消耗、低排放、高效率的原则，以最小成本获得最大的经济效益和环境效益，包括社会、区域和企业三个层次。

从循环经济的理论和减量化、再利用、资源化的特征来看，电力产业在发展循环经济的社会、区域和企业三个层面上都大有可为，尤其是在社会、区域两个层面上发挥基础和关键作用。在循环经济模式中电力行业的工作，主要包括电力生产过程中原材料、副产品、废弃物的综合利用，以及能源转换和利用效率的提高等内容。

第一，在社会层面上，电力产业发展对整个经济和社会的发展起到基础性、调控性的作用，对提高全社会的资源节约水平、降低能源强度、减轻环境污染、促进循环经济的发展具有不可代替的作用。在社会层面上的循环经济，一般是指通过废旧物资的再生利用，实现消费过程中和消费过程后物质和能量的循环。如搞好废弃物的再生利用，垃圾发电和污水处理后资源的再利用和产业化开发等。但是从循环型的生产与消费模式下的经济发展图式来看，电力工业在循环经济发展中的作用，具有更深刻的内涵。

第二，在区域层面上，电力往往在推进循环经济发展中起着核心作用。由于电力工业具有可将低品位能源转换为高品质能源，且转化效率高，污染控制水平高，便于实现自动控制等优点，在物质、能量和信息集成中，处于关键的环节。往往表现在三个方面：一是废物的利用中心，可以将废热、废水加以利用；二是效益中心，如热电厂往往是通过发电提高经济效益；三是便于对燃烧后污废物进行利用或处置（如石膏、灰渣的综合利用）。因此，不论是城市区域实施热电联产、垃圾发电，还是在钢铁、水泥、化工等为核心的区域循环经济中，都与电力有关。

第三，在企业层面上，主要是指清洁生产。清洁生产是指不断采取改进设计、使用清洁的能源和原料、采用先进的工艺技术与设备、改善管理、综合利用等措施，从源头削减污染，提高资源利用效率，减少或者避免生产、服务和产品使用过程中污染物的产生和排放，以减轻或者消除对人类健康和环境的危害。近年来，国家加大了清洁生产的推进力度，根据《清洁生产促进法》，国务院及有关部门、地区制定了相应条例和办法，对清洁生产审核行为提出了明确的要求，着手编制清洁生产评价指标体系，研究创建清洁生产企业活动。

电力行业清洁生产主要对象为燃煤火电厂，电力本身是生产、输送与消费同时完成的清洁能源，与其他工业相比，其产品无差别、即时消费、无污染、无需后处理，生产过程中基本不排放有毒有害物质。火电清洁生产主要包括电力生产过程中煤、水、油等消耗资源的节约，污染物排放减量化，废弃物及副产品综合利用等方面，是区域循环经济的重要组成部分。

电力工业作为发展循环经济的重要部门，在发展循环经济中主要内容包括：在生产过程中，如何合理地转换一次能源，提高能源的转换效率，减少自身的能源消耗、资源消耗，减少污染物及废物的产生，控制污染物的排放，促进废物资源化等；在输送过程中，如何提高输送效率，减少输送成本及占地，减轻电场、磁场及电磁场的影响等；由于电力发、输、用瞬时完成的特点，电能的合理使用对于促进循环经济发展也具有十分重要的作用，因此，需求侧管理也是电力在发展循环经济中的重要内容。

### 1. 从全局、系统和长远的观点看，结构调整是电力工业发展循环经济的关键

包括不断提高发电供热用煤在煤炭消耗中的比重，不断提高可再生能源发电比重，降低化石燃料发电比重；推进西电东送、南北互济、全国联网，实现更大范围的资源优化配置；加强区域联网，形成合理的同步电网，有效实现资源优化配置。

在采用新技术和工艺方面，积极采用高效节能、节水机组，提高单机容量；加大"以大代小"、技术改造力度；在缺水地区推广空冷机组，鼓励利用城市中水和因地制宜采用海水替代淡水技术；鼓励发展大型发电供热机组；减少助燃用油和点火用油；继续研发电厂监控和优化运行、状态检修技术，并对主辅设备进行节能改造；加强输电环节的节能降损。

### 2. 因地制宜发展劣质煤、煤矸石、城市垃圾电厂

将劣质燃料用于发电，是综合利用能源资源的重要方式，主要包括以煤矸石、城市垃圾等废弃物为原材料的电力生产。但在利用劣质燃料尤其是垃圾进行发电的同时，一是必须坚持因地制宜原则，二是要严格控制污染物的排放，加强环境保护的监管尤其重要，否则对环境产生的污染则非常严重，得不偿失。

我国煤矸石排放量占煤炭生产量的 $10\%\sim12\%$ 和原煤洗选加工量的 $15\%\sim20\%$。煤矸石作为固体废物，堆积自燃，排放有害气体物质，严重污染大气环境和地下水质，且占用大量土地。同时，煤矸石又是可利用的资源，煤矸石发电、供热是重要的综合利用途径。

城市垃圾也是可利用的资源，而发电是"资源化"的重要处理方式。在对一定规模的垃圾进行必要分类，保证其热值、水分符合要求的前提下进行垃圾发电、供热，具有综合性效果。

### 3. 加强综合利用

一是废水综合利用。火力发电厂应有完整的水务管理制度，建立水量和水质平衡图，并相应建设完整的水回收系统。电厂用水、耗水最大量的部分是湿式循环冷却系统，通过处理回收电厂各种工业废水或生活污水，一般经处理后作为冷却塔循环水补充水源，返回到下一级循环水系统再利用，水质较差的用于调湿灰用水，冲灰、煤场喷淋用水等。对于采用循环冷却电厂，经全厂性水系统整改后，水的重复利用率可达到 $95\%$ 以上。对于达到城镇污水处理标准的城市生活污水，经再生处理后可供发电厂冷却系统使用或进一步除盐处理后作为机组补给水源，是北方缺水地区可用的资源，也是循环经济中节水的一个有效途径。在进行火电厂废水治理时，应当综合考虑环境、经济和资源的综合效益，避免片

面的追求"零排放"指标。

二是粉煤灰综合利用。电厂灰渣是一种很好的资源。灰渣综合利用内容包括：粉煤灰用于生产建材、建筑工程、筑路、充填矿井、煤矿塌陷区、改良土壤、生产复合肥料、灰场复土造地等；对于一些特殊粉煤灰，还可以冶炼铝硅合金或回收有用金属进行高附加值的利用等。

三是脱硫副产品利用。目前烟气脱硫装置中 80％ 以上是湿法脱硫技术，其中以石灰或石灰石-石膏湿式脱硫系统为主流。脱硫石膏能否有效地得到利用，是燃煤电厂二氧化硫控制的重要问题之一。不论从脱硫石膏的品质还是国内外综合利用的实践看，脱硫石膏完全可以用于水泥、其他建材制品、土壤改良等领域，关键是提高认识，出台政策及修订有关建筑、建材业的规范。另外，除了石灰石-石膏湿法脱硫技术之外，氨法脱硫技术也具有很好的前景。氨法脱硫副产品为硫酸铵，可以用作肥料，具有极高的利用价值。

### 4. 强化污染物的控制和生态环境保护

在污染控制方面要"新账不欠"、"老账快还"。重点是要积极推进电厂清洁生产活动，尽量减少污染物的产生，同时，加强火电厂污染物治理，最大限度地减少污染物排放，保护生态环境。要以重点环境问题为突破口，优先解决国家关注的重点区域、重点城市的电力环境问题，特别是二氧化硫达标排放问题和总量控制问题。坚持按科学规律办事，因地、因厂制宜，各种治理措施科学配置，发挥综合效益，以最经济的代价控制污染物的排放，满足环境保护要求。增强水电开发建设中的环保意识，加强前期环保论证工作，积极采取有效措施，在水电建设中保护生态平衡与水土保持；加强电网建设、生产运行中的生态环境保护，优化线路选择，采取有效措施，努力改善电磁场对环境的影响。

### 5. 开展电力需求侧管理

电力需求侧管理（DSM）是通过提高终端用电效率和用电方式，在完成同样用电功能的同时减少电量消耗和电力需求，达到节约能源、保护环境，实现低成本电力服务所进行的用电管理活动。过去十多年来，在政府部门、电力企业、科研、高校、社会团体的共同推动下，经过试点研究、工程示范，在运用市场工具、采用激励机制鼓励高新节电技术产品的生产、开发和应用中，积累了有益的经验。DSM 在用于移峰填谷、节能节电、能源替代等方面取得了初步效果。但 DSM 在我国还有广阔的发展空间，电力行业要在政府的统一指导下，引导用户合理用电；在热、冷负荷比较集中或发展潜力较大的地区，因地制宜推广热电冷多联产。

评价发展循环经济的效果应当从经济、社会的全面发展角度来进行，并在一个较长的发展阶段进行评价，体现整体最优。电力工业是整个国民经济中的一个部门，是发展循环经济中的一个环节，必须符合国家发展循环经济的总体战略要求。电力工业的发展，不仅要看到自身直接产生的经济、环境与资源节约的效益，还要看到对煤炭采运、其他原材料供应和装备制造等"上游"产业和高耗能企业、副产品利用等"下游"产业的作用，以及二次污染情况影响等。在具体实施具有循环经济特点的措施时，需要因地、因时制宜，使各种措施配合得当，达到总体最优的效果。同时，必须考虑系统的经济性，资源节约、环境保护、经济效益是"三位一体"不可缺少的重要环节。

## 二、电力企业清洁生产评价

节能减排与企业清洁生产有着内在的紧密联系。为评价企业清洁生产水平，指导企业节能降耗、环境保护的同业对标，2007 年 4 月 23 日，国家发展改革委公布了《火电行业清洁生产评价指标体系（试行）》。该评价体系在行业研究的基础上，根据清洁生产的原则要求和指标的可度量性，分为定量评价和定性要求两大部分，并明确了火电行业清洁生产评价指标体系的适用范围、体系结构、评价权重和基准值、考核评分计算方法等，为火电行业推行清洁生产提供技术指导。指标体系的一级指标包括能源消耗指标、资源消耗指标、资源综合利用指标、污染物排放指标，二级指标包括反映火电企业清洁生产特点的、具有代表性的技术考核指标，最后是价格指标的考核。

### （一）评价原则

在对火电行业清洁生产机制研究的基础上，根据当前火电企业能效先进水平、平均水平和落后水平的分析，国家制定了适合火电行业的清洁生产评价的指标体系，用于评价和指导企业正确选择符合可持续发展要求的清洁生产路径和技术。通过同业对标，优化发展，促进管理，提高电力转换效率，达到节约资源、保护环境和电力工业健康发展的目的。

常规燃煤发电尽管机组等级、技术水平有差别，但生产过程基本一致，共性强，产品完全一致，清洁生产和电力生产过程结合紧密，通过指标体系建设，形成技术规范，指导行业和企业清洁生产工作的开展，推广清洁生产技术。指标体系主要针对常规燃煤发电企业清洁生产评价，包括纯凝机组和供热机组两类，燃用煤矸石和泥煤等低品位燃料综合利用、燃气蒸汽联合循环和垃圾发电等其他类型火电企业可参照执行。火电行业清洁生产评价指标体系，包括能源消耗指标、资源消耗指标、资源综合利用指标、污染物排放指标等。

火电行业是装备性行业，设计一旦确定其能耗、排放水平基本确定。在我国不同时期、不同容量、不同参数机组中，清洁生产水平相差很大，与当地煤炭资源、水资源、环境空间和经济发展水平密切相关。在分级评价和统一评价方面，选择了统一评价的方式进行。统一指标体系评价基准值依据国家或行业在有关政策、规划等文件中的要求选取，指标尚无明确要求值的则选用国内重点大中型火电企业 2004～2005 年清洁生产所实际达到的中等以上水平的指标值。企业清洁生产评价指标针对发电企业全厂清洁生产水平进行评定，企业包括不同类型发电机组时，分别确定指标，按全年发电量加权平均。为统一比较相关指标，对粉煤灰利用、脱硫石膏利用和海水淡化等企业综合利用厂用电，规定不在机组能耗范围计算。

同时，机组能耗所针对不是单一设备，而是不同设备、系统选择后的综合指标，不同机组本身存在合理差异。比如，不同压力参数、容量、煤种、厂用电界定范围、环保设备的配置、节水工艺、主辅机设备条件、各时期与各国别设备差异、管理因素等，都会带来能耗的不同。就全国而言，西部地区、产煤地区对机组能耗要求应当适当放宽。标准限制值按照当前机组中等水平下限确定，目标值按照国内重点大中型火电企业2004~2005年实际达到的中等以上水平选取，新机组准入值依据国家有关政策要求确定，同时根据不同情况进行修订。

　　衡量火电机组能效有发电煤耗、厂用电两个基础指标，分别反映主机能源转换效率和机组自身消耗水平，供电煤耗为考虑了两者因素的综合指标。对企业和机组的考核应全面评价其能效，在本标准中，确定以供电煤耗为限额值。

　　在评价发电机组效率过程中，厂用电情况比较复杂，为统一比较相关指标，需要明确予以界定。标准确定发电生产界区由电力生产系统、辅助生产系统和附属生产系统设施三部分用能组成。包括动力、照明、通风、取暖及经常维修等用电量，以及他励磁用电量，电厂自身的厂外输油管道系统、循环管道系统和除灰管道系统等的用电量。不包括：基建和技改等项目建设耗能，发电机作调相运行时耗用的电能，自备机车、船舶等耗用的电能，粉煤灰利用、脱硫石膏利用和海水淡化等企业综合利用厂用能，非生产和向外输出的电能。

## （二）评价方法

　　为了指导和推动火电企业依法实施清洁生产，提高资源利用率，减少和避免污染物的产生，保护和改善环境，在政府组织下，电力行业起草了《火电行业清洁生产评价指标体系》。针对常规燃煤发电纯凝机组和供热机组的企业进行清洁生产评价，为企业推行清洁生产提供技术指导。

### 1. 火电行业清洁生产评价指标体系结构

　　根据清洁生产的原则要求，评价指标体系分为定量评价指标体系和定性评价指标体系两大部分。定量评价指标体系选取了具有共同性、代表性的能反映"节约能源、降低消耗、减轻污染、增加效益"等有关清洁生产最终目标的指标，创建评价模式；通过对比企业各项指标的实际完成值、评价基准值和指标的权重值，计算和评分，量化评价企业实施清洁生产的状况和水平。定性评价指标体系主要根据国家有关推行清洁生产的产业政策选取指标，包括产业发展和技术进步、资源利用和环境保护、行业发展规划等，用于定性评价企业对国家、行业政策法规的符合性及清洁生产实施程度。

　　定量评价指标和定性评价指标分为一级指标和二级指标两个层次。一级指标为普遍性、概括性的指标，包括能源消耗指标、资源消耗指标、资源综合利用指标、污染物排放指标。二级指标为反映火电企业清洁生产特点的、具有代表性的技术考核指标。

　　火电企业清洁生产评价指标体系结构见图1-1和图1-2。

### 2. 评价基准值及权重值

　　在定量评价指标体系中，各指标的评价基准值是衡量该项指标是否符合清洁生产基本要求的评价基准。评价指标体系确定各定量评价指标的评价基准值的依据是：凡国家或行业在有关政策、规划等文件中对该项指标已有明确要求的就选用国家要求的数值；凡国家或行业对该项指标尚无明确要求值的，则选用国内重点大中型火电企业近年来清洁生产所

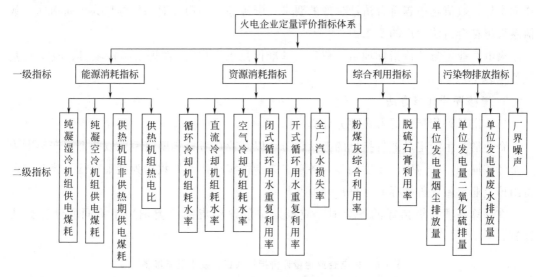

图 1-1　火电企业定量评价指标体系框架

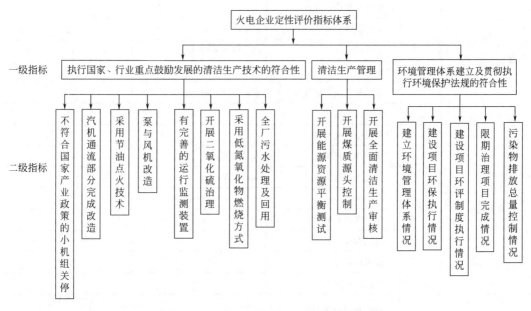

图 1-2　火电企业定性评价指标体系框架

实际达到的中等以上水平的指标值。本定量评价指标体系的评价基准值代表了行业清洁生产的平均先进水平。

在定性评价指标体系中，衡量该项指标是否贯彻执行国家有关政策、法规的情况，按"是"、"否"或完成程度两种选择来评定。

清洁生产评价指标的权重分值反映了该指标在整个清洁生产评价指标体系中所占的比重，原则上是根据该项指标对火电行业清洁生产实际效益和水平的影响程度大小及其实施的难易程度来确定的。

评价指标分为正向指标和逆向指标。其中，能源消耗、资源消耗、环保排放指标均为逆向指标，数值越小越符合清洁生产的要求；资源综合利用方面的指标均为正向指标，数值越大越符合清洁生产的要求。

火电企业定量评价指标项目、权重及基准值见表1-6，定性评价指标项目、权重及基准值见表1-7。

**3. 考核评分计算方法**

（1）定量评价指标的考核评分计算

企业清洁生产定量评价指标的考核评分，以企业在考核年度（一般以一个生产年度为一个考核周期，并与生产年度同步）各项二级指标实际达到的数据为基础进行计算，综合得出该企业定量评价指标的考核总分值。

在计算各项二级指标的评分时，应根据定量评价指标的类别采用不同的计算公式计算。

**表 1-6　火电企业定量评价指标项目、权重及基准值**

| 一级指标 | 权重值 | 二级指标 | 单位 | 权重分值 | 评价基准值① |
|---|---|---|---|---|---|
| 能源消耗指标 | 35 | 纯凝汽机组供电煤耗 | | 35 | |
| | | 湿冷机组 | gce/(kW·h) | | 365 |
| | | 空冷机组 | gce/(kW·h) | | 375 |
| | | 供热机组 | | | |
| | | 不供热期间供电煤耗 | gce/(kW·h) | 15 | 380 |
| | | 年平均热电比 | % | 20 | 50 |
| 资源消耗指标 | 25 | 单位发电量耗水量 | | 10 | |
| | | 循环冷却机组 | kg/(kW·h) | | 3.84 |
| | | 直流冷却机组 | kg/(kW·h) | | 0.72 |
| | | 空冷机组 | kg/(kW·h) | | 0.80 |
| | | 工业用水重复利用率 | | 10 | |
| | | 闭式循环 | % | | 95 |
| | | 开式循环 | % | | 35 |
| | | 全厂汽水损失率 | % | 5 | 1.5 |
| 综合利用指标 | 15 | 粉煤灰综合利用率 | % | 10 | 60(中西部地区)<br>100(东部地区) |
| | | 脱硫石膏利用率 | % | 5 | 100 |
| 污染物排放指标 | 25 | 单位发电烟尘排放量 | g/(kW·h) | 5 | 1.8 |
| | | 单位发电量二氧化硫排放量 | g/(kW·h) | 10 | 6.5 |
| | | 单位发电量废水排放量 | kg/(kW·h) | 5 | 1.0 |
| | | 厂界噪声 | dB(A) | 5 | ≤60 |

① 评价基准值的单位与其相应指标的单位相同。

注：1. 企业清洁生产评价指标针对发电企业全厂清洁生产水平进行评定，企业包括不同类型发电机组时，分别确定指标，按全年发电量加权平均。

2. 企业综合利用厂用电不在机组能耗范围计算。

**表 1-7　火电企业定性评价指标项目及分值**

| 一级指标 | 指标分值 | 二级指标 | 指标分值 | 备　注 |
|---|---|---|---|---|
| (1)执行国家、行业重点鼓励发展清洁生产技术的符合性 | 45 | 不符合国家产业政策的小机组关停 | 10 | 定性评价指标无评价基准值,其考核按对该指标的执行情况给分<br><br>对一级指标(1)所属二级指标,凡达到或本身设计已经优于指标的按其指标分值给分,未采用的不给分<br><br>对一级指标(2)、(3)所属各二级指标,如能按要求执行的,则按其指标分值给分 |
| | | 20 万千瓦机组及早期 30 万千瓦机组汽机通流部分完成改造 | 5 | |
| | | 采用节油点火技术 | 5 | |
| | | 泵与风机容量匹配及变速改造 | 5 | |
| | | 有完善的运行监测装置 | 5 | |
| | | 开展二氧化硫治理 | 5 | |
| | | 采用低氮氧化物燃烧方式 | 5 | |
| | | 全厂污水处理及回用 | 5 | |
| (2)清洁生产管理 | 30 | 开展燃料平衡、热平衡、电能平衡、水平衡测试 | 15 | |
| | | 开展煤质源头控制 | 5 | |
| | | 开展全面清洁生产审核 | 10 | |
| (3)环境管理体系建立及贯彻执行环境保护法规的符合性 | 25 | 建立环境管理体系并通过认证 | 5 | |
| | | 建设项目环保"三同时"执行情况 | 5 | |
| | | 建设项目环境影响评价制度执行情况 | 5 | |
| | | 老污染源限期治理项目完成情况 | 5 | |
| | | 污染物排放总量控制情况 | 5 | |

对正向指标,其单项评价指数按式(1-1)计算:

$$S_i = \frac{S_{xi}}{S_{oi}} \tag{1-1}$$

对逆向指标,其单项评价指数按式(1-2)计算:

$$S_i = \frac{S_{oi}}{S_{xi}} \tag{1-2}$$

式中　$S_i$——第 $i$ 项评价指标的单项评价指数;

　　　$S_{xi}$——第 $i$ 项评价指标的实际值;

　　　$S_{oi}$——第 $i$ 项评价指标的基准值。

本评价指标体系各项二级评价指标的单项评价指数的正常值一般在 1.0 左右,但当其实际值远小于(或远大于)评价基准值时,计算得出的 $S_i$ 值较大,计算结果会偏离实际,对其他评价指标单项评价指数的作用产生干扰。为了消除这种不合理的影响,需对此进行修正处理。修正的方法是:$S_i$ 值计算结果在 1.2 以下时取计算值,大于或等于 1.2 时 $S_i$ 值取 1.2。

定量评价指标考核总分值按式(1-3)计算:

$$P_1 = \sum_{i=1}^{n} S_i K_i \tag{1-3}$$

式中 $P_1$——定量评价考核总分值；

$\quad n$——参与考核的定量评价的二级指标项目总数；

$\quad S_i$——第 $i$ 项评价指标的单项评价指数；

$\quad K_i$——第 $i$ 项评价指标的权重值。

由于企业因自身统计原因值所造成的缺项，该项考核分值为零。

（2）定性评价指标的考核评分计算

定性评价指标考核总分值按式(1-4) 计算：

$$P_2 = \sum_{i=1}^{n} F_i \tag{1-4}$$

式中 $P_2$——定性评价二级指标考核总分值；

$\quad F_i$——定性评价指标体系中的第 $i$ 项二级指标的得分值；

$\quad n$——参与考核的定性评价二级指标的项目总数。

（3）企业清洁生产综合评价指数的考核评分计算

为了综合考核电力企业清洁生产的总体水平，在对该企业进行定量和定性评价考核评分的基础上，将这两类指标的考核得分按权重（定量和定性评价指标各占 70％、30％）予以综合，得出该企业的清洁生产综合评价指数。

综合评价指数是评价被考核企业在考核年度内清洁生产总体水平的一项综合指标。综合评价指数之差可以反映企业之间清洁生产水平的总体差距。综合评价指数按式（1-5）计算：

$$P = 0.7P_1 + 0.3P_2 \tag{1-5}$$

式中 $P$——企业清洁生产的综合评价指数；

$\quad P_1$——定量评价指标中各二级评价指标考核总分值；

$\quad P_2$——定性评价指标中各二级评价指标考核总分值。

（4）火电行业清洁生产企业的评定

对火电行业清洁生产企业水平的评价，是以其清洁生产综合评价指数为依据的。对达到一定综合评价指数的企业，分别评定为清洁生产先进企业和清洁生产企业。

根据我国目前火电行业的实际情况，不同等级清洁生产企业的综合评价指数列于表1-8。

表 1-8 火电行业不同等级的清洁生产企业综合评价指数

| 清洁生产企业等级 | 清洁生产综合评价指数 |
| --- | --- |
| 清洁生产先进企业 | $P \geqslant 95$ |
| 清洁生产企业 | $80 \leqslant P < 95$ |

按照现行环境保护政策法规以及产业政策要求，凡参评企业被地方环保主管部门认定为主要污染物排放未"达标"（指总量未达到控制指标或主要污染物排放超标），或仍继续采用要求淘汰的设备、工艺进行生产的，则该企业不能被评定为"清洁生产先进企业"或"清洁生产企业"。

# 第二章　发电企业能效状况

## 第一节　我国发电装机结构

2009 年我国发电装机容量中，火电占 74.49％，火电装机中 92.8％为燃煤机组；全国发电量中，火电占 81.8％，火电发电量中 95.4％为燃煤发电。从发电一次能源结构、比例和实际运行过程看，燃煤发电是发电行业节能减排工作的重点。

我国"一五"计划期间，原苏联援建的中参数 6000 千瓦和 1.2 万千瓦机组开始投运，继后又投运了一批容量为 2.5 万和 5 万千瓦的高压机组。1956 年、1957 年陆续投产了国产的 6000 千瓦和 1.2 万千瓦机组，1958 年中压 2.5 万千瓦机组投运，以及 5 万、10 万千瓦高压机组分别在 1959 年和 1960 年投运。60 年代开始自行研制具有中间再热的超高压 12.5 万和 20 万千瓦机组以及亚临界压力 30 万千瓦机组，分别于 1969 年、1972 年以及 1974 年投运。1983 年已经开始建设 30 万千瓦及以上和引进国外的大型机组，1990 年 60 万千瓦火电机组投产，2002 年 80 万千瓦火电机组投产，2003 年 90 万千瓦火电机组投产，2006 年国产首批超超临界百万千瓦机组相继投运，标志着我国已经成功掌握世界先进的火力发电技术，电力工业已经开始进入"超超临界"时代。

2009 年，30 万千瓦及以上火电机组占全部火电机组的比重已经从 2000 年的 38.86％提高到 69.43％；同时，2009 年 60 万千瓦及以上火电机组容量达 21916 万千瓦，占火电总容量的 33.64％。2009 年，我国燃煤火电超过 6 亿千瓦，位居世界第一位，在超（超）临界机组、循环流化床机组、空冷机组、脱硫设施以及自动控制设备和信息化应用等常规火电技术和运行管理领域，位于世界先进水平。2009 年全国 6000 千瓦及以上火电机组容量等级结构见表 2-1。

表 2-1　2009 年全国 6000 千瓦及以上火电机组容量等级结构

| 指标分类 | 单位 | 火电机组合计 | 占火电容量比例/％ |
|---|---|---|---|
| 60 万千瓦及以上机组 | 台 | 344 | 34.17 |
| | 万千瓦 | 21916 | |
| 30 万～60 万千瓦机组（不含 60 万千瓦） | 台 | 706 | 35.26 |
| | 万千瓦 | 22614 | |
| 20 万～30 万千瓦机组（不含 30 万千瓦） | 台 | 255 | 8.28 |
| | 万千瓦 | 5311 | |

续表

| 指标分类 | 单位 | 火电机组合计 | 占火电容量比例/% |
|---|---|---|---|
| 10 万～20 万千瓦机组 | 台 | 514 | 10.37 |
| （不含 20 万千瓦） | 万千瓦 | 6654 | |
| 10 万千瓦以下机组 | 台 | 4402 | 11.91 |
| | 万千瓦 | 7639 | |
| 6000 千瓦及以上机组合计 | 台 | 6221 | 100 |
| | 万千瓦 | 64133 | |

我国各时期各等级机组技术情况见表 2-2。

表 2-2　不同等级机组情况

| 容量等级/MW | 主要压力等级 | 技术年代 | 平均供电煤耗 | 基本情况 |
|---|---|---|---|---|
| 100 | 高压 | 20 世纪 60 年代 | 394 | 目前主要作为调峰机组,大部分实现两班制运行,部分机组承担供热任务,但由于设备陈旧老化,2009 年在役 60 台,正在加快退役 |
| 125～135 | 超高压 | 20 世纪 60～70 年代 | 374 | 由于采用了超高压、中间再热等技术,技术水平和后来的 200MW 机组相当;由于政策限制原因,20 世纪 90 年代投产了一批修改容量后的 135MW 机组。经技术改进和增容后在电网中作为调峰机组,正在逐步退役 |
| 200 | 超高压 | 20 世纪 70 年代 | 368 | 从多年来机组运行情况看,200～250MW 机组在设计、安装、运行和检修等方面都暴露出了一些问题,经过多年大规模的完善化改造,基本上实现了安全、稳定地运行,但普遍存在煤耗高、可调节性能差、自动化程度较低等问题,正在逐步退役 |
| 300 | 亚临界 | 20 世纪 80 年代初 | 338 | 在 300MW 及 600MW 火电机组中,我国火电机组的可靠性已接近或达到国际水平,机组运行的可调性、环保等指标多年来也在不断提高,但经济性与设计指标相比仍存在着差距。2009 年 300MW 级机组 706 台,600MW 级机组共 320 台,是我国电网中的主力机组。目前超临界 600MW 机组已是常规机组入门最低条件 |
| 600 | 亚临界 | 20 世纪 80 年代 | 328 | |
| 300～900 | 超临界 | 20 世纪 80～90 年代 | 308～340 | 我国目前有 900MW、800MW、600MW、500MW、320MW、300MW 几个容量等级 |
| 1000 | 超超临界 | 20 世纪 90 年代 | 290 | 截至 2010 年底,共 32 台 |

# 第二节　我国火电机组的能效水平

## 一、全国火电机组能效

2009 年,全国 6000 千瓦及以上电厂供电标准煤耗为 340g/(kW·h),比 2000 年下降

52g/(kW·h)，电力工业历年主要技术经济指标见表 2-3。

表 2-3　电力工业历年主要技术经济指标

| 年份 | 装机容量/万千瓦 | 发电量/亿千瓦时 | 发电设备平均利用小时/h | | | 发电厂用电率/% | | | 发电标准煤耗/[g/(kW·h)] | 供电标准煤耗/[g/(kW·h)] |
| --- | --- | --- | --- | --- | --- | --- | --- | --- | --- | --- |
| | | | 合计 | 水电 | 火电 | 合计 | 水电 | 火电 | | |
| 1978 | 5712.21 | 2565.52 | 5149 | | | 6.61 | | | 434 | 471 |
| 1980 | 6586.90 | 3006.20 | 5078 | | | 6.44 | 0.19 | 7.65 | 413 | 448 |
| 1985 | 8705.30 | 4106.90 | 5308 | | | 6.42 | 0.28 | 7.78 | 398 | 431 |
| 1990 | 13789.00 | 6213.18 | 5041 | 3800 | 5413 | 6.90 | 0.30 | 8.22 | 392 | 427 |
| 1995 | 21722.42 | 10069.48 | 5216 | 3867 | 5459 | 6.78 | 0.37 | 7.95 | 379 | 412 |
| 2000 | 31932.09 | 13684.82 | 4517 | 3258 | 4848 | 6.28 | 0.49 | 7.31 | 363 | 392 |
| 2005 | 51718.48 | 24975.26 | 5425 | 3664 | 5856 | 5.87 | 0.44 | 6.8 | 343 | 370 |
| 2006 | 62429.09 | 28603.65 | 5200 | 3352 | 5613 | 5.95 | 0.44 | 6.77 | 342 | 367 |
| 2007 | 71821.65 | 32643.97 | 5020 | 3520 | 5344 | 5.83 | 0.42 | 6.62 | 332 | 356 |
| 2008 | 79273.13 | 34510.13 | 4648 | 3589 | 4885 | 5.90 | 0.36 | 6.79 | 322 | 345 |
| 2009 | 87409.72 | 36811.86 | 4546 | 3328 | 4865 | 5.76 | 0.40 | 6.62 | 320 | 340 |
| 2010 | 96641 | 42278 | 4650 | 3404 | 5031 | 5.43 | 0.33 | 6.33 | | 333 |

由于我国在能源结构、火电结构、运行方式和煤质管理等方面的区别，供电煤耗与世界主要工业国家不能直接对比。直接以燃煤机组相比，我国供电煤耗已优于美国 [356g/(kW·h)]，相当于德国水平 [336g/(kW·h)]，和日本仍有一些差距[312g/(kW·h)]。

## 二、不同容量等级火电机组能效情况

### 1. 全国 6000 千瓦及以上火电机组情况

根据对全国 6000 千瓦及以上火电机组抽样调查结果，2009 年，全国 100 万千瓦级机组供电煤耗 293g/(kW·h)，60 万千瓦级机组供电煤耗 321g/(kW·h)，30 万千瓦级机组供电煤耗 330g/(kW·h)，20 万千瓦级机组供电煤耗 352g/(kW·h)，10 万千瓦级机组供电煤耗 363g/(kW·h)，10 万千瓦以下机组供电煤耗 383g/(kW·h)，见表 2-4。

表 2-4　2009 年全国部分容量等级火电机组供电煤耗一览表

| 机组容量等级/万千瓦 | 台数 | 总容量/万千瓦 | 供电煤耗/[g/(kW·h)] | 比全国平均水平/[g/(kW·h)] |
| --- | --- | --- | --- | --- |
| 100 | 19 | 1910 | 293 | —47 |
| 60(含)～100 | 317 | 19592 | 321 | —19 |
| 30(含)～60 | 609 | 19458 | 330 | —10 |
| 20(含)～30 | 192 | 3969 | 352 | 12 |
| 10(含)～20 | 280 | 3652 | 363 | 23 |
| 5(含)～10 | 61 | 345 | 383 | 43 |
| 0.6(含)～5 | 99 | 179 | 392 | 52 |

### 2. 600MW 级机组能效情况

2009 年，电力行业对 236 台机组进行能效对标，其中 1000MW 超超临界机组 10 台；600MW 级超超临界机组 4 台；600MW 级超临界机组 100 台；600MW 级俄（东欧）制机组 10 台；600MW 级亚临界湿冷机组 75 台；600MW 级空冷机组 37 台。2009 年机组平均等效可用系数为 92.3%，平均非计划停运次数为 0.76 次/(台·年)，平均非计划停运小时为 31.31h/(台·年)，等效强迫停运率为 0.32%，平均利用小时为 5282h（上年度为 5364h）。全国火电 500～1000MW 机组年度能效水平对标标杆值见表 2-5～表 2-8。

**表 2-5　全国火电 500～1000MW 机组 2009 年供电煤耗标杆值**

| 分类条件 | 统计台数 | 达标机组台数 | 供电煤耗/[g/(kW·h)] | | |
|---|---|---|---|---|---|
| | | | 前 20%值 | 前 40%值 | 平均值 |
| 1000MW 超超临界机组 | 10 | 3 | — | — | 290.57 |
| 600MW 级超超临界机组 | 4 | 2 | — | — | 311.40 |
| 600MW 级超临界机组 | 100 | 59 | 303.12 | 305.82 | 312.12 |
| 600MW 级亚临界机组（湿冷） | 75 | 43 | 314.30 | 315.85 | 322.24 |
| 600MW 级俄（东欧）制机组 | 10 | 5 | — | — | 330.72 |
| 600MW 级空冷机组 | 37 | 23 | 330.61 | 333.33 | 339.84 |

**表 2-6　全国火电 500～1000MW 机组 2009 年厂用电率标杆值**

| 分类条件 | 统计台数 | 厂用电率/% | | |
|---|---|---|---|---|
| | | 前 20%值 | 前 40%值 | 平均值 |
| 湿冷：其中开式机组 | 100 | 3.99 | 4.32 | 5.21 |
| 闭式机组 | 99 | 4.44 | 4.77 | 4.98 |
| 空冷机组：其中汽泵配置 | 12 | — | — | 5.16 |
| 电泵配置 | 25 | — | — | 8.38 |

**表 2-7　全国火电 500～1000MW 机组 2009 年油耗标杆值**

| 分类条件 | 统计台数 | 油耗/[t/(台·年)] | | |
|---|---|---|---|---|
| | | 前 20%值 | 前 40%值 | 平均值 |
| 全部 | 236 | 13.06 | 45.34 | 318.06 |

注：油耗指标为机组点火和助燃消耗的总油量，其中 22 台机组实现无油燃烧。

**表 2-8　全国火电 500～1000MW 机组 2009 年油耗标杆值**

| 分类条件 | 统计台数 | 综合耗水率/[m³/(MW·h)] | | |
|---|---|---|---|---|
| | | 前 20%值 | 前 40%值 | 平均值 |
| 水冷机组其中闭式循环 | 99 | 0.33 | 0.84 | 1.89 |
| 开式循环 | 100 | 0.20 | 0.27 | 0.39 |
| 空冷机组 | 37 | 0.22 | 0.26 | 0.61 |

按各分类条件，机组能效指标实际值，达到前20％的机组为标杆先进机组，达到前40％的机组为标杆优良机组，达到平均值的机组为达标机组。

### 3. 300MW级机组能效情况

2009年，电力行业对363台机组进行能效对标，2009年度共有363台300MW级机组参加了全国火电机组能效水平对标及机组竞赛活动，其中：纯凝湿冷机组227台；供热机组59台；空冷机组20台；进口机组57台（其中欧美进口350MW级亚临界机组47台，300MW级亚临界机组8台，俄制进口超临界机组2台）。上述机组台数以汽轮机制造厂出厂编号为依据，纯凝改供热机组热电比超过10％列入供热机组系列。

2009年度363台机组平均等效可用系数为93.15％（上年度为92.03％）；平均非计划停运次数为0.49次/(台·年)〔上年度为0.81次/(台·年)〕；平均非计划停运小时为23.68h/(台·年)〔上年度为34.84h/(台·年)〕；等效强迫停运率为0.29％（上年度为0.44％）；平均利用小时为5261h（上年度为5467h）。全国火电300MW机组年度能效水平对标标杆值见表2-9～表2-12。

按各分类条件，机组能效指标实际值，达到前20％的机组为标杆先进机组，达到前40％的机组为标杆优良机组，达到平均值的机组为达标机组。

**表 2-9　全国火电 500～1000MW 机组 2009 年供电煤耗标杆值**

| 序号 | 分类条件 | 统计台数 | 达标机组台数 | 供电煤耗/[gce/(kW·h)] | | |
| --- | --- | --- | --- | --- | --- | --- |
| | | | | 前20％ | 前40％ | 平均值 |
| 1 | 300MW级纯凝湿冷机组 | 209 | 112 | 322.04 | 325.53 | 333.64 |
| 2 | 300MW级供热机组 | 059 | 26 | 313.26 | 317.91 | 327.20 |
| 3 | 350MW进口机组 | 047 | 19 | 308.31 | 313.67 | 323.40 |
| 4 | 300MW级空冷机组 | 020 | 11 | 342.19 | 345.62 | 354.12 |
| 5 | 300MW级国产纯凝湿冷机组 | 018 | 9 | — | — | 331.08 |
| 6 | 300MW级进口机组 | 010 | 5 | — | — | 336.39 |

**表 2-10　全国火电 300MW 机组 2009 年厂用电率标杆值**

| 序号 | 分类条件 | 统计台数 | 生产厂用电率/% | | |
| --- | --- | --- | --- | --- | --- |
| | | | 平均值 | 前20％ | 前40％ |
| 1 | 湿冷机组：开式循环 | 142 | 5.65 | 4.18 | 4.59 |
| | 闭式循环 | 201 | 6.01 | 4.76 | 5.07 |
| 2 | 空冷机组：电泵配制 | 20 | 8.56 | 7.70 | 8.05 |

**表 2-11　全国火电 300MW 机组 2009 年油耗标杆值**

| 分类条件 | 统计台数 | 油耗/(t/a) | | |
| --- | --- | --- | --- | --- |
| | | 平均值 | 前20％ | 前40％ |
| 全部 | 365 | 297.4 | 44.15 | 167.0 |

表 2-12　全国火电 300MW 机组 2009 年水耗标杆值

| 序号 | 分类条件 | 统计台数/台 | 综合耗水率/[kg/(kW·h)] | | |
|---|---|---|---|---|---|
| | | | 平均值 | 前 20% | 前 40% |
| 1 | 闭式循环 | 201 | 2.14 | 1.02 | 1.53 |
| 2 | 开式循环 | 142 | 0.79 | 0.07 | 0.16 |
| 3 | 空冷机组 | 020 | 0.34 | 0.26 | 0.33 |

## 三、超临界机组发展及能效状况

从燃煤火电建设长期发展过程中，机组正在向大容量、高参数、高自动化和清洁化方向发展，我国火电机组经历了从中温中压、高温高压、超高压向亚临界、超临界、超超临界机组的发展过程，机组每前进一个等级，相应的机组运行参数逐级升高。不同参数的火电机组其发电和供电煤耗情况见表 2-13。从表中可以看出，火电机组蒸汽参数每提高一个等级，供电效率就会增加 2~7 个百分点，供电煤耗也会相应下降 10~20g/(kW·h)。

表 2-13　不同参数的火电机组其发电和供电煤耗

| 电厂参数类型 | 压力/MPa | 温度/℃ | 机组容量/MW | 供电煤耗/[gce/(kW·h)] | 供电效率/% |
|---|---|---|---|---|---|
| 中温中压 | 3.9 | 450 | 6~50 | 450~550 | 22~29 |
| 高温高压 | 9.9 | 540 | 25~100 | 380~460 | 29~32.3 |
| 超高压 | 13.8 | 540/540 | 110~210 | 350~420 | 30~36 |
| 亚临界压力 | 16.7 | 540/540 | 250~660 | 320~360 | 34.1~39.6 |
| 超临界压力 | 25.5 | 568/568 | 300~800 | 310~330 | 37.2~41 |
| 超超临界压力 | >26 | 600/600/600 | 900~1300 | 290~320 | 38.4~42.4 |

自 1992 年我国首次整套引进超临界机组以来，通过国产化依托工程和装备企业引进消化制造技术，我国超（超）临界机组发展很快。据不完全统计，到 2009 年底我国已投产运行超临界机组 11610 万千瓦，超超临界机组 3540 万千瓦，总量约占全世界同类机组总容量的一半。我国超（超）临界机组发展标志性事件见表 2-14。

表 2-14　我国超（超）临界机组发展标志性事件

| 序号 | 事　件 |
|---|---|
| 1 | 1992 年,我国首次整套引进的两台超临界机组在华能石洞口二厂先后投产,蒸汽参数为 24.2MPa/540℃/560℃。在引进设备的同时,也引进了 ABB 公司大部分的超临界技术 |
| 2 | 1998 年,国家发改委将 60 万千瓦超临界机组的研制补列入"十五"国家重大技术装备研制项目,其研究内容包含有技术引进的消化吸收和国内研制两方面。机组参数为 24.2MPa/566℃/566℃,并确定河南沁北项目为 60 万千瓦超临界机组国产化研制依托工程 |
| 3 | 2002 年,开发超超临界技术列为国家 863 重大项目攻关计划,2003 年列入国家重大技术装备研制计划,并将华能玉环电厂和华电邹县电厂四期 2 台百万超超临界机组作为设备国产化依托工程 |
| 4 | 2004 年 11 月 20 日,我国首台 60 万千瓦引进技术国产化超临界火电机组在华能沁北电厂投产 |
| 5 | 2006 年 11 月 28 日,我国首台百万千瓦国产超超临界燃煤机组华能玉环电厂 1 号机组投入商业运行。12 月 4 日,华电国际邹县发电厂 7 号机组投产发电 |

| 序号 | 事　　件 |
|---|---|
| 6 | 2008 年 6 月 1 日、7 月 16 日，华能上安电厂三期 2×60 万千瓦超临界直接空冷机组投入运行 |
| 7 | 2009 年 7 月 4 日，采用 W 型火焰超临界锅炉技术的 60 万千瓦机组在大唐华银金竹山电厂投产 |
| 8 | 2009 年 12 月 20 日，我国首台国产 35 万千瓦超临界燃煤供热机组在华能长春热电厂投入运行 |
| 9 | 华电灵武电厂 100 万千瓦超超临界空冷机组于 2011 年 1 月 1 日投入商业运营 |

我国在掌握了新材料的使用和设计工艺技术后，超临界和超超临界燃煤发电机组单位造价总体上提高不大。从 2007、2008 年投产的工程造价看，60 万千瓦级超超临界、超临界、亚临界机组决算单位造价分别为 3747 元/千瓦、3607 元/千瓦、3616 元/千瓦，100 万千瓦级超超临界机组决算单位造价为 3622 元/千瓦。60 万千瓦级机组运行指标总体良好，100 万千瓦机组还没有经过一个大修期，大部分机组处于生产稳定阶段。

**1. 可靠性指标**

机组安全性、可靠性是保证经济性的基础。2008 年纳入可靠性统计的超临界机组共 83 台，包括 32 万千瓦机组 4 台、50 万千瓦机组 4 台、60 万～67 万千瓦机组 65 台、80 万千瓦机组 2 台、90 万～100 万千瓦机组 8 台，装机容量之和 5214 万千瓦。其中，国产机组 67 台，进口机组 16 台。我国超临界机组可靠性主要综合性指标见表 2-15。

**表 2-15　可靠性主要综合性指标**

| 容量分类<br>/MW | 统计<br>年份 | 统计台<br>数/台 | 利用小时<br>/[h/(台·年)] | 非计划停运次<br>数/[次/(台·年)] | 非计划停运小时<br>/[h/(台·年)] | 等效可用<br>系数/% |
|---|---|---|---|---|---|---|
| 320 | 2006 | 4 | 6516.88 | 1.25 | 48.76 | 92.9 |
| | 2007 | 4 | 6475.5 | 0.5 | 37.28 | 93.31 |
| | 2008 | 4 | 5780.48 | 1.99 | 75.5 | 88.34 |
| 500 | 2006 | 4 | 6311.01 | 1 | 28.08 | 92.34 |
| | 2007 | 4 | 5877.26 | 0.75 | 37.83 | 87.99 |
| | 2008 | 4 | 5668.13 | 0.75 | 25.51 | 93.07 |
| 600～670 | 2006 | 11 | 5643.63 | 2.27 | 83.88 | 92.56 |
| | 2007 | 40 | 5533.8 | 1.25 | 21.79 | 93.72 |
| | 2008 | 65 | 5188.46 | 1.35 | 76.56 | 92.41 |
| 800 | 2006 | 2 | 6541.18 | 3 | 207.05 | 88.13 |
| | 2007 | 2 | 6541.81 | 1 | 22.77 | 88.88 |
| | 2008 | 2 | 5184.09 | 1.5 | 629.76 | 74.48 |
| 900～1000 | 2007 | 3 | 5244.26 | 3 | 31.76 | 95.54 |
| | 2008 | 8 | 5437.58 | 1.75 | 67.21 | 90.49 |
| 全部 | 2006 | 21 | 5976.27 | 1.9 | 87.34 | 91.95 |
| | 2007 | 53 | 5615.63 | 1.25 | 24.38 | 93.28 |
| | 2008 | 83 | 5258.53 | 1.39 | 90.15 | 91.50 |

2008 年度，超临界机组与全国火电 50 万千瓦级以上机组平均水平相比，超临界机组利用小时为 5258.53h，高于 5160.60h 的平均水平；非计划停运次数 1.39，与 1.34 次/台的平均水平相当；等效可用系数 91.50%，与 91.73% 的平均水平接近。超临界机组可靠性水平总体与亚临界机组相当。2008 年超临界机组最长连续运行时间平均为 3320.30h，连续运行时间最长的机组为兰溪 02 号机组，连续运行时间为 8459.83h。

2008 年超（超）临界机组共发生非计划停运 116 次，非计划停运总时间为 7076.05h，台年平均分别为 1.39 次和 90.15h。其中持续时间超过 150h 的非计划停运共 11 次，前三类非计划停运即强迫停运发生 88 次。在三大主设备中，锅炉引起的非计划停运台年平均为 0.64 次和 50.51h，占非计划停运总时间的 59.41%。锅炉、汽轮机、发电机三大主设备引发的非计划停运占到了全部非计划总时间的 87.63%。2008 年超临界机组非计划停运情况见表 2-16。

**表 2-16　2008 年超临界机组非计划停运情况**

| 序号 | 主设备 | 停运次数/[次/(台·年)] | 停运时间/[h/(台·年)] | 占机组非计划停运时间的百分比/% |
|---|---|---|---|---|
| 1 | 锅炉 | 0.64 | 50.51 | 59.41 |
| 2 | 汽轮机 | 0.13 | 23.23 | 27.33 |
| 3 | 发电机 | 0.04 | 0.76 | 0.89 |

### 2. 技术经济指标

根据对 2008 年 96 台超临界机组分析（其中，国产机组 84 台，进口机组 12 台），包括 50 万千瓦机组 4 台、60 万～70 万千瓦机组 81 台、80 万千瓦机组 2 台、90 万千瓦机组 2 台，100 万千瓦机组 7 台，装机容量之和 6213 万千瓦，总体技术经济指标情况见表 2-17，典型主设备组合机组经济性指标见表 2-18。

**表 2-17　超临界机组经济指标**

| 容量/MW | 参数 | 统计台数 | 统计容量/MW | 供电煤耗/[g/(kW·h)] | | 厂用电率/% | |
|---|---|---|---|---|---|---|---|
| | | | | 平均值 | 最优值 | 平均值 | 最优值 |
| 1000 | 超超临界 | 7 | 7000 | 296.29 | 293.10 | 4.86 | 4.28 |
| 900 | 超临界 | 2 | 1800 | 299.88 | 299.77 | 3.40 | 3.24 |
| 800 | 超临界 | 2 | 1600 | 327.94 | 327.68 | 4.91 | 4.83 |
| 600～700 | 超超临界 | 2 | 1200 | 313.79 | 305.85 | 1200 | 5.13 |
| | 超临界 | 79 | 48530 | 315.26 | 304.40 | 48530 | 5.11 |
| 500 | 超临界 | 4 | 2000 | 328.93 | 322.09 | 5.87 | 4.74 |
| 超超临界平均 | | 9 | 8200 | 300.18 | 293.10 | 4.92 | 4.28 |
| 超临界平均 | | 87 | 53930 | 315.69 | 299.77 | 5.09 | 3.24 |
| 60 万千瓦级亚临界机组平均（对比） | | 93 | 56390 | 330.06 | 311.35 | 5.87 | 3.99 |

表 2-18 典型主设备组合机组经济性指标

| 锅炉-汽机-电机 | 参数 | 统计台数 | 统计容量/MW | 供电煤耗/[g/(kW·h)] | |
| --- | --- | --- | --- | --- | --- |
| | | | | 平均值 | 最优值 |
| 哈-哈-哈 | 超超临界 | 3 | 2200 | 303.34 | 295.49 |
| 东-东-东 | 超超临界 | 2 | 2000 | 293.55 | 293.10 |
| 哈-哈-哈 | 超临界 | 12 | 7200 | 313.31 | 309.11 |
| 上-上-上 | 超临界 | 18 | 11270 | 315.61 | 308.00 |
| 东-东-东 | 超临界 | 11 | 6810 | 321.23 | 307.90 |

2008 年，统计分析机组完成供电煤耗平均值为 322.02g/(kW·h)，比上年降低了 1.59g/(kW·h)，最优为邹县电厂 7 号机组，完成供电煤耗 293.10g/(kW·h)。100 万机组实际完成供电煤耗全部在 300g/(kW·h) 以下，平均为 296.29g/(kW·h)，供电煤耗排在最优前列，充分显示了其优良的经济性。

按参数分析，超超临界机组平均供电煤耗 300.18g/(kW·h)，超临界机组平均供电煤耗 315.69g/(kW·h)，同容量等级亚临界机组平均供电煤耗 330.06g/(kW·h)，各有 15g/(kW·h) 时的差别。从实际运行看，超超临界机组的热效率为 43.04%，比超临界机组的高 2.04%，超临界机组的热效率又比亚临界机组要高出 1.46%。

从厂用电分析，超超临界机组和超临界机组投运时期相对较近，系统设计更为优化，技术更为先进，都采用汽动给水泵，厂用电率分别为 4.92% 和 5.09%，同容量等级亚临界机组平均为 5.87%。

### 3. 超临界机组发展趋势

超临界机组技术是规模化成熟燃煤火力发电技术，在发展过程中主要通过容量和参数的提升进一步提高效率、优化系统设计、增加使用范围和保证运行负荷等方面开展工作。

在机组设计运行方面，目前世界上超超临界机组最大单机容量为 130 万千瓦，蒸汽参数 34.5MPa，649/566/566℃，我国也进行了技术准备，在布置中采用发电机组分列等方式，以降低造价、减少压损、简化空间布置。在提高机组能效方面，近两年在 600～1000MW 超临界、超超临界机组设计中采取了进一步的优化设计，主要是取消了电动给水泵（用邻机的备用汽源采取汽动给水泵冷态启动机组）、凝结水泵采用优化设计，提高了机组的经济性。另外，各企业加强了运行、检修管理和节能改造，包括高压变频改造、微油无油点火技术应用、优化运行曲线、动态对标管理、采用厂级监控系统、创新设备管理模式、实行点检定修制度等，取得了显著成效。

我国从 2005 年开始了 60 万千瓦等级空冷机组的生产，截止到 2009 年底全国总计有 61 台引进技术国产制造的 60 万千瓦等级空冷机组投入运行，其中超临界空冷机组 16 台，世界首台 100 万千瓦超超临界空冷机组正在华电灵武电厂施工建设中，将会提高我国北方富煤缺水地区空冷机组的发电效率。大唐华银金竹山火力发电分公司燃用无烟煤的 W 型火焰 60 万千瓦超临界机组的成功投运，标志着 W 型火焰燃烧技术与超临界锅炉技术达到有机的融合，填补了国内外火力发电行业的又一个技术空白。在我国，60万千瓦级循环流化床锅炉机组示范工程正在积极推进，将采用超临界技术。在以上几方面，我国超临界发电技术及工程建设无论从数量上还是在质量上都走在了世界前列。

# 第三节　火电机组的能效对标

在国家组织下，电力行业开展了机组能效对标，通过机组安全性、可靠性和经济性和环保指标，进行全面分析，与火电行业国内外同类机组能效水平进行对比，确定不同边界条件下的标杆机组和标杆企业，对企业和机组进行综合评价。

## 一、确定行业对标条件

在行业层面，通过制定《火电企业能效水平活动对标工作方案》，通过电厂申报、集团公司确认、公示、评价、审定、公布，规范能效对标指标体系并逐年动态修订，健全对标数据库，确定机组能效和企业综合能耗的影响因素及其修正方法，确定在各类技术边界条件下的能效标杆值和标杆机组，研究分析标杆企业的先进管理方法、措施手段及最佳实践方法，对标杆机组（电厂）给予表彰和奖励，行业和企业根据对标结果制定整改措施，促进企业节能工作的开展。

**1. 确定边界条件，按不同容量、参数、类型对机组进行分类**

按容量：300MW、600MW（500MW与800MW，600～700MW，900MW）。

按参数：超临界、亚临界。

按机组类型（冷却方式）：循环冷却、直流冷却、空冷。

按燃煤种类：无烟煤、贫煤、烟煤、褐煤，或燃煤挥发分、灰分。

**2. 主要能效指标按以下分类**

供电煤耗对标，分为以下4个类别。

（1）俄（东欧）制机组。

（2）空冷机组：分为超临界空冷机组（暂无）、亚临界空冷机组。

（3）600～900MW超临界机组（不含空冷机组）。

（4）600～700MW亚临界机组（不含空冷机组）。

厂用电率对标，分为以下2个类别

（1）空冷机组。

（2）500～900MW机组（不含空冷机组）。

水耗对标，分为以下3个类别

（1）空冷机组。

（2）500～900MW机组闭式循环冷却机组。

（3）500～900MW机组开式循环冷却机组。

油耗对标，按 500～900MW 机组不再分类

## 二、采用过程指标

标杆先进机组发布过程指标，即与能耗指标相关的运行小指标，供全国火电企业对比借鉴。过程指标以全国火电机组竞赛相关数据为准，包括：

（1）机组容量、投产日期、运行小时（h）、备用小时（h）、降出力等效停运小时（h）、可用系数（%）、等效可用系数（%）、暴露率（%）、非计划停运次数（次）、非计划停运小时（h）、强迫停运次数（次）、强迫停运小时（h）、等效强迫停运率（%）、调峰启停次数（次）、发电量（万千瓦时）、利用小时（h）、负荷系数（%）；

（2）供电煤耗 $[g/(kW \cdot h)]$，厂用电率（%）、发电综合耗水率 $[m^3/(MW \cdot h)]$、发电补给水率（%）、水品质总合格率（%）、热工保护投入率（%）；

（3）锅炉制造厂家、型式、燃煤种类、锅炉效率（%）、额定主蒸汽压力（MPa）、额定主蒸汽温度（℃）、额定再热蒸汽压力（MPa）、额定再热蒸汽温度（℃）、燃烧方式、点火用油（t）、助燃用油（t）、飞灰含碳量（%）；

（4）汽轮机制造厂家、设计背压（kPa）、循环水循环方式；

（5）发电机制造厂家；

（6）脱硫方式，脱硫系统投入率（%）、脱硝系统投入率（%）。

## 三、基础参考值与实际运行修正值

在行业能效对标过程中，在不同机组参考值基础上，通过实际运行供电煤耗加边界条件修正后进行比较。基础参考值与实际运行修正值见表 2-19～表 2-25。

**表 2-19　火电机组发、供电煤耗参考值**

| 序号 | 机组类型 | 机组类型特点 | 发电煤耗(参考值)/$[g/(kW \cdot h)]$ | 供电煤耗(参考值)/$[g/(kW \cdot h)]$ |
|---|---|---|---|---|
| 1 | 1000MW 级超超临界机组 | 脱硫 | 284 | 300 |
| 2 | 600～660MW 级超超临界机组 | 常规[①] | 291 | 304 |
| | | 脱硫 | 291 | 308 |
| 3 | 600～660MW 级超临界机组 | 常规 | 295 | 309 |
| | | 脱硫 | 295 | 313 |
| | | 脱硫+空冷(电动泵) | 306 | 334 |
| | | 脱硫+空冷(汽动泵) | 312 | 332 |
| 4 | 600MW 级亚临界机组 | 常规 | 307 | 321 |
| | | 脱硫 | 307 | 325 |
| | | 空冷(电动泵) | 314 | 339 |
| | | 脱硫+空冷(电动泵) | 314 | 343 |
| | | 脱硫+空冷(汽动泵) | 321 | 341 |

续表

| 序号 | 机组类型 | 机组类型特点 | 发电煤耗(参考值)/[g/(kW·h)] | 供电煤耗(参考值)/[g/(kW·h)] |
|---|---|---|---|---|
| 5 | 俄制 500MW 超临界机组 | 常规 | 307 | 323 |
| | | 脱硫 | 307 | 327 |
| 6 | 350MW 级进口机组(电动泵) | 常规 | 304 | 326 |
| | | 脱硫 | 304 | 330 |
| 7 | 350MW 进口机组 | 常规 | 308 | 321 |
| | | 脱硫 | 308 | 325 |
| 8 | 330MW 国产机组(电动泵) | 常规 | 307 | 330 |
| | | 脱硫 | 307 | 335 |
| 9 | 俄制 325MW 超临界机组 | 常规 | 308 | 323 |
| | | 脱硫 | 308 | 327 |
| 10 | 俄制 300MW 亚临界机组 | 常规 | 310 | 332 |
| | | 脱硫 | 310 | 336 |
| 11 | 300MW 机组(哈尔滨、上海汽轮机厂) | 常规(汽动泵) | 313 | 329 |
| | | 常规(电动泵) | 307 | 330 |
| | | 脱硫(汽动泵) | 313 | 333 |
| | | 脱硫(电动泵) | 307 | 334 |
| | | 脱硫+空冷(电动泵) | 323 | 354 |
| | 300MW 机组(东方汽轮机厂) | 常规(汽动泵) | 314 | 330 |
| | | 常规(电动泵) | 308 | 331 |
| | | 脱硫(汽动泵) | 314 | 334 |
| | | 脱硫(电动泵) | 308 | 335 |
| | | 脱硫+空冷(电动泵) | 324 | 355 |
| | 早期投运的国产 300MW 级机组 | 常规 | 318 | 335 |
| | | 脱硫 | 318 | 339 |
| 12 | 300MW 供热机组[②] | 常规(汽动泵) | | |
| | | 常规(电动泵) | | |
| | | 脱硫(汽动泵) | 与常规(汽动泵)基准值相同 | |
| | | 脱硫(电动泵) | 与常规(电动泵)基准值相同 | |
| | | 脱硫+空冷(电动泵) | 常规(电动泵)基准值加 16g/(kW·h) | |
| | | 空冷(电动泵)+循环流化床 | 常规(电动泵)基准值加 20g/(kW·h) | |
| 13 | 200MW 级机组 | 常规 | 330 | 355 |
| | | 脱硫 | 330 | 359 |
| | | 空冷 | 348 | 377 |
| | | 空冷(2000 年前投运) | 356 | 386 |

续表

| 序号 | 机组类型 | 机组类型特点 | 发电煤耗（参考值）/[g/(kW·h)] | 供电煤耗（参考值）/[g/(kW·h)] |
|---|---|---|---|---|
| 14 | 200MW 供热机组 | 常规 | 与常规基准值相同 | |
| | | 脱硫 | | |
| | | 脱硫＋空冷 | 常规基准值加 18g/(kW·h) | |
| 15 | 135MW 级机组 | 常规 | 330 | 355 |
| | | 脱硫 | 330 | 359 |
| | | 循环流化床 | 334 | 367 |
| 16 | 100MW 级机组 | 通流部分未改造 | 360 | 391 |
| | | 通流部分未改造（脱硫） | 360 | 396 |
| | | 通流部分改造 | 345 | 374 |
| | | 通流部分改造（脱硫） | 345 | 379 |

① 在机组类型特点中"常规"是指未安装脱硫、脱硝装置的湿冷燃煤发电机组。无特别说明时，300MW 及以上容量机组配汽动给水泵，300MW 容量以下机组配电动给水泵。

② 供热机组考核指标为供热机组发电煤耗、供电煤耗、供热煤耗。

注：1. 表中给出了国内不同容量各种类型燃煤发电机组发电煤耗、供电煤耗基准值的最低标准，该基准值以年利用小时数≥5500h 为计算基准。

2. 新建 1000MW 级超超临界机组、600MW 级超超临界机组、600MW 级空冷机组、300MW 循环流化床锅炉机组发电煤耗、供电煤耗的基准值是根据机组设计数据确定的，机组投产后，根据机组性能考核试验结果，对发电煤耗、供电煤耗基准值进行修正。

3. 对于设计燃用无烟煤、褐煤机组的发电煤耗、供电煤耗基准值，可根据机组性能试验结果进行修正。

表 2-20　燃煤成分修正系数

| 序号 | 燃煤成分（质量分数） | | 修正系数 |
|---|---|---|---|
| 1 | 挥发分 | ＞19% | 1.0 |
| | | ≤19% | $1+0.002\times(19-100V_{ar})$ |
| 2 | 灰分 | ≤30% | 1.0 |
| | | ＞30% | $1+0.001\times(100A_{ar}-30)$ |

注：$V_{ar}$、$A_{ar}$ 为燃煤收到基挥发分、灰分。

表 2-21　当地气温修正系数

| 序号 | 最冷月份平均气温 | 修正系数 |
|---|---|---|
| 1 | ≤-5℃ | 1.0 |
| 2 | -5℃＜t≤0℃ | 1.005 |
| 3 | ＞0℃ | 1.01 |

表 2-22 冷却方式修正系数

| 序号 | 冷却方式 | | 修正系数 |
|---|---|---|---|
| 1 | 开式循坏 | 冷却水提升高度≤10 m | 1.0 |
| | | 冷却水提升高度＞10 m | $1+0.01\times(H-10m)/H$ |
| 2 | 闭式循环 | | 1.01 |
| 3 | 空气冷却 | 间接空冷 | 1.03 |
| | | 直接空冷 | 1.04 |

注：$H$ 为循环水提升高度，单位为米（m）。

表 2-23 机组负荷率修正系数

| 序号 | 报告期机组负荷率 | 修正系数 |
|---|---|---|
| 1 | 86％及以上 | 1.0 |
| 2 | 86％～75％ | 1.01 |
| 3 | 75％～60％ | 每降 5％，修正系数为前值基础上乘以 1.01 |

表 2-24 机组启停调峰修正系数

| 序号 | 报告期机组启停次数 | 修正系数 |
|---|---|---|
| 1 | ≤18 次 | 1.0 |
| 2 | ＞18 次 | $1+0.0003\times(N-18)$ |
| 3 | 注：$N$ 为报告期机组启停调峰次数,其中机组因调峰而停机和启动的全过程计为启停调峰一次。 | |

表 2-25 烟气脱硫脱硝修正系数

| 脱硫方式 | 湿法脱硫 | | 干法脱硫 | | 无脱硫 |
|---|---|---|---|---|---|
| | 厂内制备脱硫剂 | 厂内无制备脱硫剂 | 厂内制备脱硫剂 | 厂内无制备脱硫剂 | |
| 修正系数 | 1.015 | 1.01 | 1.005 | 1.003 | 1.0 |
| 烟气脱硝修正系数 | 当采用烟气脱硝时,烟气脱硝修正系数为 1.005 | | | | |

# 第三章　发电企业节能制度体系

## 第一节　发电企业节能制度管理

节能减排包括企业节能和环境保护两方面工作，是电力生产过程中的一项重要技术管理内容，通过采取技术上可行、经济上合理以及环境和社会可以承受的措施，从能源生产到消费的各个环节，降低消耗、减少损失和污染物排放、制止浪费，有效、合理地利用能源。在制度建设过程中，通过加强对发电企业节能工作，建立健全以质量为中心、以标准为依据、以计量为手段的节能管理体系，对影响发电设备经济运行的重要性能参数和指标进行评价。使能源的消耗率达到最佳水平，力求使节能工作规范化、制度化，保证设备安全、可靠和经济运行，保证节能工作持续、高效、健康发展。

节能管理人员和节能主管领导应掌握国家、行业及上级有关节能的政策、法规、规程、规范、标准、制度，并做好宣传贯彻执行工作。节能管理人员和节能主管领导要及时了解和掌握最新版本的相关节能法律、法规、规范、标准等有关文件（常用节能法规以及常用节能标准见本书附录）。

### 一、规划、设计和基建的节能管理

#### （一）规划和设计

（1）发电企业基本建设规划应贯彻执行国家的节能政策，合理布局，优化用能。确定先进合理的煤耗、电耗、水耗、环保等设计指标。环保设施与主体工程同时设计、同时施工、同时投产。

发电企业建设规划要符合节约能源法的基本要求，符合当前时期的能源与环保政策，按照国家的发展规划来建设。发电企业根据经济、技术条件以及能源环保规划情况选定机组容量、全厂容量和规划发展容量。

根据燃煤规划、水资源规划确定先进合理的煤耗、电耗、水耗、环保等设计指标。如燃用褐煤应选定适合燃烧褐煤的锅炉；如水资源贫乏可选择直接或间接空冷系统等，节约用水应符合 GB/T 18916.1 中规定的火力发电取水定额。

（2）设计阶段的可行性研究报告应有节能篇，选用的设备高效、节能、环保配置合理，不应使用已公布淘汰的高耗能高污染产品。

设计阶段应在满足安全性的前提下开展优化设计，结合已投产机组的实践经验合理配置，追求节能型设计理念。辅助设备容量应与主机配套，避免容量选择过大而造成资源浪费。

设计和选型阶段应多方调研，了解和掌握同类或近似机组的设备状况，选用可靠性高设备。设备选型阶段应严格招标制度，进行经济、技术分析对比，避免低价中标而选择低效设备。

### （二）设备监造

在设备制造过程中，发电企业可委托第三方进行设备的现场监造，保证出厂产品符合设计要求。

#### 1. 基本要求

设备制造应委托具有相应资质、信誉度高、业绩好、采取先进加工工艺的厂家来制造。有条件可到厂家实地考察，了解制造水平和加工能力。发电企业应严格把关，制订验收评价管理制度，检查出厂产品是否符合设计要求。对重要设备，应派代表评价制造工艺、成套安装状况，也可委派有经验的第三方代表进行现场监造。

#### 2. 设备监造

（1）监造任务　以用户和制造厂签订的合同（包括监造协议）为依据，由设备用户自主选择监造模式和监造单位，设备监造内容要详细具体，包括设备监造项目内容、监造模式、监造大纲、制造厂为监造人员开展工作提供条件及有关技术资料等，应包括在设备合同内或作为设备合同附件。

（2）监造方式　设备监造方式分为停工待检（H点）、现场见证（W点）、文件见证（R点）三种。停工待检项目必须有用户代表参加，现场检验并签证后，才能转入下道工序。现场见证项目应有用户代表在场。文字见证项目由用户代表查阅制造厂的检验、试验记录。

（3）监造模式　设备监造模式根据工作内容、范围和深度不同，分为一级监造和二级监造两种模式。一级监造项目少，是重点监检，是最低要求。二级监造项目多，齐全、具体，是更高要求，是用户对制造过程的跟踪检查监造。

（4）监造人员　应具备本专业的丰富技术经验，并熟悉 GB/T 19000 系列标准和各专业标准。监造人员应有从事本专业 10 年工作以上的经验，监造总负责人应有 20 年以上的经验。

（5）通常的监造项目

① 锅炉本体：包括水冷壁、过热器、再热器、省煤器、汽包、联箱、空气预热器、锅炉钢结构、燃烧器、安全阀等。

② 锅炉辅助设备：包括磨煤机、风机、电除尘器等。

③ 汽轮机本体：包括汽缸、喷嘴室、隔板、隔板套、轴承、螺栓、联轴器、叶轮与主轴、汽封、动叶片、导叶、转子装配、总装等。

④ 汽轮机辅助设备：调节保安套、油系统设备、给水加热器、除氧器、冷凝器、给水泵及给水泵汽轮机、凝结水泵、循环水泵等。

⑤ 发电机本体：包括转轴、护环、中心环、风叶、转子铜线、定子铜线、转子、定子、整机性能等。

⑥ 发电机辅助设备：交流励磁机。

⑦ 其他：大型变压器、六氟化硫断路器、电动机等。

**3. 执行标准**

（1）GB/T 19000 质量管理体系　基础和术语。

（2）DL/T 586 电力设备用户监造技术导则。

（三）表计要求

在设计和安装过程中，所有能源环保计量表计应齐备，包括入厂燃料、入炉燃料、用水、用电、用热、污染物排放等。

**1. 基本要求**

设计阶段应配齐能源环保计量仪表，特别要注意考虑生产运行中参数或指标必须进行统计的仪表以及非生产用能的仪表。能源计量仪表应尽可能选用可靠性好、精度高的仪表。能源计量仪表最好具有在线记录和累计功能。

安装过程中注意计量仪表的安装位置，本着符合规程要求又便于操作维护的原则。

**2. 执行标准**

（1）DL 5000 火力发电厂设计技术规程。

（2）DL/T 5031 电力建设及施工验收规范　管道篇。

（四）验收制度

在基建阶段，要保证安装、调试质量。建立施工单位、建设单位、调试单位、监理单位的签字验收制度。

**1. 基本要求**

基建阶段应选用技术水平高、业绩好、责任心强的建设单位、调试单位和监理单位。建设过程中避免由于赶工期而忽视安装质量的行为，做好安装质量验收工作。建设质量应按电力建设及施工验收规范来验收。

发电企业宜委托第三方开展基建阶段的节能技术评价。

注意基建阶段的节能工作，如降低启动次数以减少启动耗油，加强水耗评价以减少污水排放，合理调整汽封间隙以保证汽轮机效率等。

**2. 执行标准**

（1）DL/T 5011 电力建设及施工验收规范　汽轮机机组篇。

（2）DL/T 5031 电力建设及施工验收规范　管道篇。

（3）DL/T 5047 电力建设及施工验收规范　锅炉机组篇。

（4）DL/T 5190.4 电力建设及施工验收规范第 4 部分　电厂化学。

（5）DL/T 5190.5电力建设及施工验收规范第 5 部分 热工仪表及控制系统。

（6）DL/T 852锅炉启动调试导则。

（7）DL/T 863汽轮机启动调试导则。

### （五）性能验收试验

火电机组在设计和安装时，应设必要的热力试验测点，以保证对机组投产后进行经济性测试和分析，并保证热力性能试验数据的完整性和准确性。

#### 1. 基本要求

试验期间为保证运行监视的需要，重要的热力试验测点应与运行测点分装。

在设计阶段，电厂应协调试验部门、设计部门，配管部门联合完成四大管道（主蒸汽管道、再热冷段蒸汽管道、再热热段蒸汽管道、高压给水管道等）测点位置的设计。在安装阶段，可委托安装单位协助安装。

在设计阶段，电厂应协调试验部门、制造部门联合完成中压缸排汽测点、低压缸进汽测点和低压缸排汽测点位置的设计和安装。

对过热器减温水流量、再热器减温水流量、给水流量等可在运行变送器的传压管上接装三通，试验时安装专用变送器测量。

在安装阶段，按照网格法测量原则安装锅炉排烟温度和烟气取样试验测点。

为试验准备的测点，应从节能降耗长远观点考虑，满足长期使用的需要，即测点安装要规范。其他试验测点可根据试验的需要，结合运行测点，适当增加。

#### 2. 执行标准

汽轮机、锅炉、水泵、风机试验标准。

### （六）竣工验收

火电机组在试生产阶段，应按火力发电厂基本建设工程启动及竣工验收的相关规程中规定的性能、技术经济指标考核项目，按国家标准或发电企业与制造厂确认的标准进行热力性能试验和技术经济指标考核验收。

#### 1. 火力发电企业试生产阶段应进行的节能试验项目

（1）锅炉热效率试验；

（2）锅炉最大出力试验；

（3）锅炉额定出力试验；

（4）锅炉断油最低出力试验；

（5）制粉系统出力及磨煤单耗试验；

（6）汽轮机组热耗率试验；

（7）汽轮机最大出力试验；

（8）汽轮机额定出力试验；

（9）供电煤耗测试；

（10）机组散热测试；

（11）其他有必要开展的试验；

（12）脱硫、脱硝设备效率试验；

（13）电除尘设备效率试验。

**2．执行标准**

（1）火力发电厂基本建设工程启动及竣工验收规程。

（2）电力建设预算定额　第六册　调试工程。

## 二、运行电厂节能管理

发电企业应建立完善的节能管理体系和长效机制，根据实际情况确定综合经济指标及单项经济指标，制订节约能源规划和年度实施计划，成为生产、经营管理主要工作。依靠生产管理机构，开展全面、全员、全过程的节能管理，逐项落实节能规划和计划，将各项经济指标依次分解到各有关部门，开展单项经济指标的考核，以单项经济指标来保证综合经济指标的完成。把实际完成的综合指标同目标值、历史最好水平以及国内外同类型机组最好水平进行比较和分析，找出差距，提出改进措施。如设备和运行条件发生变化，则要重新核定综合经济指标水平。

### （一）建立健全组织体系

**1．各级机构职责**

（1）领导决策层　发电企业应成立节能领导小组，由厂长（或总经理）任组长，定期召开节能办公会议，由主管生产的副厂长（副总经理）主持日常工作，由节能办公室或由有关处室设专职人员归口管理。节能领导小组的职责是：检查监督国家和公司的节能方针、政策、法规、标准及有关节能指示的贯彻执行；制订本单位节能规划；建立健全节能网络和各级岗位责任制；核定考核主要能耗指标；监督节能措施的落实，及时总结经验和分析存在的问题，部署下阶段节能工作任务。对供电煤耗、水耗等能源利用状况进行调查，研究、制定节能整改措施并颁布实施。

（2）节能专责　发电企业应设置节能工程师，在生产副厂长（副总经理）领导下工作，负责全厂节能具体业务工作；协助厂领导组织编制全厂节能规划、年度节能计划和考核办法，并组织实施；定期检查节能规划和计划的执行情况并向节能领导小组提出报告；按期完成能耗、环保指标报表，做好季度、年度节能工作总结；定期组织召开节能分析会，提出节能指标完成情况的分析报告、节能工作存在的问题，组织制定改进措施，并按计划实施；对影响本企业经济运行的重大耗能设备，及时提出改进措施并组织解决；积极参加和组织开展节能的科技攻关，新技术推广和人员培训工作。

（3）运行部门　掌握运行设备特性，对主、辅机进行经济调度，使机组处于经济状况下运行。开展小指标竞赛，保持机组运行参数在最佳值。发现设备存在问题及时上报。做好运行参数记录、统计和分析工作。

（4）检修部门　对影响机组和设备经济性能的问题要制定消缺方案，结合大小修进行消缺。同时要讲究检修工艺，比如要调整好发电机组动静部分间隙，保持受热面清洁，消除热力系统内、外部泄漏等。积极采取先进调速技术，降低辅机单耗，做好低效风机和水泵的改造工作，做好热力系统管道及设备保温。

（5）燃料部门　加强燃料管理，作好燃料的计划和供应、调运验收、收发计量、混配掺烧等项工作。抓好燃料检斤、检质和取样化验工作。对亏吨、亏卡的部分，要会同有关部门索赔追回。加强贮煤场的管理，合理分类堆放，采取措施，防止自燃和发热量损失。煤场盘点应每月进行一次。

（6）其他部门　定期开展常规节能项目，控制非生产用能管理，避免长明灯，长流水现象。作好全厂节能档案的管理。

（7）委托科研院所，进行节能技术的开发和试验研究工作，对发电企业的节能工作进行技术指导；开展节能监测，对计量装置进行技术监督；开展专业技术培训和节能信息、情报交流。积极推广应用节能、节水、环保等新产品、新技术、新工艺和新方法，依靠科技进步，提高企业资源利用效率，降低生产经营成本。

2. 发电企业（集团公司、发电厂）应依据国家和行业的法规、标准来制定本企业的节能管理规定，主要内容包括：总则、工作内容、管理职责与分工、工作要求、监督项目、考核办法等。节能管理规定每三年修订一次。

3. 开展本企业（机组）与国内同类型先进企业（机组）的对标管理工作，确定本企业（机组）资源消耗的先进值、设计值、对标值和实际值之间的差距，制定总体改进目标和分年度目标，制定落实改进措施。

4. 集团公司根据电厂实际情况制定节能评价管理标准，主要内容包括：评价内容、评价指标、评价周期、评价奖惩制度、评价责任制度等。

（二）规章制度与报表

1. 结合发电企业实际情况，制定相应的节能管理办法。火电机组节能管理办法应依据国家和行业的法规、标准来制定，包括总则、职责分工、工作内容、工作标准、评价项目和评价办法等。

2. 制定节能管理细则并适时修订，包括生产运行指标、燃料管理、节水、节电、节油、环保和设备治理等。包含主要内容有节能管理、主要指标、考核周期和责任制度等。

3. 制定非生产用能（用煤、用电、用热、用汽、用水等）的管理办法。

4. 根据相关标准，制定常规的节能检测办法。

5. 制定年度节能计划和中长期节能规划。

节能计划和规划中应包含：项目名称、工作范围、原因分析、采取措施、预期目标、完成时间、资金落实情况、项目负责单位、项目负责人、批准人、验收人。

6. 节能会议应有完整的记录，定期应有总结报告。总结报告通常包含以下内容：

（1）概况　机组运行情况、设备概况、计划指标等。

（2）全厂性经济指标完成情况　发电量、供电煤耗、厂用电率、发电水耗，与上年或同型号其他先进机组的比较和分析。

（3）锅炉技术指标完成情况　分项指标对锅炉效率和煤耗的影响。

（4）汽轮机技术指标完成情况　分项指标对汽轮机热耗和煤耗的影响。

（5）环保指标完成情况　分项指标对经营效益的影响。

（6）节能工作情况　包括制度完善情况、节能宣传、节能网络化开展工作情况、节能检查情况、节能工作的主要成绩、存在的问题、下一步节能工作思路。

7. 定期制定并报送数据报表，并做好经济指标分析记录。

（1）节能评价数据报表　统计数据应反映机组设备和运行状况，为了能够准确、全面地反映设备和运行状态，考虑到电厂能够进行统计或检测的参数和指标，而又对机组节能性影响比较大的参数，制定火力发电厂节能报表。报表包括锅炉的运行参数和指标、汽轮机的运行参数和指标、全厂环保参数指标、全厂的综合节能参数和指标等。

（2）节能分析活动　基层发电厂的节能分析活动是生产管理的主要内容之一，分析以节能为主要目标，根据统计数据，运用科学的方法，透过设备、系统运行中的各项参数来分析设备和系统中能耗环保指标变化规律，提出改进措施和解决意见。节能活动分析通常包括岗位分析、定期分析和专题分析。管理人员应对会议内容做好记录并监督实施情况。

8. 节能报告存档

节能检测报告和总结报告应存档，要求不仅存放在电厂资料室，更重要的是节能管理人员将节能检测报告分发给各相关部门，以利于有关人员了解检测报告的内容，进一步做好节能工作。

9. 为机组经济运行制定各种曲线或表格

电厂节能管理者应结合电厂运行特点，根据计算或试验结论，制定有关经济运行的曲线或表格，使运行人员了解和掌握经济运行的方法。如机组定滑压运行曲线、给水温度与负荷的变化曲线等。

## （三）设备管理制度

发电企业应建立完善的设备管理制度，不断提高机组健康水平和技术经济指标，建立完善的设备技术档案和台账。及时消除设备缺陷，维持设备的设计效率，结合设备检修，定期对锅炉受热面、汽轮机通流部分、凝汽器和加热器等设备进行彻底清洗，使设备长期保持最佳状态。应建立与节能有关的设备档案包括以下内容：

（1）汽轮机、锅炉、发电机及主变压器的设计规范；

（2）重要辅助设备的设计规范和特性曲线；

（3）锅炉、汽轮机热力计算书；

（4）电除尘、脱硫设备、脱硝设备、污水处理设备设计规范；

（5）设备改造的技术文件。

## 三、能源计量

能源计量是节能监督的基础，应配齐生产和非生产的煤、油、汽、气、水、电计量表计。能源计量装置的配备和管理按国家或行业有关规定和要求进行，能源计量装置的选型、精确度、测量范围和数量，应能满足能耗定额管理、能耗考核及商务结算的需要。对全部能源计量器具应建立检定及校验、使用和维护制度，并设有相应的设备档案台账。生产用能和非生产用能严格分开，加强管理，节约使用，对非生产用能按规定收费。发电企业要贯彻执行《用能单位能源计量器具配备和管理通则》（GB 17167—2006）强制性国家标准，建立完善能源计量体系。开展污水流量计、在线 COD 监测仪等环保计量仪器的检定，确保污染环保检测数据的准确可靠。

## （一）能源计量器具的配备

### 1. 能源计量的范围

（1）输入用能单位、次级用能单位和用能设备的能源及载能工质；

（2）输出用能单位、次级用能单位和用能设备的能源及载能工质；

（3）用能单位、次级用能单位和用能设备使用（消耗）的能源及载能工质；

（4）用能单位、次级用能单位和用能设备自产的能源及载能工质；

（5）用能单位、次级用能单位和用能设备可回收利用的余能资源。

### 2. 能源计量器具的配备原则

（1）应满足能源分类计量的要求；

（2）应满足用能单位实现能源分级分项考核的要求；

（3）重点用能单位应配备必要的便携式能源检测仪表，以满足自检自查的要求。

### 3. 能源计量器具配备率要求

能源计量器具配备率要求见表 3-1。

表 3-1　能源计量器具配备率　　　　　　　　　　　　　　单位：%

| 能源种类 | | 进出用能单位 | 进出主要次级用能单位 | 主要用能设备 |
|---|---|---|---|---|
| 电力 | | 100 | 100 | 95 |
| 固态能源 | 煤炭 | 100 | 100 | 90 |
| | 焦炭 | 100 | 100 | 90 |
| 液态能源 | 原油 | 100 | 100 | 90 |
| | 成品油 | 100 | 100 | 95 |
| | 重油 | 100 | 100 | 90 |
| | 渣油 | 100 | 100 | 90 |
| 气态能源 | 天然气 | 100 | 100 | 90 |
| | 液化气 | 100 | 100 | 90 |
| | 煤气 | 100 | 90 | 90 |
| 载能工质 | 蒸汽 | 100 | 80 | 70 |
| | 水 | 100 | 95 | 80 |

注：1. 进出用能单位的季节性供暖用蒸汽（热水）可采用非直接计量载能工质流量的其他计量结算方式。

2. 进出次级用能单位的季节性供暖用蒸汽（热水）宜配备能源计量器具。

3. 在主要用能设备上作为辅助能源使用的电力和蒸汽、水等载能工质，其耗能很小可以不配备能源计量器具。

#### 4. 能源计量管理要求

用能单位应建立能源计量管理体系，形成文件，并保持和持续改进其有效性。用能单位应建立、保持和使用文件化的程序来规范能源计量人员行为、能源计量器具管理和能源计量数据的采集、处理和汇总。用能单位应设专人负责能源计量器具的管理，负责能源计量器具的配备、使用、检定（校准）、维修、报废等管理工作。

能源计量器具检定、校准和维修人员，应具有相应的资质。

发电企业非生产用能应与生产用能严格分开，非生产用能应进行单独计量。

能源计量器具（煤、水、电、汽、油）配备率及检测合格率均应达到管理要求，入炉煤计量、蒸汽、水流量的计量必须满足运行分析要求，计量装置应建立校验、使用和维护制度。

#### 5. 执行标准

（1）GB 17167　用能单位能源计量器具配备和管理通则。

（2）GB/T 16616　企业能源网络图绘制方法。

（3）GB/T 2589　综合能耗计算通则。

### （二）燃料计量

#### 1. 计量装置

保证入厂燃料计量准确。铁路进煤的应有铁路轨道衡，汽车进煤的应有汽车衡，对于船舶进煤的电厂，以船舶检尺计算；燃油电厂可采用检斤或检尺法计量，同时做好油温度、密度测量；天然气以入厂表计计量为准。

应对全厂煤、油、气等采样、制样、化验及计量装置定期校验，并有合格的校验证书。

（1）基本要求

发电厂入厂煤计量用的轨道衡宜采用无基坑电子动态轨道衡，供联挂的重车在行进中计量。当条件受限制时，也可采用逐节计量方式。当轨道衡专为运煤列车计量而设置时，应选用单台面式。

发电厂汽车来煤计量可采用无基坑静态电子汽车衡，也可采用动态电子汽车衡。当采用静态电子汽车衡时，其计量准确度的等级宜选Ⅲ级，当采用动态电子汽车衡时，其计量准确度的等级宜选Ⅱ级。

当铁路来煤有轨道衡、公路来煤装有汽车衡时，入厂煤可不设实物校验装置。

当入厂煤量采用皮带秤计量时，对皮带秤应有校验手段，便于电厂进行商务结算，校验电子皮带秤可采用实物校验装置或循环链码模拟实物检测装置。

（2）执行标准

① DL/T 5187.1 火力发电厂运煤设计技术规程　第1部分　运煤系统。

② 轨道衡和汽车衡的选型应符合《固定式电子秤》GB/T 7723 的技术要求。

③ 设计可参照：GB/T 14249.2　电子衡器通用技术条件；GB/T 15561　静态电子轨道衡；GB/T 11885　自动轨道衡。

④ 轨道衡的检定应符合：JJG 444　标准轨道衡；JJG 708　度盘轨道衡；JJG 781 数

字指示轨道衡；JJG 234 动态称量轨道衡；JJG 142 非自行指示轨道衡检定规程。

⑤ 机车衡的检定应符合 JJG 907《动态汽车衡检定规程》。

⑥ 船舶检尺计算参照 JT 227《驳船水尺计重技术规程》。

**2. 燃料采样**

入厂煤宜使用机械采样装置，也可人工采样。火车运输的煤样采取方法按 GB 475 进行，船舶运输的煤样采取方法按 DL/T 569 进行，汽车运输的煤样采取方法按 DL/T 576 进行，按各标准采取的煤样可代表商品煤的平均质量，该煤样分析结果可作为验收或抽检进厂商品煤质量的依据。天然气的采样按 GB/T 13609 标准进行。

进厂煤样的制备方法按 GB 474 进行，发电用煤质量验收及抽检方法按 GB/T 18666 进行。

入厂燃料在进厂后，立即采样并制样，24h 内提出化验报告。

（1）基本要求

当有条件时，电厂宜设置入厂煤采制样装置。

水路来煤的发电厂，当码头岸边带式输送有条件时，宜在码头岸边带式输送上设入厂煤采制样装置。

移动煤流采样方法：移动煤流采样以时间基或质量基系统采样方式或分层随机采样方式进行。从操作方便和经济的角度出发，时间基采样较好。

静止煤采样方法：静止煤采样只用质量基采样方式。本条所述的方法主要适用于火车、汽车和浅驳船载煤的全深度和深部分层采样。一个采样单元可以是一列车、一节或数节车厢、一条或数条驳船。

当入厂煤无机械采样装置时，可采用人工采样，但必须严格按相关标准操作。

（2）执行标准

① GB/T 19494.1　煤炭机械化采样　第 1 部分　采样方法。

② GB/T 19494.2　煤炭机械化采样　第 2 部分　煤样的制备。

③ GB 475　商品煤样采取方法。

④ DL/T 569　汽车、船舶运输煤样的人工采取方法。

⑤ GB/T 13609　天然气取样导则。

⑥ GB/T 18666　商品煤质量抽查和验收方法。

⑦ DL/T 747　发电用煤机械采制样装置性能验收导则。

⑧ DL/T 520　火力发电厂煤检测实验室技术导则。

**3. 入炉煤采样与计量**

入炉煤应以皮带秤或给煤机测量，皮带秤定期采用实物标定；入炉油可用流量计或贮油容器液位计算。

单元制机组的电厂入炉煤应有分炉计量装置。

入炉煤的采取煤样应代表入炉煤的平均质量，入炉煤应采用机械采样装置，机械采样装置投入率在 90% 以上，机械采样装置应每半年进行一次采样精密度核对。

入炉煤样品的采取按 DL/T 567.2 标准进行，入炉煤样品的制备按 DL/T 567.4 标准进行。

（1）基本要求

入炉煤常采用电子皮带秤。秤的精度可按入炉煤计量的不同要求确定。校验电子皮带秤可采用实物校验装置或循环链码模拟实物检测装置。

电子皮带秤安装的技术要求应符合 GB/T 721 的要求，电子皮带秤的精度等级应符合 JJG 195 的要求。每月至少对皮带秤校验一次。

对于具有多台单元制机组的电厂，入炉煤应有分炉煤量计量装置。多功能分炉计量自动化系统一般由配料仓、电子皮带秤、犁煤器、料位开关、接近开关、工控机、打印机等组成。在制作计算软件时要考虑皮带秤至煤仓段余煤量、延时时间的修正。

入炉煤应采用机械采样装置，机械采样装置的设计应符合相关标准要求。做好采样机的合理选型、安装和维护，防止堵塞、机械故障等问题，经常进行机械采样和人工采样的对比分析。

每月至少对皮带秤校验一次，每半年对机械采样装置进行一次采样精密度核对。

（2）执行标准

① DL/T 567.2　入炉煤和入炉煤粉样品的采取方法。

② DL/T 567.4　入炉煤和入炉煤粉、飞灰和炉渣样品的制备。

③ DL/T 747　发电用煤机械采制样装置性能验收导则。

④ GB/T 7721　电子皮带秤。

⑤ JJG 195　连续累计自动衡器（皮带秤）检定规程。

⑥ EJ/T 784　核子皮带秤。

⑦ JJG 811　核子皮带秤。

⑧ DL/T 513　NJG 型耐压计量给煤机。

⑨ JB 52004　电子称重式给煤机。

⑩ JJG（电力）02　电子皮带秤实物检测装置。

⑪ DL/T 246　化学监督导则。

**4. 燃料化验**

（1）入厂与入炉燃料的化验按下列标准进行：

① 煤中全水分的测定方法按 GB/T 211 进行化验；

② 煤的工业分析方法按 GB/T 212 进行化验；

③ 煤的发热量测定按 GB/T 213 进行化验；

④ 煤的元素分析方法按 GB/T 476 进行化验；

⑤ 燃油发热量的测定按 DL/T 567.8 进行化验；

⑥ 燃油元素分析按 DL 567.9 进行化验；

⑦ 天然气发热量、密度、相对密度和沃泊指数的计算方法按 GB/T 11062 进行化验；

⑧ 天然气的组成分析气相色谱法按 GB/T 13610 进行化验。

（2）基本要求

电厂应根据燃料情况、机组容量等因素配备合适的燃料检测实验室，满足常规检测要求。检测试验室一般包括制样室、天平室、工业分析室元素分析室、测热室、煤灰熔融性测定室、存样室、微机室、贮藏室。此外，还应配有审核与数据处理室、值班室。

检测试验室应有完善的制度，检测人员经培训合格后持证上岗。对特殊要求的检测项目可委托有资质的单位承担。

（3）执行标准　DL/T 520　火力发电厂入厂煤检测实验室技术导则。

### 5. 煤量盘点

加强贮煤场管理，合理分类堆放，定期测温。采取措施，防止自燃和热量损失，煤场盘点每月进行一次，盘点按照 DL/T 606.2 标准进行。

每台锅炉均应装设燃油流量表，保证能单独计量，考核单炉用油量。

（1）煤场煤量盘点的方法

① 将存煤堆成规定形状，丈量尺寸，计算体积，测量密度，计算存煤量，煤斗和煤仓的存煤量差额也要计算在内。

② 煤场存煤容积多采用激光盘点仪测量，如 CCD 线阵位置传感器的激光三角法测量装置，HYLS-A 型煤场煤量激光盘点系统。

③ 堆积密度的测量方法：

a. 制作成一个 0.5m×0.5m×0.5m 的金属容器（金属容器的壁厚 5～10mm），装满煤后，分煤种做试验。

b. 先将容器过磅计量，然后在容器内装满煤后刮平（不加压不振动），过磅计量，减去容器重量求得不加压堆积密度。

c. 在煤堆上挖 1m 深的坑，然后将容器放入坑内（放平），装满后再加上 1m 厚的煤层，用推土机压一次，最后将容器取出刮平称重，求得加压后的堆积密度。

d. 其方法同稍加压堆积密度试验，只是用推土机压三次，求得重加压后的堆积密度。

e. 其方法同稍加压堆积密度试验，只是用推土机压五次，求得压实后的堆积密度。

以上 5 种堆积密度试验完毕后，分别采样化验全水分和灰分，并将全水分修正到入厂煤同一值。

根据化验结果和堆积密度，绘制煤炭堆积密度与灰分关系曲线。在使用过程中，根据煤堆实际压实情况及部位，选取适当的堆积密度值。

（2）执行标准

① 火力发电厂按入炉煤量正平衡计算发供电煤耗的方法．电力工业部，1993 年。

② MT/T739　煤炭堆密度小容器测定方法。

### （三）电能计量

发电机出口，主变压器出口，高、低压厂用变压器，高压备用变压器，用于贸易结算的上网线路的电能计量装置精度等级应不低于 DL/T 448 的规定，现场检验率应达 100%，检验合格率不低于 98%。

6kV 及以上电动机应配备电能计量装置，电能表精度等级不低于 1.0 级，互感器精度等级不低于 0.5 级，检验合格率不低于 95%。

非生产用电应配齐计量表计，电能表精度等级不低于 1.0 级，检验合格率不低于 95%。

应绘制全厂用电计量点图，有专人负责电能的计量工作，随时掌握系统中各计量点的用电情况，根据节能的要求进行有效的控制。

### 1. 电能计量装置的分类

（1）Ⅰ类电能计量装置　月平均用电量 500 万千瓦时及以上或变压器容量为 10000 kV·A 及以上的高压计费用户，200MW 及以上发电机、发电企业上网电量的电能计量装置。

（2）Ⅱ类电能计量装置　月平均用电量 100 万千瓦时及以上或变压器容量为 2000 kV·A 及以上的高压计费用户，100MW 及以上发电机、上网电量的电能计量装置。

（3）Ⅲ类电能计量装置　月平均用电量 10 万千瓦时及以上或变压器容量为 315kV·A 及以上的计费用户，100MW 及以下发电机、发电企业厂用电量的电能计量装置。

（4）Ⅳ类电能计量装置　负荷容量为 315kV·A 及以下的计费用户，发电企业内部经济指标分析、考核用的电能计量装置。

（5）Ⅴ类电能计量装置　单相供电的电力用户计费用电能计量装置。

### 2. 电能计量装置准确度等级

（1）各类电能计量装置应配置的电能表、互感器的准确度等级不应低于表 3-2 所示值。

**表 3-2　准确度等级**

| 电能计量装置类别 | 准确度等级 | | | |
|---|---|---|---|---|
| | 有功电能表 | 无功电能表 | 电压互感器 | 电流互感器 |
| Ⅰ | 0.2s 或 0.5s | 2.0 | 0.2 | 0.2s 或 0.2① |
| Ⅱ | 0.2s 或 0.5s | 2.0 | 0.2 | 0.2s 或 0.2① |
| Ⅲ | 1.0 | 2.0 | 0.5 | 0.5s |
| Ⅳ | 2.0 | 3.0 | 0.5 | 0.5s |
| Ⅴ | 2.0 | — | — | 0.5s |

① 0.2 级电流互感器仅指发电机出口电能计量装置中配用。

（2）Ⅰ、Ⅱ类用于贸易结算的电能计量装置中电压互感器二次回路电压降应不大于其额定二次压降的 0.2%；其他电压互感器二次回路电压降应不大于其额定二次压降的 0.5%。

### 3. 现场检验与轮换

Ⅰ类电能表至少每 3 个月现场检验一次；Ⅱ类电能表至少每 6 个月现场检验一次；Ⅲ类电能表至少每年现场检验一次。

高压互感器每 10 年现场检验一次。运行中的电压互感器二次回路电压降应定期进行检验。运行中的电压电流互感器宜在电能表轮换时进行变比、二次回路及负载检查。

运行中的Ⅰ、Ⅱ、Ⅲ类电能表的轮换周期一般为 3～4 年。Ⅳ类电能表的轮换周期一般为 4～6 年。

Ⅰ、Ⅱ类电能表的修调前合格率为 100%，Ⅲ类电能表的修调前合格率应不低于

98%；Ⅳ类电能表的修调前合格率应不低于95%。

### 4. 电能计量的管理

电厂应制定电能计量管理人员职责，明确电能计量标准及试验设备的配置要求，制作电能计量装置报表（电能计量装置考核指标、资产管理统计表、重要电能计量装置配置表）。配齐非生产用电计量表计，绘制全厂用电计量点图，按节能的要求进行有效的控制。

### 5. 执行标准

（1）DL/T 448　电能计量装置技术管理规程。

（2）DL/T 5153　火力发电厂厂用电设计技术规定。

## （四）热能计量

向热力系统外供蒸汽和热水的机组应配置必要的热能计量装置。测点布置合理、安装符合技术要求，并应定期校验、检查、维护和修理，保证计量数据的准确性。

热能计量仪表的配置应结合热平衡测试的需要，二次仪表应定期检验并有合格检测报告。

一级热能计量（对外供热收费的计量）的仪表配备率、合格率、检测率和计量率均应达到100%。

二级热能计量（各机组对外供热及回水的计量）的仪表配备率、合格率、检测率均应达到95%以上，计量率应达到90%。

三级热能计量（各设备和设施用热、生活用热计量）也应配置仪表，计量率应达到85%。

电厂应有完整的热能计量仪表的详细资料（一次元件设计图纸、流量设计计算书、二次仪表的规格、精度等级等），电厂应有合格的定期检验报告。

### 1. 电厂应在下列各处设置热能计量仪表

包括：①对外收费的供热管；②单台机组对外供热管；③厂内外非生产用热管；④对外供热后的回水管；⑤除本厂热力系统外的其他生产用热点。

对零散消耗热量和排放热能，可根据现场实际条件，采用直接测量、计算或估算的方法。

热能计量宜安装累积式热能表计。

应绘制全厂供热计量点图，有专人负责热量的计量工作，随时掌握系统中各计量点的用热情况，根据节能的要求进行有效地控制。

### 2. 基本要求

（1）对外供蒸汽和热水计量流量的一次元件常采用标准喷嘴、长颈喷嘴、孔板、文丘里管、电磁流量计或弯管流量计等，同时配备压力、温度二次仪表用以确定工质焓值，上述一次元件的设计应符合国家相关标准的要求。

（2）热能计量参照水量的模式采用分级管理。

（3）电厂应加强非生产用热的监督和管理，有专人负责热量的计量工作，应绘制全厂供热计量点图。

（4）

$$配备率＝\frac{配置的仪表总数}{应配置的仪表总数}×100\%  \tag{3-1}$$

$$合格率＝\frac{仪表合格总数}{配置的仪表总数}×100\%  \tag{3-2}$$

$$检测率＝\frac{仪表检验数量}{配置的仪表总数}×100\%  \tag{3-3}$$

$$计量率＝\frac{计量点总数}{应计量点总数}×100\%  \tag{3-4}$$

### 3. 执行标准

（1）GB/T 2624　流量测量节流装置　用孔板、喷嘴和文丘里管测量充满圆管的流体流量。

（2）DL/T 1056　发电厂热工仪表及控制系统技术监督导则。

## （五）水量计量

电厂的用水和排水系统应配置必要的水量计量装置，水量计量装置应根据用水和排水的特点、介质的性质、使用场所和功能要求进行选择。测点布置合理、安装符合技术要求，并应定期校验、检查、维护和修理，保证计量数据的准确性。

水量计量仪表的配置应结合水平衡测试的需要，二次仪表应定期检验并有合格检测报告。

一级用水计量（全厂各种水源的计量）的仪表配备率、合格率、检测率和计量率均应达到100％。

二级用水计量（各类分系统）的仪表配备率、合格率、检测率均应达到95％以上，计量率应达到90％。

三级用水计量（各设备和设施用水、生活用水计量）也应配置仪表，计量率应达到85％。

水表的精确度等级不应低于2.5级。

水量计量仪表通常为超声波流量计、喷嘴或孔板流量计、叶轮流量计等，电厂应有计量仪表的详细资料（图纸、流量设计计算书、二次仪表的规格、精度等级等）。

### 1. 电厂应在下列各处设置累计式流量表

（1）取水泵房（地表和地下水）的原水管。

（2）原水入厂区后的水管。

（3）进入主厂房的工业用水管。

（4）供预处理装置或化学水处理车间的原水总管及化学水处理后的除盐水出水管。

（5）循环冷却水补充水管。

（6）除灰渣系统及烟尘净化装置系统用水管。

（7）热网补充水管。

（8）各机组除盐水补水管。

（9）非生产用水总管。

（10）其他需要计量处。

对零散用水或间歇用水，可根据现场实际条件，采用直接测量、计算或估算的方法。

应绘制全厂用水计量点图，有专人负责水量的计量工作，随时掌握系统中各计量点的用水情况，根据节水的要求进行有效地控制。

**2. 执行标准**

（1）GB/T 2624　流量测量节流装置　用孔板、喷嘴和文丘里管测量充满圆管的流体流量。

（2）DL/T 783　火力发电厂节水导则。

（3）DL/T 5000　火力发电厂设计技术规程。

## （六）能源计量总体情况

表 3-3　能源计量总体情况

| 序号 | 指标 | 内容 |
|---|---|---|
| 1 | 能源计量器具配备率 | |
| 1.1 | 燃煤计量器具配备率 | |
| | (1)一级燃煤计量 | 计量系统图、动、静态衡器 |
| | (2)二级燃煤计量 | 计量系统图、动、静态衡器、实物校验装置、皮带秤等计量具 |
| | (3)三级燃煤计量 | 计量系统图、动、静态衡器、给煤机皮带秤等计量器具 |
| 1.2 | 电能计量器具配备率 | |
| | (1)一级电能计量 | 计量系统图、关口电能表 |
| | (2)二级电能计量 | 计量系统图、高厂变、高备变、发电机出口、主变等电能计量器具 |
| | (3)三级电能计量 | |
| 1.3 | 汽水计量器具配备率 | |
| | (1)一级汽、水计量 | 计量系统图、入厂水及外供蒸汽计量器具 |
| | (2)二级用水计量 | 计量系统图、主要次级部门(机组)用水计量器具 |
| | (3)三级用水计量 | |
| 1.4 | 燃油计量器具配备率 | |
| | (1)一级燃油计量 | 计量系统图、动、静态衡器 |
| | (2)二级燃油计量 | 计量系统图、燃油泵房各输出管道上的计量器具 |
| | (3)三级燃油计量 | 计量系统图、炉前燃油流量计等计量器具 |
| | (4)非生产用能计量器具配备率 | 煤、水、油、汽、电计量器具 |
| 2 | 能源计量器具的周期检定/校准、测试及量值溯源 | |
| 2.1 | 燃煤计量器具的周期检定/校准、测试量值溯源 | |
| | (1)一级燃煤计量 | 计量器具的周检计划、检定证书 |
| | (2)二级燃煤计量 | 计量器具的周检计划、检定证书、检定员证及检定装置的证书 |
| | (3)三级燃煤计量 | 计量器具的周检计划、测试报告及受控文件 |

| 序号 | 指标 | 内　　容 |
|---|---|---|
| 2.2 | 电能计量器具的周期检定及量值溯源 | |
| | （1）一级电能计量 | 计量器具的周检计划、检定证书、标准装置证书 |
| | （2）二级电能计量 | 计量器具的周检计划、检定证书、标准装置证书 |
| | （3）三级电能计量 | 计量器具的周检计划、检定证书、标准装置证书 |
| 2.3 | 汽水计量器具的周期检定/校准、测试、量值溯源 | |
| | （1）一级汽、水计量 | 入厂水及外供蒸汽计量器具的周检计划、检定/校准证书、测试报告及受控文件 |
| | （2）二级用水计量 | 计量器具的周检计划、测试报告及受控文件 |
| | （3）三级用水计量 | 计量器具的周检计划、测试报告及受控文件 |
| 2.4 | 燃油计量器具的周期检定/校准、测试、量值溯源 | |
| | （1）一级燃油计量 | 计量器具的周检计划、检定证书 |
| | （2）二级燃油计量 | 计量器具的周检计划、测试报告及受控文件 |
| | （3）三级燃油计量 | 计量器具的周检计划、测试报告及受控文件 |
| | （4）非生产用能计量器具的周期检定/校准、测试及量值溯源 | 煤、水、油、汽、电计量器具的周检计划、检定/校准证书、测试报告及受控文件 |
| 3 | 能源计量器具的计量性能 | |
| 3.1 | 燃煤计量器具的计量性能 | |
| | （1）一级燃煤计量 | 计量器具 |
| | （2）二级燃煤计量 | 计量器具 |
| | （3）三级燃煤计量 | 计量器具 |
| 3.2 | 电能计量器具的计量性能 | |
| | （1）一级电能计量 | 计量器具、检定证书及二次回路压降测试报告 |
| | （2）二级电能计量 | 计量器具的一览表（台账）、检定证书 |
| | （3）三级电能计量 | 计量器具的一览表（台账）、检定证书 |
| 3.3 | 汽水计量器具的计量性能 | |
| | （1）一级汽、水计量 | 入厂水及外供蒸汽计量器具 |
| | （2）二级用水计量 | 计量器具 |
| | （3）三级用水计量 | 计量器具 |
| 3.4 | 燃油计量器具的计量性能 | |
| | （1）一级燃油计量 | 计量器具 |
| | （2）二级燃油计量 | 计量器具 |
| | （3）三级燃油计量 | 计量器具 |

| 序号 | 指标 | 内　容 |
|---|---|---|
| 3.5 | 非生产用能计量器具的计量性能 | 煤、水、油、汽、电计量器具 |
| 4 | 各机组在线主要热工仪表 | |
| | (1)汽机主要热工仪表 | 涉及汽机热效率的热工仪表 |
| | (2)锅炉主要热工仪表 | 涉及锅炉效率的热工仪表 |
| 5 | 热工自动投入率 | 设计资料,投入情况 |
| 6 | 能源计量管理 | |
| | (1)能源计量管理制度 | 管理制度齐全、管理内容全面等 |
| | (2)能源计量器具一览表(台账) | 全厂完整的能源计量器具 |
| | (3)能源计量器具档案 | 进、出厂用能计量器具 |
| | (4)使用法定计量单位 | 计量器具、各种统计报表 |
| | (5)计量器具标识 | |
| | (6)计量器具检定校准和维护人员职责 | 有关职责规定、人员持证上岗情况 |
| | (7)能源计量器具周检/校准、测试计划 | 计量器具周检/校准、测试计划 |

注：1. 一级能源计量器具是指进、出用能单位的能源计量器具。

2. 二级能源计量器具是指进、出主要用能部门的能源计量器具。

3. 三级能源计量器具是指主要用能设备的能源计量器具。

## 四、节能检测

发电企业应开展节能检测工作,掌握设备性能和指标,并制订节能检测实施办法。

节能检测应严格执行国家或行业的相关标准,没有标准的,应根据实际情况制定检测方法。发电企业应设专人负责节能检测工作。常规节能检测项目发电企业可自行完成,大型节能检测项目可委托专业机构完成。节能检测应与能耗诊断、在线分析相结合,通过检测,对设备存在的问题提出改进意见。

### (一) 基本要求

在常规的节能检测中,求取机组指标仅是性能试验的目的之一,更重要的是通过能耗诊断试验,发现机组存在的问题,定性、定量分析机组能源消耗的环节,为机组检修和经济运行提供依据。每个电厂的实际情况不同,因此能耗诊断项目的侧重点也不尽相同,首先电厂会同试验部门研究检测项目,制定能耗诊断策划书;现场试验结束后,对测量数据进行整理、分析,计算各项经济技术指标,通过试验数据以及现场了解的情况,发现设备存在的问题,绘制能耗分布图,提出解决的意见和建议,试验部门应就试验报告的内容与电厂交流,共同研究节能规划。

在实施检测过程中，首先应制定检测方法，包括锅炉效率、排烟温度、烟气成分、空气预热器漏风、尾部烟道及制粉系统漏风、风机性能、汽轮机热耗、真空严密性、汽轮机通流部分效率、加热器端差、水泵性能、散热损失、燃料平衡、全厂水平衡、汽水损失率、辅机单耗、发电机效率检测方法和燃料取样分析方法等。

## （二）常用的耗差分析方法

发电企业需要对系统和设备性能进行耗差分析，指导机组优化运行。在试验和能损分析的基础上，各项经济技术指标按照先进水平要求，进而制定节能监督标准。常用的耗差分析方法有：

（1）曲线法　根据制造厂家提供的性能分析曲线，计算参数发生变化对机组经济性的影响。适用于主蒸汽压力、主蒸汽温度、再热蒸汽温度、汽轮机排汽压力等。

（2）基本公式法　适用于锅炉效率、排烟温度、氧量、飞灰含碳量等影响参数。

（3）等效焓降法　适用于局部热力系统的定量、定性分析。

（4）试验法　通过试验改变某一参数来测试对机组经济性的影响，如煤粉细度等。

（5）小偏差法　根据经验公式计算指标偏差对经济性的影响，如汽轮机各缸效率变化对热耗的影响。

## （三）常用的耗差分析平台

电厂常用的耗差分析平台分为 DCS、SIS 和 MIS 三个系统，耗差分析放在哪一个系统中来实施主要考虑到各个系统的安全性要求、信息处理能力以及信息容量和范围等方面的因素。

### 1. DCS 系统

DCS 应提供在线性能计算的能力，以计算发电机组及其辅机的各种效率及性能参数，这些计算值及各种中间计算值应有打印记录并能在液晶显示屏上显示，大部分的计算应采用输入数据的算术平均值，这些性能计算应在 25% 以上负荷时进行，每 10 分钟计算一次，计算精确度应优于 0.1%。性能计算至少应有下列内容：

（1）热力系统性能计算

① 通过锅炉热效率、汽轮发电机循环综合热效率及厂用电消耗计算机组净热耗率、煤耗及厂用电率；

② 计算汽轮发电机整个循环性能；

③ 计算汽轮机热效率，同时应分别计算高压缸、中压缸和低压缸的效率；

④ 计算锅炉效率，并应分别列出可控热量损失和非可控热量损失；

⑤ 计算给水加热器效率；

⑥ 计算凝汽器效率；

⑦ 计算空气预热器效率；

⑧ 锅炉给水泵和给水泵汽轮机效率；

⑨ 过热器和再热器效率；

⑩ 用蒸汽温度、进汽压力、凝汽器压力、给水温度、过剩空气等的偏差，计算热效率与额定热效率的偏差，并计算偏差所引起的费用。

（2）电气系统性能计算项目如下，但不限于此：

① 发电机有功电度和无功电度；

② 采用单位时间功率累加或直接统计厂用电度脉冲的方法计算厂用电率（每小时、每值、每日厂用电率）；

③ 采用单位时间功率累加或直接统计发电机电度脉冲的方法计算厂用电率（每小时、每值、每日厂用电率）；

④ 计算发电机负荷曲线；

⑤ 计算厂用电负荷曲线；

⑥ 发电机功率因数；

⑦ 主要设备运行小时数；

⑧ 断路器跳合闸次数。

（3）所有的计算均应有数据的质量检查，若计算所用的任何点输入数据发现问题，应告知运行人员并中断计算。如若采用存储的某一常数来替代这一故障数据，则可继续进行计算。如采用替代数据时，打印出的计算结果上应有注明。

（4）性能计算应有判别机组运行状况是否稳定的功能，使性能计算对运行有指导意义。在变负荷运行期间，性能计算应根据稳定工况的计算值，标上不稳定运行状态。

（5）DCS卖方应提供性能计算的期望值与实际计算值相比较的系统。比较得出的偏差应以百分数显示在液晶显示屏上，运行人员可对显示结果进行分析，以使机组运行在最佳状态。

（6）除在线自动进行性能计算外，还应为工程研究提供一种交互式的性能计算手段。

（7）系统还应具有多种手段以确定测量误差对性能计算结果的影响。同时，还应具有对不正确的测量结果进行定量分析和指明改进测量仪表的功能，从而提高性能计算的精度。

（8）DCS卖方应对上述性能计算向买方提交文字说明和计算实例，以表达性能计算的精度和可靠性，并应提供全部源代码。

（9）DCS卖方所供DCS系统中的性能计算为标准软件。

（10）所有电厂性能计算应遵守ASME"电厂试验规定"的最新版本。

由于DCS硬件资源的限制，加上它是一个相对孤立的系统，难以胜任一些计算量大的功能。

我国电站DCS功能设计中全部包括了机组性能计算和耗差分析的要求，但是实际应用效果不好，其中原因比较多。首先，性能计算所需要的煤分析值等多个数据缺少测点，只能采用手工化验值，而这些值在MIS系统中是定时记录的，DCS不能直接读取，需要再次在DCS上手工输入。其次，由于DCS软硬件的限制，不能提供进一步的诊断操作指导意见，而且其应用结果只能在本DCS范围内发布。还有性能计算功能缺少负责的专业设计单位，仅将它作为 DCS 附件提供，而缺少对其功能负责的专业人员。

### 2. SIS 系统

SIS 系统定位在为全厂实时生产过程提供综合优化服务的生产过程实时管理和监控信息系统，它以 DCS 等控制系统为基础，以安全经济运行和提高电厂整体效益为目的。SIS 所采用的实时数据库技术能够为性能计算和耗差分析提供大量的实时数据，是实现性能计算和耗差分析的很好的实现平台，从投入性能计算和耗差分析电厂看，凡是已经配备了 SIS 系统的电厂都将性能计算和耗差分析的功能放到 SIS 系统中。

### 3. MIS 系统

MIS 系统平台中也记录了电厂生产过程的部分实时数据，有比较好的硬件环境和网络环境，也可以作为性能计算和耗差分析实施的平台，因此在没有 SIS 系统的电厂都将性能计算和耗差分析系统布置在 MIS 系统中。只是，MIS 系统的实时性差，可靠性低，无法准确记录运行过程中动态过程数据，MIS 系统的故障停运还会直接影响性能计算和耗差分析系统的正常运行。

### （四）常规节能检测的分析项目

火电企业节能检测试验项目包括以下几个方面。

### 1. 发电厂能量平衡试验

火电企业要定期进行电厂能量平衡试验，对全厂资源消耗及节能潜力进行全面定量分析，编制全面的能量平衡试验分析报告；定期进行电厂水平衡试验，对全厂各种水耗分布进行全面定量分析，编制全面的节水试验分析报告。包括发电煤耗、供电煤耗、全厂燃料平衡、热平衡、电平衡、水平衡、机组能量平衡、全厂能量平衡等。

（1）火电厂燃料平衡试验

定义：以火电厂主要燃料为对象，分析入厂燃料（煤、油、气）量和发电、供热所用燃料、非生产用量、燃料储存量、各项燃料损失之间的平衡关系。

目的：通过在平衡期内的各项测量，查清入厂燃料（煤、油、气）量和发电、供热所用燃料、非生产用量、燃料储存量、各项燃料损失，为燃料管理和能量平衡提供依据。

燃料平衡的边界：入厂燃料计量点到发料计量点，包括贮煤场、原煤仓、煤粉仓、贮油罐、卸煤沟。

检测内容：入厂燃料量，入炉燃料量，贮煤场存煤量，贮油罐存油量，卸煤沟存煤量，原煤仓存煤量，煤粉仓存煤量，煤、油、气的工业分析。

引用标准：DL/T 606.1 火力发电厂能量平衡导则总则

平衡结果分析：亏吨、亏卡情况分析；贮煤场实测密度与历史情况分析对比；非生产用煤统计分析；贮煤、贮油与财务账目情况对比分析。

（2）热平衡试验

定义：在规定的平衡期和规定的边界内，对全厂总的热量输入、输出及损失之间关系进行平衡。

目的：查清火电厂各生产环节热量损失情况，为节能提供方向和依据。

边界：从入炉燃料计量点到发电机输出电能计量点、供热输出计量点。

检测内容：入炉热量；各机组锅炉、汽轮机热力特性试验；外供热量；各种厂用热量；各种非生产用热量。

引用标准：DL/T 606.1　火力发电厂能量平衡导则总则。

GB 8117　电站汽轮机热力性能验收试验规程。

GB 10184　电站锅炉性能试验规程。

平衡结果分析：锅炉、汽轮机运行参数、技术经济指标偏离设计值和规定值分析，影响发电煤耗的定量分析和产生偏差的原因分析；非生产用热的使用和管理情况分析和节能潜力分析；平衡期发电煤耗与设计值、年度完成值对比分析；分析节能潜力，提出节能措施。

（3）电平衡试验

发电企业定期进行全厂用电平衡测试，可以掌握辅机电能损耗情况、非生产工艺用电（如厂房照明，车间、行政办公、厂区、生活区、马路照明，三产用电，职工生活用电等）的数量和高耗电设备系统的运行状况，制订行政、生活用电定量管理制度。

定义：对有功电能的输送、转供、分布、流向进行测定、分析，建立厂用电范围内输入电能和损失电能之间的平衡关系。

目的：查清火电厂各生产环节输入电能损失情况，为节电提供方向和依据。

边界：用电体系与周围相邻部分的分界面。

检测内容：厂用电分布流向；发电、供热消耗的全部有功电量，非生产消耗电量，发电厂用电率，供热厂用电率。

引用标准：DL/T 606.4　火力发电厂电量平衡导则。

GB/T 3485　评价企业合理用电技术通则。

平衡结果分析：分析主要用电设备的电耗；分析全厂各类电量分布情况，找出节电潜力，提出节电措施。

（4）水平衡试验

定义：以火电厂作为用水体系，测定水的输入、输出之间的平衡关系。

目的：查清火电厂各种取水、用水、排水、耗水的情况，为节水提供方向和依据。

检测内容：水源地取水量、自来水供水量、总取水量、全厂总用水量分布；全厂复用水量、循环水量、消耗水量；全厂总排水量、回用水量；全厂复用水率、循环水率、损失水率；全厂发电量、供热量、发电水耗量、发电水耗率；汽轮机循环水损失率、锅炉排污率、补水率、冲灰水比；全厂补水量及损失分布。

引用标准：DL/T 606　火力发电厂电量平衡导则。

GB 8978　污水综合排放标准。

GB J102　工业循环冷却水设计规程。

平衡结果分析：发电水耗率与历史、同类先进水平对比分析；设计用水与设计用水对比分析；全厂复用水量；循环水冷却倍率；灰水比分析，循环水处理方式与浓缩倍率分析；汽轮机循环水三损率（水塔蒸发、风吹、排污）分析；锅炉补给水率对比分析；非生产用水分析；排污水质评价。

**2. 火电厂综合能耗试验**

（1）锅炉效率变化对煤耗的影响

① 锅炉热效率试验

目的：锅炉热效率试验、锅炉热平衡试验、锅炉各项损失。检验或考核锅炉机组效率是否达到规定要求。

引用标准：GB 10184—88 电站锅炉性能试验规程。

ASME(PTC4.1) 锅炉机组性能试验规程。

试验方法：正平衡法；反平衡法。两种方法检测的参数不同，正平衡法主要检测锅炉汽水系统参数，反平衡法主要检测锅炉烟风系统参数。

② 锅炉大修前后热效率试验

目的：查清设备、系统运行的经济性和存在问题；查清锅炉漏风情况；大修前试验为大修提供大修方案指导，大修后试验为大修进行评价。

引用标准：GB 10184 电站锅炉性能试验规程。

试验内容：锅炉热效率试验；炉膛漏风试验；空气预热器漏风试验。

③ 锅炉制粉系统性能试验

目的：考核制粉系统是否达到规定要求；掌握磨煤机的运行性能和制粉系统的调节特性；为锅炉燃烧调整提供依据。

引用标准：DL 467 磨煤机试验规程。

GB 10184 电站锅炉性能试验规程。

④ 风机性能试验：通过试验得到风机的性能特性曲线，即风机在一定转速下风机的流量与压力、功率、效率各参数间的关系曲线；风机运行特性试验，即锅炉在不同负荷下的风机运行特性曲线；风机调节特性试验，即风机在不同挡板开度下的风量、风压、功率、效率曲线。烟风道阻力特性试验，即烟风道在锅炉不同负荷下各部件和全系统的阻力。

（2）汽轮机热耗变化对煤耗的影响

汽轮机热力性能试验：考核汽轮机的经济技术指标是否达到规定要求。

汽轮机缸效率试验：检验新机组或汽轮机通流部分改造效果。

汽轮机大修前后热效率试验：评价大修效果；确定各工况下汽轮机热耗、汽耗、机组相对内效率与功率的关系；各监视段压力与蒸汽流量的关系；各加热器的出口水温与蒸汽流量的关系。

（3）管道效率对煤耗的影响

（4）发电机效率变化对煤耗的影响

（5）厂用电率变化对煤耗的影响

（6）发电水耗。

### 3. 火电厂单项能效试验

(1) 煤质变化及煤粉状态对锅炉效率和煤耗的影响

(2) 排烟温度对锅炉效率和煤耗的影响

(3) 飞灰可燃物对锅炉效率和煤耗的影响

(4) 运行氧量对锅炉效率和煤耗的影响

(5) 炉渣可燃物对锅炉效率和煤耗的影响

(6) 主蒸汽压力变化对热耗和煤耗的影响

(7) 主蒸汽温度变化对热耗和煤耗的影响

(8) 再热蒸汽温度变化对热耗和煤耗的影响

(9) 给水温度变化对热耗和煤耗的影响

(10) 过热器减温水量对热耗和煤耗的影响

(11) 再热器减温水量对热耗和煤耗的影响

(12) 负荷率对热耗和煤耗的影响

(13) 配汽机构对缸效率影响

(14) 各缸端部轴封及门杆漏汽对经济性影响

(15) 机组老化对热耗和煤耗的影响

(16) 高压缸效率变化对热耗和煤耗的影响

(17) 中压缸效率变化对热耗和煤耗的影响

(18) 低压缸效率变化对热耗和煤耗的影响

(19) 高压加热器端差对热耗和煤耗的影响

(20) 低压加热器端差对热耗和煤耗的影响

(21) 汽轮机排汽压力变化对热耗和煤耗的影响

(22) 循环水温度变化对热耗和煤耗的影响

(23) 管道抽汽压损对热耗和煤耗的影响

(24) 机组散热对热耗和煤耗的影响

(25) 回热系统对热耗和煤耗的影响

(26) 系统疏放水阀门漏泄对热耗和煤耗的影响

(27) 锅炉排污率对热耗和煤耗的影响

(28) 给水泵性能变化对热耗和煤耗的影响

(29) 循环水泵性能变化对热耗和煤耗的影响

(30) 凝结水泵性能变化对热耗和煤耗的影响

(31) 系统阀门漏泄对煤耗的影响

(32) 冷却塔效率

(33) 空气预热器漏风率

(34) 除尘器效率

(35) 辅机单耗对煤耗的影响

(36) 机组运行方式的不合理对机组经济、安全性影响及分析诊断

#### 4. 节能检测时限

（1）在机组 A 级检修前后应按标准 GB/T 10184 或 DL/T 964 进行锅炉热效率试验。

（2）在机组 A 级检修前后应按标准 GB/T 8117、GB/T 14100 或 DL/T 851 进行热耗率试验。

（3）结合 B/C 级检修，宜开展锅炉热效率、汽轮机热耗率试验。

（4）机组 A 级检修前后宜进行重要水泵（如给水泵、循环水泵、凝结水泵等）的效率试验。采用标准为 GB/T 3216 或 DL/T 839。

（5）机组 A 级检修前后宜进行重要风机（如送风机、一次风机/排粉机、引风机等）的效率试验，标准采用 DL/T 469。

（6）在一个 A 级检修期内应开展冷却水塔、空冷塔和空冷凝汽器的冷却能力试验，有条件时宜开展冷却水塔的性能试验。冷却水塔的试验标准采用 DL/T 1027；空冷塔和空冷凝汽器的试验标准采用 DL/T 552。

（7）定期开展一次全厂水平衡、电平衡、热平衡和燃料平衡的测试，采用标准为 DL/T 606。

（8）定期进行一次真空系统严密性试验，每季度至少进行一次空气预热器漏风率等试验。

（9）重大设备改造前后应进行性能评价。

（10）按照相关标准进行的其他节能项目检测。

#### （五）节能检测人员和设备

发电企业宜设专职或兼职节能检测人员，节能检测人员应了解国家有关节能检测方面的政策、法规，掌握常用的节能检测标准，熟悉电厂设备规范和运行状况，熟练掌握测试仪表，能够完成电厂常规节能检测项目和经济性分析。节能检测人员应经过培训考核合格。

发电企业应配备相关的节能检测仪表，检测仪表的准确度、稳定度、测量范围和数量应满足相关标准的要求，所有检测仪表应定期校验，有合格的校验证书。可配备的仪表见表 3-4。

表 3-4　发电企业热力试验配备的仪表

| 序号 | 设备名称 | 序号 | 设备名称 |
|---|---|---|---|
| 1 | 飞灰测量仪 | 10 | $NO_x$ 分析器 |
| 2 | 声强计 | 11 | $SO_2$ 分析器 |
| 3 | 热流计 | 12 | 标气系统 |
| 4 | 风压表 | 13 | 煤粉取样仪 |
| 5 | 数字温度表 | 14 | 煤粉气流筛 |
| 6 | 精密天平 | 15 | 超声波多功能检漏仪 |
| 7 | 秒表 | 16 | 红外温度辐射计 |
| 8 | $CO/CO_2/NO$ 分析仪 | 17 | 标准压力表 |
| 9 | $O_2$ 分析仪 | 18 | 温度计 |

### （六）试验测点

新建或扩建的电厂应在设计和基建阶段完成试验测点的安装，对投产后不完善的试验测点加以补装，对于常规的节能检测应有专用试验测点。

试验测点应满足开展锅炉热效率、汽轮机热耗率、发电机效率的测试要求，具有必要的专用测点和试验时可更换的运行表计。

试验测点应满足重点辅助设备，如加热器、凝汽器、水塔、大型水泵、磨煤机、风机等性能试验的要求。

### （七）试验方案编制要求

方案编制包括节能检测项目、检测方法、检测标准、检测周期以及报告制度等；应包括具体使用的仪器、仪表，项目负责人、执行人、审批人；对某一项目还应制定测试方案、技术分析和指导建议等。方案构成：试验目的；引用标准；试验参数和技术指标；试验方法说明（包括试验时间、测点布置、化验取样、仪表安装、数据采集）；对试验仪器设备的要求；对试验对象运行工况的要求；计算方法和数据处理的说明；安全技术措施；试验参数和试验结果统计表；对试验结果的评价。

## 第二节　发电企业节能评价体系

根据发电企业发展的需要，在对标管理的基础上，对发电企业在规划、设计、制造、建设、运行、检修和技术改造各个环节中有关能耗、环保的重要性能参数和指标实行评价，制订企业节能改进措施，提高企业生产运营管理水平。

节能评价是评价发电企业对国家、电力行业有关节能的政策、法规、规程、规范、标准、制度的贯彻执行情况；技术经济指标完成情况；发电设备效率检验、检测情况；对发电企业能耗状况、环保指标进行评价；对新、扩、改建工程的节能影响进行评价；对节能新技术、新工艺推广应用情况以及节能培训情况进行评价。各发电企业应对各项指标按照相关标准进行检测、统计和分析，确保节能评价数据的准确性、完整性、可比性和代表性。各发电企业应对本企业的能耗状况、经济指标和环保指标完成情况进行总结，及时上报各级主管部门。节能在发电企业的规划、设计、制造、建设、运行、检修和技术改造中的全过程中执行。

### 一、评价体系与内容

节能评价包括管理部分内容、一级指标内容、二级指标内容。

**1. 管理部分内容评价**

（1）火电机组节能组织制度建设评价　主要评价企业节能的组织建设和制度建设。

（2）火电机组节能规划、设计、基建评价　评价基本建设是否执行国家的节约环保能源政策，合理布局，优化用能。是否确定先进合理的煤耗、电耗、水耗、环保等设计指标；有没有基建项目得满分。

（3）火电机组节能能源计量评价　发电企业要贯彻执行《用能单位能源计量器具配备和管理通则》（GB 17167—2006）强制性国家标准，建立完善能源计量体系。开展污水流量计、在线 COD 监测仪等环保计量仪器的检定，确保污染环保检测数据的准确可靠。能源计量是节能工作的基础，包括热能计量、燃料计量、电能计量、水量计量、环保计量；评价计量表计是否齐全、是否定期进行校验、合同计量的执行情况等内容。

（4）火电机组节能检测评价　评价节能检测人员配备、检测设备、节能检测实施办法、能耗诊断、在线分析的执行情况。

（5）火电机组节能技术措施评价　对电厂所采取的节能技术措施进行全面评价。

**2. 一级指标内容评价**

（1）火电机组节能供电煤耗评价　评价供电煤耗的完成情况；与目标值、国内标杆值的差距。

（2）火电机组节能厂用电率评价　对单台机组厂用电率指标、对电厂综合厂用电率指标进行全面评价。

（3）火电机组节能节水指标评价　对单台机组水耗、对电厂综合水耗指标进行全面评价。

（4）火电机组节能节油指标评价　对单台机组油耗、对电厂综合油耗指标进行全面评价。

（5）火电机组节能减排环保指标评价　对单台机组环保指标、对电厂综合环保指标进行全面评价。

**3. 二级指标内容及设备评价**

（1）火电机组节能燃料指标评价　对电厂燃料管理进行全面评价。

（2）火电机组节能汽机指标评价　对单台机组汽机指标进行全面评价。

（3）火电机组节能锅炉指标评价　对单台机组锅炉指标进行全面评价。

（4）火电机组节能保温效果评价　对管道、容器保温效果进行评价。

## 二、火电企业技术经济指标评价

各发电企业应根据机组现状，通过试验或能耗评估，确定科学、合理的技术经济指标目标值。若机组发生重大技术改造，如锅炉本体改造、汽轮机通流部分改造等，应按改造后的状况确定经济指标的目标值。

### （一）评价内容

（1）发电企业应对全厂和机组的发电量、发电煤耗率、供电煤耗率、供热量、供热煤耗、厂用电率、油耗、水耗率、设备无渗漏、设备专项治理等综合经济技术指标进行统计、分析和考核。

执行标准：统计计算方法参照 DL/T 904 标准。

（2）发电企业应按照实际入炉煤量和入炉煤机械取样分析的低位发热量正平衡计算发、供电煤耗率。当以入厂煤和煤场盘煤计算的煤耗率和以入炉煤计算的煤耗率偏差达到 1.0％时，应及时查找原因。发电企业的煤耗率应定期采用反平衡法校核。

（3）发电企业应对全厂和机组的综合厂用电率、发电厂用电率、供热厂用电率等技术经济指标进行统计、分析和考核。

执行标准：

统计计算方法按照 DL/T 904 标准。

火力发电厂指标体系见图 3-1，评价表见表 3-5。

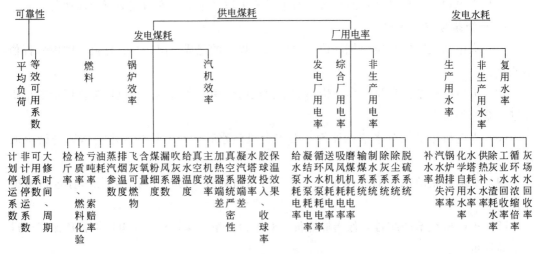

图 3-1　火力发电厂技术指标体系

表 3-5　火电机组节能评价表

| 序号 | 指标及内容 | 评价方法 |
|---|---|---|
|  | 组织建设与制度建设 |  |
| 1 | 法律法规 |  |
|  | 节能法律、法规齐备 | 相关节能法律、法规 |
| 2 | 规程标准 |  |
|  | 节能规程、标准、导则、实施细则齐全 | 本厂《节约能源实施细则》、《节能技术监督实施细则》是否包含了节能规程、标准、导则等文件对节能工作的全面要求 |
| 3 | 组织管理体系 |  |
|  | 管理体系 |  |
|  | 节能管理机构及节能责任制落实 | 企业有关节能管理的文件及制度 |
| 4 | 规章制度与报表 |  |
| 4.1 | 节能评价管理办法 |  |
|  | 制定节能评价管理办法 | 依据国家和行业的法规、标准制定节能评价管理办法，包括总则、主要工作内容、节能评价管理职责与分工、节能评价要求、节能评价项目、节能评价办法等 |

续表

| 序号 | 指标及内容 | 评价方法 |
|---|---|---|
| 4.2 | 节能评价管理细则 | |
| | 发电企业制定节能评价管理细则 | 发电企业应制定节能评价管理细则,包括生产运行指标、燃料管理、节水、节电、节油、环保和设备治理等。该细则至少每三年修订一次 |
| 4.3 | 非生产用能管理办法 | |
| | 发电企业非生产用能管理办法 | 非生产用能管理办法记录 |
| 4.4 | 常规的节能检测办法 | |
| | 制定常规的节能检测办法 | 内容包括节能检测项目、检测方法、检测标准、检测周期以及报告制度等;应包括具体使用的仪器、仪表、项目负责人、执行人、审批人;对某一项目还应制定测试方案、技术分析和指导建议等 |
| 4.5 | 年度节能计划、中长期规划、总结 | |
| | (1)节能中长期规划 | 企业节能中长期规划 |
| | (2)节能年度计划 | 企业节能年度计划 |
| | (3)节能总结 | 总结报告材料 |
| 4.6 | 节能评价总结报告 | |
| | 定期有节能评价总结报告 | 评价总结报告材料 |
| 4.7 | 报表制度 | |
| | (1)指标统计报表 | 能耗统计的相关原始报表 |
| | (2)节能分析或与节能相关运行分析、设备分析、经营分析 | 检修(设备分析)例会、运行分析例会、经营分析例会记录(或纪要、报告) |
| 4.8 | 检测存档报告 | |
| | 检测存档报告及资料 | 检测存档报告管理资料 |
| 4.9 | 经济运行曲线和表格 | |
| | 曲线和表格 | 经济运行曲线和表格资料 |
| 5 | 设备档案管理 | |
| | 设备档案齐全 | 汽轮机、锅炉、发电机及主变压器的设计规范;重要辅助设备的设计规范和特性曲线;锅炉、汽轮机热力计算书;电除尘、脱硫设备、脱硝设备、污水处理设备设计规范;设备改造的技术文件齐全 |
| 6 | 综合指标评价 | |
| | 目标值确立 | 节能目标值确立 |

## (二) 评价方法

评价方法包括以下几种。

(1) 评价依据及计算公式。

(2) 设备治理。

(3) 执行的标准。

(4) 评价边界条件确定,包括机组容量、参数等级、机组类型、冷却方式、投产年限、煤质变化、地区差异等各种原因的修正方案。

（5）评价标准。

被评价的机组要保证评价的数据真实准确、量化可比。各项生产运营指标必须真实可信，所选定的指标、数据易获取，能准确反映企业节能管理水平。

动态管理、持续改进。通过不断完善管理标准和评价体系，突出流程管理，突出管理手段的不断创新，逐步达到节能评价的科学、规范、有效性。

闭环控制、循序渐进。以评价找差距，以差距查管理，以管理促提高，形成闭环控制。通过节能评价改善企业管理流程，提高发电企业的经营绩效。

## 三、技术经济指标计算

### （一）供电煤耗率计算

供电标准煤耗率是火电厂最全面的技术经济指标，按正平衡法计算，反平衡校核。

#### 1. 发电量

发电量是指机组在统计期内生产的电能量，即发电机实际发出的有功功率与发电机运行小时的乘积，全厂发电量等于各机组发电量之和。发电量根据发电机端电能表的读数计算，发电量的基本计量单位是 kW·h，即

$$W_f = (W''_{24} - W'_{24}) \times k \tag{3-5}$$

式中　$W_f$——机组发电量，kW·h；

　　　$W'_{24}$——统计期开始时发电机电能表 24 点读数；

　　　$W''_{24}$——统计期结束时发电机电能表 24 点读数；

　　　$k$——电能表倍率。

发电量统计时的注意事项：

（1）如果励磁机用电为外部供电，应扣除励磁机耗电量。

（2）若发电机电能表发生故障或变换系统使电能表不能运转时，应记录发电机的功率来估算发电量。

（3）若电能表安装在变压器后，应需通过试验计算变压器损失，将变压器后的电量加上变压器的损失电量和厂用电量。

（4）发电机电能表按规定时间定期校验，并有合格的校验证书。

#### 2. 供电量

供电量是机组向厂外实际供出的电能量；全厂供电量等于各机组供电量之和。供电量的基本计量单位是 kW·h，即

$$W_g = W_f - W_{cy} + W_{fj} + W_r \tag{3-6}$$

式中　$W_g$——机组供电量，kW·h；

　　　$W_{cy}$——机组厂用电量，kW·h；

　　　$W_{fj}$——非生产用电已结算的电量；

　　　$W_r$——外部购入的电量。

供电量统计时的注意事项：

（1）生产厂用电量包括供热与发电用的厂用电量总和。

（2）非生产用电量是指非生产用电已结算的电量，未结算的电量并入生产厂用电量予以考核。

（3）若有外部购入的电量，购入电量应统计在内。

（4）按新的供电量计算方法，以主变压器出口的电能表计量为准，变压器的损耗应计入厂用电量中。

### 3. 发电煤耗

发电煤耗是指机组每生产 $1kW \cdot h$ 的电能所消耗的燃煤量，即

$$b_f = \frac{B_b\left(1 - \frac{\alpha}{100}\right)}{W_f} \times 10^6 \qquad (3-7)$$

式中　$b_f$——发电煤耗，$g/(kW \cdot h)$；

　　　$\alpha$——供热比；

　　　$B_b$——消耗的原煤量折算成标准煤量，$t$。

### 4. 供电煤耗

供电煤耗是指机组向外供出 $1kW \cdot h$ 的电能所消耗的燃煤量，即

$$b_g = \frac{b_f}{1 - \frac{L_{fcy}}{100}} \qquad (3-8)$$

式中　$L_{fcy}$——供热电厂发电厂用电率，%。

### 5. 供热煤耗

$$b_r = \frac{B_b \alpha}{\sum Q_{gr}} \times 1000 \qquad (3-9)$$

式中　$b_r$——供热煤耗，$kg/GJ$；

　　　$\sum Q_{gr}$——供热量，$GJ$。

机组供电煤耗按正平衡统计，应注意的问题如下。

### 1. 单机计量

125MW 及以上火电机组的入炉煤计量原则上按单台机组进行，已运行的 125MW 与 200MW 机组，有条件者应尽快加装燃煤计量及校验装置，300MW 及以上火电机组，必须配备按入炉煤正平衡计算煤耗所需的全部装置，包括燃煤计量装置、机械制样装置、煤位计和实煤校验装置等。入炉煤计量装置在运行中的误差应保证±0.5%。

### 2. 两种计量方式

火电厂入炉煤计量有两种方式，一是通过总皮带上的电子皮带秤及其监测系统分别计算各机组的燃煤量；二是利用给煤机自身附有的计量装置直接计量，各电厂可因厂制宜作出选择。

### 3. 配置燃煤计量装置和计算供电煤耗时考虑因素

（1）称量范围和数量要满足燃料管理的需要。

（2）在运行的称量范围内，其称量的使用精度应不低于±0.5%。

（3）配备实煤校验装置或计量标准规定的校验器具。

（4）电子皮带秤的安装地点在总皮带时，经犁煤器与分炉计量微机监测系统将燃煤分别送入各炉的原煤仓中，要注意防止由于犁煤器犁不净煤而把剩余燃煤带入其他炉的原煤仓内。

（5）为准确计量燃煤量，计量装置须定期经实煤校验。用实煤校验时校验的煤量不小于输煤皮带运行时最大小时累计量的 2%；实煤校验所用标准称量器具的最大允许应用误差应不低于±0.1%，校验后的弃煤处理应方便。

（6）要使用并有检验合格证的燃煤计量装置，燃煤计量装置每月用实煤校验装置校验 2～4 次。

（7）要使用符合标准要求的机械采制样装置。125MW 及以上火电机组实施按单台机组的入炉煤量计算煤耗时，若有条件的火电厂可按单台机组分别采样、制样和化验。

（8）入炉煤要每班至少分析全水分一次，每天至少做一次由三班混制而成的样品的工业分析和发热量测定（由三班平均实测全水分计算而得）。有条件的火电厂可分别采样、制样和化验。对燃油按照国标或行标的分析方法每品种每月做一次水分、硫分、闪点、凝固点、黏度、密度和发热量的分析。

（9）正平衡计算煤耗时一律采用入炉原煤测得的发热量作为依据，不得以制粉系统中的煤粉测得的发热量代替。

（10）凡按单台、按全厂计算入炉煤标准煤量或者是按日、按月计算入炉煤标准煤量时，若单台与全厂或者日平均与月计算的结果误差在±0.5%以内可不再修正其误差，并以全厂或月计算的入炉煤标准煤量为依据，若超过±0.5%时，则应查明原因。

（11）计算得到的单台日与月的发供电煤耗均反映机组的日常运行状态，其中包括了机组因启停、调峰时所多用的燃煤量与厂用电量。

（12）对于配置中间储仓式制粉系统的机组来讲，如果在运行中出现邻炉之间通过公用的螺旋输煤机（即输粉绞龙）输送煤粉时，则计算单台机组的煤耗应考虑修正。

（13）凡机组装有蒸汽推动装置或采用中压缸启动等措施时，由于启动过程中采用邻炉蒸汽加热，在计算单台机组的发供电与供热煤耗时，应考虑加入的蒸汽折成标准煤量进行修正。

（14）关于火电厂若干机组的厂用电消耗中公用系统的厂用电量计算。由于各火电厂在机组的设计与安装中对诸如运煤、冲灰、排渣、燃油、化学水处理等公用系统的厂用电，其接线方法不一或运行方式相异，故造成各单台机组的厂用电量有时偏差较大。对此建议按以下原则计算。

① 在正常情况下，对于输煤系统、冲灰排渣系统、化学水处理系统的厂用电量可根据各机组发电量的大小按比例进行分配计算。

② 对于燃油系统的厂用电量，在一般正常运行工况时按各运行机组平均分配。遇到不正常工况时，例如燃烧不稳、锅炉长时间助燃用油、锅炉长时间断煤烧油等，可根据各机组烧油量大小进行分配计算。

③ 对于供热式机组或热电厂的厂用电量，还应考虑由于供热所造成发电的锅炉补给水增大，因而使化学水处理系统的厂用电量增大的因素。对该项增大的厂用电量应根据各

机组供热量大小按比例加至各自的厂用电量上计算。

（15）根据规定，要严格分开发电（供热）用能与非生产用能。下列燃料消耗量（或用汽折算的燃料量）不计入煤耗：

① 基建、更改工程施工消耗的燃料；

② 厂外运输用机车、船舶等耗用的燃料；

③ 外单位承包施工消耗的燃料；

④ 修配车间、副业、及非生产（食堂、宿舍、学校等）消耗的燃料。

以上消耗的燃料应计量并自行结算燃料费用。

### 4. 执行标准

DL/T 904　火力发电厂技术经济指标计算方法。

### （二）厂用电率计算

#### 1. 纯凝机组厂用电率

统计期内纯凝机组用于生产的厂用电量与发电量的百分比。凝汽式电厂全厂的厂用电率等于全厂的厂用电之和与全厂发电量的百分比。即

$$L_{cy} = \frac{W_{cy}}{W_f} \times 100\% \tag{3-10}$$

厂用电率统计的注意事项：

（1）扣除基建、更改工程施工用的电量；

（2）扣除厂外运输用机车、船舶等耗用的电量；

（3）扣除外单位承包施工用的电量；

（4）扣除修配车间、副业、及非生产用（食堂、宿舍、学校等）的电量。

以上单位用电应安装计量装置并自行结算电费。

#### 2. 供热机组厂用电率

（1）供热比

供热比是指统计期内机组用于供热的热量与汽轮机热耗量的比值，即

$$\alpha = \frac{\sum Q_{gr}}{\sum Q_{sr}} \times 100\% \tag{3-11}$$

式中　$\alpha$——供热比；

$\sum Q_{gr}$——供热量，GJ；

$\sum Q_{sr}$——汽轮机热耗量，GJ。

（2）供热机组厂用电率

供热耗用的厂用电量折算热量与供热热量的百分比。即

$$L_{rcy} = \frac{3600 W_{gr}}{\sum Q_{gr}} \times 100\% \tag{3-12}$$

$$W_{gr} = \frac{\alpha}{100}(W_{cy} - W_{cf} - W_{cr}) + W_{cr} \tag{3-13}$$

式中　$L_{rcy}$——供热厂用电率，%；

$W_{gr}$——供热耗用的厂用电量，kW·h；

$W_{cf}$——纯发电用的厂用电量，如凝结水泵、循环水泵等只与发电有关的设备用电量，kW·h；

$W_{cr}$——纯热网用的厂用电量，如热网水泵等只与供热有关的设备用电量，kW·h。

（3）供热发电厂用电率

发电耗用的厂用电量与发电量的百分比。即

$$L_{fcy} = \frac{W_d}{W_f} \times 100\% \qquad (3\text{-}14)$$

$$W_d = W_{cy} - W_{gr} \qquad (3\text{-}15)$$

式中　$L_{fcy}$——供热电厂发电厂用电率，%；

$W_d$——供热电厂发电的厂用电量，kW·h。

### 3. 综合厂用电率

综合厂用电率指全厂发电量与上网电量的差值与发电量的百分比。

$$L_{zh} = \frac{W_f - W_{gk} + W_{wg}}{W_f} \times 100\% \qquad (3\text{-}16)$$

式中　$L_{zh}$——综合厂用电率，%；

$W_f$——统计期内发电量，kW·h；

$W_{gk}$——全厂的关口电量，kW·h；

$W_{wg}$——全厂的外购电量，kW·h。

式中分子部分包含了厂内所有的耗用电量，分母部分只考虑了发电部分，而忽略了供热产出部分，造成热电联供电厂综合厂用电率虚高，同时由于各个热电联供电厂的热电比不同，它们之间的可比性也很差。建议在计算时可考虑采用统计方法中的标准实物统计方法，对所有的投入、产出进行折标计算，使该指标的对标更具操作性。折标系数可以根据各厂的实际情况选取。

### 4. 非生产耗电量

指电厂非生产所消耗的电量。每月应对非生产消耗的电量以及收费的电量进行统计。

生产用电是指厂区生产和厂前区生产及生活正常用电；非生产用电是指除生产用电以外的用电，主要包括：厂内业主以外的其他单位用电，厂外生活区用电，外单位的施工用电等。严禁利用厂用电供给厂外生活区或其他相关单位。非生产用电应安装电能表，每月进行统计，应加强管理，减少非生产用电，应该收费的按制度要求进行收费。

### 5. 辅机单耗及耗电率

辅机单耗及耗电率有电能表的，按电能表统计；没有电能表的，按电流表的平均读数进行耗电量计算。原则上对于6000V电压等级的设备或系统应安装电能表。进行变频改造的要加以单独说明。

（1）磨煤机单耗、耗电率

① 磨煤机单耗。磨煤机单耗是指制粉系统每磨制1t煤磨煤机所消耗的电量，即

$$b_{mm} = \frac{W_{mm}}{B_m} \qquad (3-17)$$

式中　$b_{mm}$——磨煤机单耗，kW·h/t；

　　　$W_{mm}$——统计期内磨煤机消耗的电量，kW·h；

　　　$B_m$——统计期内煤量，t。

②磨煤机耗电率。磨煤机耗电率是指统计期内磨煤机消耗的电量与机组发电量的百分比，即

$$w_{mm} = \frac{W_{mm}}{W_f} \times 100\% \qquad (3-18)$$

式中　$w_{mm}$——磨煤机耗电率，%；

　　　$W_{mm}$——统计期内磨煤机消耗的电量，kW·h；

　　　$W_f$——统计期内机组发电量，kW·h。

（2）一次风机（排粉机）单耗、耗电率

①一次风机（排粉机）单耗。一次风机（排粉机）单耗是指制粉系统每磨制 1t 煤一次风机（排粉机）所消耗的电量，即

$$b_{pf} = \frac{W_{pf}}{B_m} \qquad (3-19)$$

式中　$b_{pf}$——一次风机（排粉机）单耗，kW·h/t；

　　　$W_{pf}$——统计期内一次风机（排粉机）消耗的电量，kW·h；

　　　$B_m$——统计期内煤量，t。

②一次风机（排粉机）耗电率。一次风机（排粉机）耗电率是指统计期内一次风机（排粉机）消耗的电量与机组发电量的百分比，即

$$w_{pf} = \frac{W_{pf}}{W_f} \times 100\% \qquad (3-20)$$

式中　$w_{pf}$——一次风机（排粉机）耗电率，%；

　　　$W_{pf}$——统计期内一次风机（排粉机）消耗的电量，kW·h；

　　　$W_f$——统计期内机组发电量，kW·h。

（3）密封风机单耗、耗电率

①密封风机单耗。密封风机单耗是指制粉系统每磨制 1t 煤密封风机消耗的电量，即

$$b_{mf} = \frac{W_{mf}}{B_m} \qquad (3-21)$$

式中　$b_{mf}$——密封风机单耗，kW·h/t；

　　　$W_{mf}$——统计期内密封风机消耗的电量，kW·h；

　　　$B_m$——统计期内煤量，t。

②密封风机耗电率。密封风机耗电率是指密封风机消耗的电量与机组发电量的百分比。

$$w_{mf} = \frac{W_{mf}}{W_f} \times 100\% \qquad (3-22)$$

式中　$w_{mf}$——密封风机耗电率，%；

$W_{mf}$——统计期内密封风机消耗的电量，kW·h；

$W_f$——统计期内机组发电量，kW·h。

（4）给煤机单耗、耗电率

① 给煤机单耗。给煤机单耗是指制粉系统每磨制 1t 煤给煤机所消耗的电量，即

$$b_{gm}=\frac{W_{gm}}{B_m}\qquad(3\text{-}23)$$

式中　$b_{gm}$——给煤机单耗，kW·h/t；

$W_{gm}$——统计期内给煤机消耗的电量，kW·h；

$B_m$——统计期内煤量，t。

② 给煤机耗电率。给煤机耗电率是指统计期内给煤机所耗用的电量与机组发电量的百分比，即

$$w_{gm}=\frac{W_{gm}}{W_f}\times100\%\qquad(3\text{-}24)$$

式中　$W_{gm}$——给煤机耗电率，%；

$W_f$——统计期内机组发电量，kW·h。

（5）制粉系统单耗、耗电率

① 制粉系统单耗。制粉系统单耗为制粉系统 [包括磨煤机、给煤机、一次风机（排粉机）、密封风机等] 每磨制 1t 煤所消耗的电量，即

$$b_{zf}=b_{mm}+b_{pf}+b_{mf}+b_{gm}\qquad(3\text{-}25)$$

式中　$b_{zf}$——制粉系统单耗，kW·h/t；

$b_{mm}$——磨煤机单耗，kW·h/t；

$b_{pf}$——一次风机（排粉机）单耗，kW·h/t；

$b_{mf}$——密封风机单耗，kW·h/t；

$b_{gm}$——给煤机单耗，kW·h/t。

② 制粉系统耗电率。制粉系统耗电率是指统计期内制粉系统消耗的电量与机组发电量的百分比，即

$$w_{zf}=\frac{W_{zf}}{W_f}\times100\%\qquad(3\text{-}26)$$

式中　$w_{zf}$——统计期内制粉系统消耗的电量，kW·h；

$W_{zf}$——制粉系统耗电率，%；

$W_f$——统计期内机组发电量，kW·h。

（6）送风机单耗、耗电率

① 送风机单耗。送风机单耗是指锅炉产生每吨蒸汽送风机所消耗的电量，即

$$b_{sf}=\frac{W_{sf}}{D_L}\qquad(3\text{-}27)$$

式中　$b_{sf}$——送风机单耗，kW·h/t；

$W_{sf}$——统计期内送风机消耗的电量，kW·h；

$D_L$——统计期内主蒸汽流量累计值，t。

② 送风机耗电率。送风机耗电率是指统计期内送风机消耗的电量与机组发电量的百分比，即

$$w_{sf} = \frac{W_{sf}}{W_f} \times 100\% \qquad (3\text{-}28)$$

式中 $w_{sf}$——送风机耗电率，%；

$W_{sf}$——统计期内送风机消耗的电量，kW·h；

$W_f$——统计期内机组发电量，kW·h。

（7）引风机单耗、耗电率

① 引风机单耗。引风机单耗是指锅炉产生每吨蒸汽引风机所消耗的电量，即

$$b_{yf} = \frac{W_{yf}}{D_L} \qquad (3\text{-}29)$$

式中 $b_{yf}$——引风机单耗，kW·h/t；

$D_L$——统计期内主蒸汽流量累计值，t；

$W_{yf}$——统计期内引风机消耗的电量，kW·h。

② 引风机耗电率。引风机耗电率是指统计期内引风机消耗的电量与机组发电量的百分比，即

$$w_{yf} = \frac{W_{yf}}{W_f} \times 100\% \qquad (3\text{-}30)$$

式中 $w_{yf}$——引风机耗电率，%；

$W_{yf}$——统计期内引风机消耗的电量，kW·h；

$W_f$——统计期内机组发电量，kW·h。

（8）炉水循环泵单耗、耗电率

① 炉水循环泵单耗。炉水循环泵单耗是指锅炉每产生 1t 蒸汽炉水循环泵消耗的电量，即

$$b_{lx} = \frac{W_{lx}}{D_L} \qquad (3\text{-}31)$$

式中 $b_{lx}$——统计期内炉水循环泵消耗的电量，kW·h；

$W_{lx}$——炉水循环泵单耗，kW·h/t；

$D_L$——统计期内主蒸汽流量累计值，t。

② 炉水循环泵耗电率。炉水循环泵耗电率是指统计期内炉水循环泵所耗用的电量与发电量的百分比，即

$$w_{lx} = \frac{W_{lx}}{W_f} \times 100\% \qquad (3\text{-}32)$$

式中 $w_{lx}$——炉水循环泵耗电率，%。

$W_{lx}$——炉水循环泵单耗，kW·h/t；

$W_f$——统计期内机组发电量，kW·h。

（9）脱硫耗电率

脱硫耗电率是指脱硫设备总耗电量与相关机组总发电量的百分比，即

$$w_{tl} = \frac{W_{tl}}{\sum W_f} \times 100\%$$ （3-33）

式中　$w_{tl}$——脱硫耗电率，%；

　　　$W_{tl}$——统计期内脱硫设备总耗电量，kW·h；

　　　$\sum W_f$——相关机组总发电量，kW·h。

（10）除灰、除尘系统单耗、耗电率

① 除灰、除尘系统单耗。除灰、除尘系统单耗是指锅炉每燃烧 1t 原煤，除灰、除尘系统消耗的电量，即

$$b_{ch} = \frac{W_{ch}}{B_L}$$ （3-34）

式中　$b_{ch}$——除灰、除尘系统单耗，kW·h/t；

　　　$W_{ch}$——统计期内除灰系统消耗的电量，kW·h；

　　　$B_L$——锅炉燃料累计消耗量，t。

② 除灰、除尘系统耗电率。除灰、除尘系统耗电率是指统计期内除灰系统消耗的电量与机组发电量的百分比，即

$$w_{ch} = \frac{W_{ch}}{W_f} \times 100\%$$ （3-35）

式中　$w_{ch}$——除灰、除尘系统耗电率，%；

　　　$W_{ch}$——统计期内除灰系统消耗的电量，kW·h；

　　　$W_f$——统计期内机组发电量，kW·h。

（11）输煤系统单耗、耗电率

① 输煤系统单耗。输煤系统单耗是指输煤系统厂用电量与相应入炉原煤总量之比，即

$$b_{sm} = \frac{W_{sm}}{B_{rl}}$$ （3-36）

式中　$b_{sm}$——输煤系统单耗，kW·h/t；

　　　$W_{sm}$——输煤系统厂用电量，kW·h；

　　　$B_{rl}$——入炉煤量，t。

② 输煤系统耗电率。输煤系统耗电率是指输煤系统厂用电量与全厂发电量的百分比，即

$$w_{sm} = \frac{W_{sm}}{\sum W_f} \times 100\%$$ （3-37）

式中　$w_{sm}$——输煤系统耗电率，%；

　　　$W_{sm}$——输煤系统厂用电量，kW·h；

　　　$\sum W_f$——全厂发电量，kW·h。

（12）电动给水泵单耗、耗电率

① 电动给水泵单耗。电动给水泵单耗是指统计期内电动给水泵消耗的电量与电动给水泵出口的流量累计值的比值，即：

$$b_{db} = \frac{W_{db}}{\sum D_{gs}^q} \qquad (3\text{-}38)$$

式中　$b_{db}$——电动给水泵单耗，$kW \cdot h/t$；

　　$W_{db}$——电动给水泵消耗的电量，$kW \cdot h$；

　　$\sum D_{gs}^q$——统计期内电动给水泵出口的流量累计值，t。

② 电动给水泵耗电率。电动给水泵耗电率是指统计期内电动给水泵消耗的电量与机组发电量的百分比。对于单元制机组，机组发电量为单元机组发电量。即

$$L_{db} = \frac{\sum W_{db}}{W_f} \times 100\% \qquad (3\text{-}39)$$

式中　$L_{db}$——电动给水泵耗电率，%；

　　$\sum W_{db}$——电动给水泵消耗的电量，$kW \cdot h$；

　　$W_f$——统计期内机组发电量，$kW \cdot h$。

对于母管制给水系统的机组，机组发电量为共用该母管制给水系统的机组总发电量，即

$$L_{db} = \frac{\sum W_{db}}{\sum W_f} \times 100\% \qquad (3\text{-}40)$$

（13）凝结水泵耗电率

凝结水泵耗电率是指统计期内凝结水泵消耗的电量与机组发电量的百分比，即

$$L_{nb} = \frac{\sum W_{nb}}{W_f} \times 100\% \qquad (3\text{-}41)$$

式中　$L_{nb}$——凝结水泵耗电率，%；

　　$\sum W_{nb}$——凝结水泵消耗的电量，$kW \cdot h$；

　　$W_f$——统计期内机组发电量，$kW \cdot h$。

（14）循环水泵耗电率

循环水泵耗电率是指统计期内循环水泵耗电量与机组发电量的百分比。

对于母管制循环水系统，机组发电量为共用该母管制循环水系统的机组总发电量，即

$$w_{xhb} = \frac{\sum W_{xhb}}{\sum W_f} \times 100\% \qquad (3\text{-}42)$$

式中　$w_{xhb}$——循环水泵耗电率，%；

　　$W_{xhb}$——单台循环水泵耗电量，$kW \cdot h$；

　　$\sum W_f$——全厂发电量，$kW \cdot h$。

对于单元制循环水系统，机组发电量为单元机组发电量，即

$$w_{xhb} = \frac{\sum W_{xhb}}{W_f} \times 100\% \qquad (3\text{-}43)$$

（15）冷却塔

① 冷却塔耗电率。冷却塔耗电率是指统计期内单元机组冷却塔（包括各水泵、风机）耗电量与机组发电量的百分比，即

$$L_k = \frac{W_{kl}}{W_f} \times 100\% \qquad (3\text{-}44)$$

式中　$L_k$——冷却塔耗电率，%；

　　　$W_{kl}$——冷却塔耗电量，kW·h；

　　　$W_f$——统计期内机组发电量，kW·h。

② 机力塔耗电率。机力塔耗电率是指统计期内全厂的机力塔耗电量与统计期内全厂机组发电量的百分比，即

$$L_{jl} = \frac{\sum W_{jl}}{\sum W_f} \times 100\% \qquad (3\text{-}45)$$

式中　$L_{jl}$——机力塔耗电率，%；

　　　$\sum W_{jl}$——机力塔耗电量，kW·h；

　　　$\sum W_f$——全厂发电量，kW·h。

（16）制水系统单耗

制水系统单耗是每制出 1t 合格的补给水，制水系统所消耗的电量，kW·h/t。

$$制水系统单耗 = \frac{制水系统耗电量}{制出合格的水量} \qquad (3\text{-}46)$$

### 6. 厂用电率修正

在开展能效对标过程中，厂用电率指标对比时需要进行修正，修正方法见表 3-6～表 3-10，厂用电率评价参考指标见表 3-11。

**表 3-6　负荷率修正系数**

| 序号 | 报告期机组负荷率 | 修正系数 |
|---|---|---|
| 1 | 80%及以上 | 1 |
| 2 | 70%（含）～80% | $1+(A-0.80)$ |
| 3 | 70%以下 | 0.9 |

注：为报告期机组平均负荷率。

**表 3-7　烟气脱硫、脱硝修正系数**

| 序号 | 烟气脱硫、脱硝装置 | 修正系数 |
|---|---|---|
| 1 | 有烟气脱硫 $S \geqslant 90\%$ | 1 |
| 2 | 有烟气脱硫 $S < 90\%$ | $1+0.2(1-S)$ |
| 3 | 无烟气脱硫 | 1.2 |
| 4 | 无烟气脱硝 | 1.0 |
| 5 | 有烟气脱硝 | 0.9 |

注：$S$ 为烟气脱硫投入率，投入率小于 90% 进行修正。

**表 3-8　给水泵驱动修正系数**

| 序号 | 给水泵驱动方式 | 修正系数 |
|---|---|---|
| 1 | 汽动给水泵 | 1 |
| 2 | 电动给水泵 | 0.75 |

注：电动给水泵驱动指机组未安装汽动给水泵。

**表 3-9　单机运行修正**

| 序号 | 单机运行方式 | 修正系数 |
|---|---|---|
| 1 | 只有一台机组运行 | 0.97 |

注：多台机组电厂只有一台机组运行时按单机运行方式计算。

**表 3-10　海水淡化修正**

| 序号 | 海水淡化 | 修正系数 |
|---|---|---|
| 1 | 低温多效海水淡化 | 1 |
| 2 | 反渗透海水淡化 | 0.97 |

注：低温多效海水淡化按供热机组修正。

**表 3-11　火电机组厂用电率评价参考指标**

| 序号 | 机组类型 | 机组类型特点 | 发电厂用电率(参考值)/% |
|---|---|---|---|
| 1 | 1000MW 级超超临界机组 | 脱硫 | 5.2 |
| 2 | 600~660MW 级超超临界机组 | 常规① | 4.3 |
| | | 脱硫 | 5.5 |
| 3 | 600~660MW 级超临界机组 | 常规 | 4.5 |
| | | 脱硫 | 5.7 |
| | | 脱硫＋空冷(电动泵) | 8.5 |
| | | 脱硫＋空冷(汽动泵) | 6.0 |
| 4 | 600MW 级亚临界机组 | 常规 | 4.5 |
| | | 脱硫 | 5.7 |
| | | 空冷(电动泵) | 7.3 |
| | | 脱硫＋空冷(电动泵) | 8.5 |
| | | 脱硫＋空冷(汽动泵) | 6.0 |
| 5 | 俄制 500MW 超临界机组 | 常规 | 5.0 |
| | | 脱硫 | 6.2 |
| 6 | 350MW 级进口机组(电动泵) | 常规 | 6.8 |
| | | 脱硫 | 8.0 |
| 7 | 350MW 进口机组 | 常规 | 4.0 |
| | | 脱硫 | 5.2 |
| 8 | 330MW 国产机组(电动泵) | 常规 | 7.0 |
| | | 脱硫 | 8.2 |
| 9 | 俄制 325MW 超临界机组 | 常规 | 4.6 |
| | | 脱硫 | 5.8 |
| 10 | 俄制 300MW 亚临界机组 | 常规 | 6.6 |
| | | 脱硫 | 7.8 |
| 11 | 300MW 机组(哈尔滨、上海汽轮机厂) | 常规(汽动泵) | 4.8 |
| | | 常规(电动泵) | 7.0 |
| | | 脱硫(汽动泵) | 6.0 |
| | | 脱硫(电动泵) | 8.2 |
| | | 脱硫＋空冷(电动泵) | 8.8 |

续表

| 序号 | 机组类型 | 机组类型特点 | 发电厂用电率(参考值)/% |
|---|---|---|---|
| 11 | 300MW 机组 | 常规(汽动泵) | 4.8 |
| | | 常规(电动泵) | 7.0 |
| | | 脱硫(汽动泵) | 6.0 |
| | | 脱硫(电动泵) | 8.2 |
| | | 脱硫+空冷(电动泵) | 8.8 |
| | 早期投运的国产 300MW 级机组 | 常规 | 5.0 |
| | | 脱硫 | 6.2 |
| 12 | 300MW 供热机组② | 常规(汽动泵) | 4.8 |
| | | 常规(电动泵) | 7.0 |
| | | 脱硫(汽动泵) | 6.0 |
| | | 脱硫(电动泵) | 8.2 |
| | | 脱硫+空冷(电动泵) | 8.8 |
| | | 空冷(电动泵)+循环流化床 | 9.2 |
| 13 | 200MW 级机组 | 常规 | 7.0 |
| | | 脱硫 | 8.2 |
| | | 空冷 | 7.6 |
| | | 空冷(2000 年前投运) | 7.6 |
| 14 | 200MW 供热机组 | 常规 | 7.0 |
| | | 脱硫 | 8.2 |
| | | 脱硫+空冷 | 8.8 |
| 15 | 135MW 级机组 | 常规 | 7.0 |
| | | 脱硫 | 8.2 |
| | | 循环流化床 | 9.0 |
| 16 | 100MW 级机组 | 通流部分未改造 | 8.0 |
| | | 通流部分未改造(脱硫) | 9.2 |
| | | 通流部分改造 | 7.8 |
| | | 通流部分改造(脱硫) | 9 |

① 在机组类型特点中"常规"是指未安装脱硫、脱硝装置的湿冷燃煤发电机组。无特别说明时,300MW 及以上容量机组配汽动泵,300MW 容量以下机组配电动泵。

② 供热机组考核指标为供热机组发电厂用电率。

注：1. 本表给出了国内不同容量各种类型燃煤发电机组发电厂用电率基准值的最低要求,该基准值以年利用小时数≥5500h 为计算基准。本标准颁布之日仍处于设计阶段和规划阶段项目的发电厂用电率基准值在本表的基础上下降 0.2 个百分点。

2. 脱硫装置投入正常运行,燃煤收到基含硫量不大于 2% 时,发电厂用电率按附录 1 所列指标执行;当燃煤收到基含硫量大于 2% 时,发电厂用电率在本表的基础上再增加 0.4 个百分点。

3. 加装选择性催化还原(SCR)脱硝装置发电厂用电率在本表的基础上增加 0.3 个百分点。

4. 新建 1000MW 级超超临界机组、600MW 级超超临界机组、600MW 级空冷机组、300MW 循环流化床锅炉机组的基准值是根据机组设计数据确定的,机组投产后,根据机组性能考核试验结果,对发电厂用电率基准值进行修正。

5. 对于设计燃用无烟煤、褐煤机组的发电厂用电率基准值,可根据机组性能试验结果进行修正。

（三）锅炉技术经济指标计算

### 1. 锅炉热效率

锅炉热效率是指锅炉输出热量占输入热量的百分率。其测试方法有两种：输入—输出热量法（正平衡法）和热损失法（反平衡法）。若锅炉燃用煤质发生较大变化时，应根据新的煤质计算锅炉热效率，以重新核算确定的锅炉热效率作为考核值。

锅炉热效率以统计期间最近一次试验报告的结果作为考核依据。

（1）锅炉热效率的统计计算方法

① 正平衡统计计算锅炉效率。对单元制机组，有燃料计量装置的可利用现场在线仪表统计计算。

$$\eta_b = \frac{Q_b}{B Q_{net.ar}} \times 100\% \tag{3-47}$$

式中　$\eta_b$——锅炉热效率，%；

　　$Q_b$——锅炉总有效利用热量，kJ/h；

　　$B$——锅炉每小时燃料消耗量，kg/h；

　$Q_{net.ar}$——入炉煤收到基低位发热量，kJ/kg。

② 反平衡法测试锅炉效率。对于新建机组的性能验收，锅炉重大技术改造后的评价，常按约定试验标准，如 ASME PTC4.1 或相应国际标准；一般情况下，锅炉效率试验采用 GB/T 10184 标准。

根据锅炉的反平衡计算公式，锅炉热效率 $\eta$ 可由下式求得：

$$\eta = 100 - (q_2 + q_3 + q_4 + q_5 + q_6) \quad (\%) \tag{3-48}$$

式中　$q_2$——排烟热损失；

　　$q_3$——可燃气体未完全燃烧热损失；

　　$q_4$——固体未完全燃烧热损失；

　　$q_5$——散热损失；

　　$q_6$——灰渣物理热损失。

（2）执行标准

GB 10184　电站锅炉性能试验规程。

DL/T 964　循环流化床锅炉性能试验规程。

### 2. 锅炉主蒸汽压力、主蒸汽温度

锅炉主蒸汽压力是指末级过热器出口的蒸汽压力值。如果有多条管道，取算术平均值。主蒸汽压力的监督以统计报表、现场检查或测试的数据作为依据。

锅炉主蒸汽温度是指末级过热器出口的蒸汽温度值。如果有多条管道，取算术平均值。主蒸汽温度的监督以统计报表、现场检查或测试的数据作为依据。

### 3. 锅炉再热蒸汽温度

锅炉再热蒸汽温度是指末级再热器出口管道中的蒸汽温度值。如果有多条管道，取算术平均值。再热蒸汽温度的监督以统计报表、现场检查或测试的数据作为依据。

（1）锅炉主蒸汽压力过大将影响到机组的安全性，压力过低会影响到机组的经济性。锅炉压力的调整应满足汽轮机调整负荷的需要，可通过适当增减燃料量、风量、风煤配比等维持压力的稳定。

（2）锅炉主蒸汽温度过高将影响到机组的安全性，温度低会影响到机组的经济性，应严格按照规程规定控制主蒸汽温度的最高限制，防止锅炉超温爆管。蒸汽温度的调整以烟气侧为主，蒸汽侧为辅。调整主要是改变火燃中心位置和流过过热器的烟气量，尽可能不用或少用过热器喷水减温。

（3）再热蒸汽温度的控制与主蒸汽温度类似，运行中应注意协调主蒸汽温度与再热蒸汽温度变化的关系，尽可能不用或少用喷水减温来降低再热蒸汽温度。

（4）若由于设计原因或煤质发生重大变化，使主蒸汽温度或再热蒸汽温度长期偏高或偏低，可考虑对锅炉受热面进行改造。

### 4. 锅炉排烟温度

锅炉排烟温度是指当烟气离开锅炉尾部最后一级受热面时的烟气温度。排烟温度测点应尽可能靠近末级受热面出口处，应采用网格法多点测量平均排烟温度。若锅炉受热面改动，则根据改动后受热面的变化对锅炉进行热力校核计算，用校核计算得出的温度值作为锅炉排烟温度的考核标准。锅炉排烟温度的评价以统计报表、现场检查或测试的数据作为依据。

锅炉排烟温度（修正值）在统计期间平均值不大于规定值的3%。

### 5. 飞灰可燃物

飞灰可燃物指燃料经炉膛燃烧后形成的飞灰中未燃尽的碳的质量百分比。飞灰可燃物的评价以统计报表或现场测试的数据作为依据。

在锅炉额定出力（BRL）下，煤粉燃烧方式的飞灰可燃物 $C_{fa}$ 随着燃煤干燥无灰基挥发分 $V_{daf}$ 的变化见表 3-12。

表 3-12　飞灰可燃物 $C_{fa}$ 随燃煤干燥无灰基挥发分 $V_{daf}$ 的变化关系　　　　%

| $V_{daf}$ | $V_{daf}<6$ | $6{\leqslant}V_{daf}<10$ | $10{\leqslant}V_{daf}<15$ | $15{\leqslant}V_{daf}<20$ | $20{\leqslant}V_{daf}<30$ | $V_{daf}{\geqslant}30$ |
|---|---|---|---|---|---|---|
| $C_{fa}$ | 20~10 | 10~4 | 8~2.5 | 6~2 | 5~1 | 3.5~0.5 |

注：认为大渣含碳量大致与飞灰基本相同。

执行标准

（1）DL/T 567.3　火力发电厂燃料试验方法　飞灰和炉渣样品的采集。

（2）DL/T 567.4　火力发电厂燃料试验方法　入炉煤和入炉煤粉、飞灰和炉渣样品的制备。

（3）DL/T 567.6　火力发电厂燃料试验方法　飞灰和炉渣可燃物测定方法。

### 6. 排烟含氧量

排烟含氧量是指锅炉省煤器前或后（对于空气预热器和省煤器交错布置的锅炉，选用高温段省煤器前或后）的烟气中含氧的容积含量百分率（%）。每台锅炉都有其最佳的排烟含氧量，过大过小都会降低锅炉热效率。排烟含氧量的监督以报表、现场检查或测试的数据作为依据。

统计期排烟含氧量为规定值的 $\pm 0.5\%$。

（1）炉膛出口氧量的统计计算

炉膛出口的氧量是表征锅炉的配风、燃烧状况的重要因素，因炉膛出口烟气温度较高，锅炉运行中监测的氧量测点一般不设在炉膛出口，而是设在锅炉省煤器前或后，因此应采取下式予以修正。

$$\alpha = \alpha_{s2} - \sum \alpha \qquad (3\text{-}49)$$

式中　$\alpha$——炉膛出口过量空气系数；

　　$\alpha_{s2}$——省煤器出口过量空气系数；

　　$\sum \alpha$——炉膛出口至省煤器出口烟道各段漏风系数之和。

（2）执行标准

GB 10184　电站锅炉性能试验规程。

### 7. 空气预热器漏风系数及漏风率

空气预热器漏风系数是指空气预热器烟道出、进口处的过量空气系数之差。空气预热器漏风率是指漏入空气预热器烟气侧的空气质量占进入空气预热器烟气质量的百分率。

预热器漏风系数或漏风率应每月或每季度测量一次，以测试报告的数据作为监督依据。

管式预热器漏风系数每级不大于 0.05。

热管式预热器漏风系数每级不大于 0.01。

回转式预热器漏风率不大于 10%。

（1）空气预热器漏风系数和漏风率测试计算方法

① 漏风率的计算公式

$$A_L = \frac{\Delta m_k}{m_y'} \times 100 = \frac{m_y'' - m_y'}{m_y'} \times 100\% \qquad (3\text{-}50)$$

上式可改写为

$$A_L = \frac{m_k' - m_k''}{m_y'} \times 100\% \qquad (3\text{-}51)$$

式中　$A_L$——漏风率，%；

　　$m_y'$、$m_y''$——烟道进、出口处烟气质量，$mg/kg$、$mg/m^3$；

　　$\Delta m_k$——漏入空气预热器烟气侧的空气质量，$mg/kg$、$mg/m^3$；

　　$m_k'$、$m_k''$——空气预热器进、出口空气质量，$mg/kg$、$mg/m^3$。

② 漏风率测定。同时测定相应烟道进、出口烟气的三原子气体（$RO_2$）体积含量百分率，并按下面经验公式计算。

$$A_L = \frac{RO_2' - RO_2''}{RO_2''} \times 90 \qquad (3\text{-}52)$$

式中　$RO_2'$、$RO_2''$——相应烟道进、出口烟气三原子气体（$RO_2$）体积含量百分率，%。

③ 漏风率与漏风系数的换算。漏风率与漏风系数按下式进行换算。

$$A_L = \frac{\alpha'' - \alpha'}{\alpha'} \times 90 \qquad (3\text{-}53)$$

式中 $\alpha'$、$\alpha''$——烟道进、出口处烟气过量空气系数。

④ 烟气过量空气系数

$$\alpha=\frac{21}{21-(O_2-2CH_4-0.5CO-0.5H_2)}\approx\frac{21}{21-O_2} \tag{3-54}$$

式中 $O_2$、$CH_4$、$CO$、$H_2$——排烟的干烟气中 $O_2$、$CH_4$、$CO$ 和 $H_2$ 的容积含量百分率，%。

（2）执行标准

① GB/T 10184 电站锅炉性能试验规程。

② DL/T 750 回转式空气预热器运行维护规程。

③ DL/T 748.8 火力发电厂锅炉机组检修导则 第8部分 空气预热器检修。

④ JB/T 1616 管式空气预热器 技术条件。

**8. 除尘器漏风率**

除尘器漏风率是指漏入除尘器的空气质量占进入除尘器的烟气质量的百分率。漏风率的测试方法一般采用氧量法。除尘器漏风率至少检修前后测量一次，以测试报告的数据作为评价依据。

电气除尘器漏风率：小于 300MW 机组除尘器漏风率不大于 5%，大于或等于 300MW 机组除尘器漏风率不大于 3%。

布袋除尘器漏风率不大于 3%。

水膜式除尘器和旋风除尘器等除尘器漏风率不大于 5%。

（1）电除尘器漏风率测试计算方法

① 电除尘器漏风率定义

$$\Delta\alpha=\frac{Q''-Q'}{Q'}\times100\% \tag{3-55}$$

式中 $Q''$——电除尘器出口标准状态下的烟气量，$m^3/h$；

$Q'$——电除尘器进口标准状态下的烟气量，$m^3/h$。

② 除尘器漏风率测试方法

a. 用分析仪测量电除尘器进、出口烟气中三原子气体成分的变化，根据进、出口烟气中 $RO_2$ 的变化，依下式计算除尘器的漏风率。

$$\Delta\alpha=\frac{RO_2'-RO_2''}{RO_2''}\times100\% \tag{3-56}$$

式中 $RO_2'$——除尘器进口烟气中 $RO_2$ 成分，%；

$RO_2''$——除尘器出口烟气中 $RO_2$ 成分，%。

b. 用氧量计测量除尘器进、出口含氧量差，用下式计算除尘器的漏风率。

$$\Delta\alpha=\frac{O_2''-O_2'}{k-O_2'} \tag{3-57}$$

式中 $O_2'$——除尘器进口烟气中含氧量，%；

$O_2''$——除尘器出口烟气中含氧量，%；

$k$——当地大气中含氧量，%。

③ 旋风除尘器气密性试验。旋风除尘器进行气密性试验时，试验压力为 4900Pa，压力应缓慢上升，达到试验压力后，在 5min 以内压力降不超过 5％为合格。

（2）执行标准

① JB/T 8536　电除尘器　机械安装技术条件。

② DL/T 461　燃煤电厂电除尘器运行维护导则。

③ GB/T 13931　电除尘器　性能试验方法。

④ JB/T 8471 袋式除尘器安装技术要求与验收规范。

⑤ JB/T 8532　脉冲喷吹类袋式除尘器。

⑥ JB/T 8533　回转反吹类袋式除尘器。

⑦ GB 15187　湿式除尘器性能试验方法。

⑧ GB 12138　袋式除尘器性能试验方法。

⑨ DL/T 748.6 火力发电厂锅炉机组检修导则　第 6 部分　除尘器检修。

### 9. 吹灰器投入率

吹灰器投入率是指考核期间内吹灰器正常投入台次与该装置应投入台次之比值的百分数。吹灰器投入率的监督以报表、现场检查或测试的数据作为依据。

### 10. 煤粉细度

随着煤粉变细磨煤机电耗和磨损增加而锅炉燃烧效率提高，因此存在一个经济煤粉细度，应由试验确定。对于燃用无烟煤、贫煤和烟煤时，煤粉细度可按 $R_{90}$ 可按 $0.5nV_{daf}$（$n$ 为煤粉均匀性指数）选取，煤粉细度 $R_{90}$ 的最小值应控制不低于 4％。当燃用褐煤和油页岩时，煤粉细度 $R_{90}$ 取 35％～60％。煤粉细度的测定按照 DL/T 567.5 进行。

（1）煤粉细度的测试方法

① 煤粉细度是指经过专用筛筛分后，余留在筛子上的煤粉质量占筛分前煤粉总质量的百分数。

② 煤粉越细，单位质量的煤粉表面积越大，加热升温、挥发分的析出及燃烧速度越快，机械未完全燃烧热损失减低，锅炉效率提高。但煤粉越细，磨煤机耗电量增大，因此根据煤质情况、可磨性指数选择合适的磨煤机，如钢球磨、风扇磨和中速磨等，同时确定最佳的煤粉细度。

③ 测定步骤：将底盘、孔径 90μm 及 200μm 的筛子自下而上依次重叠在一起；称取煤粉样 25g（称准到 0.01g），置于孔径为 200μm 的筛内，盖好筛盖；将上述已叠置好的筛子装入振筛机的支架上；振筛 10min，取下筛子，刷孔径 90μm 筛的筛底一次，装上筛子再振筛 5min（若再振筛 2min，筛下煤粉量不超过 0.1g，则认为筛分完全）；取下筛子，分别称量孔径为 200μm 和 90μm 筛上残留的煤粉量，称准到 0.01g；根据筛上残留煤粉质量计算出煤粉细度。

$$R_{200} = \frac{A_{200}}{G} \times 100\% \tag{3-58}$$

$$R_{90} = \frac{(A_{200} + A_{90})}{G} \times 100\% \tag{3-59}$$

式中　$R_{200}$——未通过 $200\mu m$ 筛上的煤粉质量占试样质量的百分数，%；

　　　$R_{90}$——未通过 $90\mu m$ 筛上的煤粉质量占试样质量的百分数，%；

　　$A_{200}$——$200\mu m$ 筛上的煤粉质量，g；

　　$A_{90}$——$90\mu m$ 筛上的煤粉质量，g；

　　$G$——煤粉试样质量，g。

④ 煤粉细度应定期测试。

（2）执行标准　DL/T 567.5　火力发电厂燃料试验方法　煤粉细度的测定。

### 11. 制粉系统漏风

制粉系统漏风的起点为干燥剂入磨煤机导管断面，终点在负压下运行的设备为排粉机入口，在正压下运行的设备为分离器出口断面。制粉系统的漏风系数见表 3-13。

**表 3-13　制粉系统的漏风系数**

| 名　　称 | 钢球磨煤机 | | 中速磨煤机 | 风扇磨煤机 | |
|---|---|---|---|---|---|
| 制粉系统型式 | 贮仓式 | 直吹式 | 负压 | 不带烟气下降管 | 带烟气下降管 |
| 漏风系数 | 0.2～0.4 | 0.25 | 0.2 | 0.2 | 0.3 |

基本要求：

① 采用烟气干燥的制粉系统，漏风系数测试方法与空气预热器的漏风系数测试方法相同，对于负压制粉系统，应定期开展制粉系统漏风系数的测试。

② 在运行中重点检查锁气门、人孔门和风门等处可能引起漏风的部位。

### （四）汽轮机技术经济指标计算

### 1. 汽轮机热耗率

热耗率是指汽轮机（燃气轮机）系统从外部热源取得的热量与其输出功率之比 ［kJ/(kW·h)］。即

$$q=\frac{Q_{sr}-Q_{gr}}{P_{qj}} \tag{3-60}$$

式中　$q$——热耗率，kJ/(kW·h)；

　　$Q_{sr}$——热耗量，kJ/h；

　　$Q_{gr}$——机组供热量，参见有关供热指标计算部分，kJ/h；

　　$P_{qj}$——出线端电功率，kW。

热耗率的试验可分为三级：

一级试验，适用于新建机组或重大技术改造后的性能考核试验；

二级试验，适用于新建机组或重大技术改造后的验收或达标试验；

三级试验，适用于机组效率的普查和定期试验。

一级、二级测试应由具有该项试验资质的单位承担，应严格按照国家标准或其他国际标准进行试验；三级试验可参照国家标准，通常只进行第二类参数修正。热耗率以统计期最近一次试验报告的数据作为评价依据。

（1）汽轮机热耗率的几点说明

① 汽轮机热耗率是表征汽轮机设计、制造、安装和运行的综合经济指标。热耗率可分为考核性热耗率和实际运行热耗率。所谓考核性热耗率是严格按照汽轮机性能试验标准进行测试的热耗值，实际运行热耗率是考虑了机组实际运行状况经过试验确定的热耗值。

② 汽轮机性能试验规程规定的热耗率是经过试验测定的试验热耗率经过第一类系统修正和经过第二类参数修正后而得到的热耗值，主要表征汽轮机本体部分的性能。而试验热耗率一般仅经过二类参数修正（排汽最好按照循环水温度进行修正），即表征了了汽轮机主机、回热设备和汽轮机回热系统的综合性能。

③ 针对目前对汽轮机热耗率试验的目的、方法和标准的不同，确定不同的试验标准，通常对新建或重大技术改造的机组常用国际通用标准，而新建机组投产达标试验或检修前后的性能试验多采用国家标准。

④ 目前我国汽轮机方面的热力试验常采用的国际标准有 ASME PTC6-1996，全面试验的不确定度小于 0.25%，简化试验的不确定度小于 0.34%；IEC60953 方法 A 试验不确定度小于 0.3%，方法 B 小于 0.9%~1.2%；国家标准 GB/T 8117—87 的不确定度为 1%。

⑤ 由于汽轮机热耗率试验采用的方法不同，其精度和结果的绝对值有差别，特别是机组检修前后的热力试验，通常流量测量采用现场的流量装置，其不确定度较大。因此将热耗率的试验划分为三级。并规定一级、二级试验应由具有试验资质的单位来承担。

（2）执行标准

① ASME PTC6　汽轮机性能验收试验规程。

② IEC60953-1　汽轮机热验收试验规则　方法 A　大型冷凝式汽轮机的高精度。

③ IEC60953-2　汽轮机热验收试验规则　方法 B　各种型式和尺寸的汽轮机大量程精度。

④ IEC60953-3　汽轮机热验收试验规则　第 3 部分　改型汽轮机热性能验证试验。

⑤ GB/T 8117　汽轮机热力性能验收试验规程。

⑥ 火电机组启动验收性能试验导则。

**2. 汽轮机热耗量**

热耗量是指汽轮发电机组从外部热源所取得的热量。

一般计算中，"原因不明"的泄漏量不应超过额定负荷下主蒸汽流量 0.5%。

（1）再热机组热耗量的计算公式为

$$Q_{sr} = D_{zq} h_{zq} - D_{gs} h_{gs} + D_{zr} h_{zr} - D_{lzr} h_{lzr} - D_{gj} h_{gj} - D_{zj} h_{zj} \tag{3-61}$$

式中　$Q_{sr}$——热耗量，kJ/h；

　　　$D_{zq}$——汽轮机主蒸汽流量，kg/h；

　　　$h_{zq}$——汽轮机主蒸汽焓值，kJ/kg；

　　　$D_{gs}$——最终给水流量，kg/h；

　　　$h_{gs}$——最终给水焓值，kJ/kg；

$D_{zr}$——汽轮机再热蒸汽流量，kg/h；

$h_{zr}$——汽轮机再热蒸汽焓值，kJ/kg；

$D_{lzr}$——冷再热蒸汽流量，kg/h；

$h_{lzr}$——冷再热蒸汽焓值，kJ/kg；

$D_{gj}$——再热器减温水流量，kg/h；

$h_{gj}$——再热器减温水焓值，kJ/kg；

$D_{zj}$——过热器减温水流量，kg/h；

$h_{zj}$——过热器减温水焓值，kJ/kg。

（2）非再热机组热耗量的计算公式为

$$Q_{sr} = D_{zq}h_{zq} - D_{gs}h_{gs} - D_{gj}h_{gj} \tag{3-62}$$

式中　$Q_{sr}$——热耗量，kJ/h；

$D_{zq}$——汽轮机主蒸汽流量，kg/h；

$h_{zq}$——汽轮机主蒸汽焓值，kJ/kg；

$D_{gs}$——最终给水流量，kg/h；

$h_{gs}$——最终给水焓值，kJ/kg；

$D_{gj}$——再热器减温水流量，kg/h；

$h_{gj}$——再热器减温水焓值，kJ/kg；

汽轮机主蒸汽流量计算公式为

$$D_{zq} = D_{gs} - D_{bl} - D_{ml} - D_{sl} + D_{gj} \tag{3-63}$$

式中　$D_{zq}$——汽轮机主蒸汽流量，kg/h；

$D_{gs}$——最终给水流量，kg/h；

$D_{bl}$——炉侧不明泄漏量（如经不严的阀门漏至热力系统外），kg/h；

$D_{ml}$——锅炉明漏量（如排污等），kg/h；

$D_{sl}$——汽包水位的变化当量，kg/h；

$D_{gj}$——再热器减温水流量，kg/h。

再热蒸汽流量（$D_{zr}$）计算公式为

$$D_{zr} = D_{zq} - D_{gl} - D_{gn} - D_{he} - D_x + D_{zj} - D_{zqt} \tag{3-64}$$

式中　$D_{zq}$——汽轮机主蒸汽流量，kg/h；

$D_{gl}$——高压门杆漏汽量，kg/h；

$D_{gn}$——高压缸前后轴封漏汽量，kg/h；

$D_{he}$——高压缸抽汽至高压加热器汽量，kg/h；

$D_x$——高压缸漏至中压缸漏汽量，kg/h；

$D_{zqt}$——冷段再热蒸汽供厂用抽汽等其他用汽量，kg/h。

**3. 汽轮机主蒸汽压力**

汽轮机主蒸汽压力是指汽轮机进口，靠近自动主汽门前的蒸汽压力。如果有多条管道，取算术平均值。主蒸汽压力的评价以统计报表、现场检查或测试的数据作为依据。

统计期平均值不低于规定值0.2MPa，滑压运行机组应按设计（或试验确定）的滑压运行曲线（或经济阀位）对比考核。

### 4. 汽轮机主蒸汽温度

汽轮机主蒸汽温度是指汽轮机进口，靠近自动主汽门前的蒸汽温度，如果有多条管道，取算术平均值。主蒸汽温度的评价以统计报表、现场检查或测试的数据作为依据。

统计期平均值不低于规定值 3℃，对于两条以上的进汽管路，各管温度偏差应小于 3℃。

### 5. 汽轮机再热蒸汽温度

汽轮机再热蒸汽温度是指汽轮机中压缸进口，靠近中压主汽门前的蒸汽温度。如果有多条管道，取算术平均值。再热蒸汽温度的评价以统计报表、现场检查或测试的数据作为依据。

统计期平均值不低于规定值 3℃，对于两条以上的进汽管路，各管温度偏差应小于 3℃。

（1）主蒸汽压力增加，可使热耗降低，但压力升高超过允许范围，将引起调节级叶片过负荷，影响机组安全性。对于定压运行机组，通过加强锅炉燃烧调整来保持汽轮机进汽压力稳定；对于定—滑—定运行的机组，应通过试验，确定最佳的定、滑压曲线，按定、滑压曲线运行。

（2）主蒸汽温度的增加将提高机组的经济性，设计的额定主蒸汽温度是材料允许长期工作的温度，温度过高将影响机组的安全性和降低机组使用寿命。主蒸汽温度降低，使汽轮机热耗增加，应通过锅炉燃烧调整来保持主蒸汽温度在规定值的范围内。

（3）再热蒸汽温度与主蒸汽温度的控制类似。

（4）在管理上，开展小指标竞赛，提高运行人员的责任心，通常要求主蒸汽参数压红线运行。

（5）对一些老机组，可进行 DCS 系统改造，汽温汽压投入自动调节方式。

（6）机炉电运行人员加强协调，当负荷发生变化时，预先通知锅炉运行人员，做好蒸汽参数的调整准备。

（7）当蒸汽温度长期低于设计值且幅度较大时，可考虑经过改造来解决。

### 6. 最终给水温度

最终给水温度是指汽轮机高压给水加热系统大旁路后的给水温度值。最终给水温度的评价以统计报表、现场检查或测试的数据作为依据。

统计期平均值不低于对应平均负荷设计的给水温度。

### 7. 高压给水旁路漏泄率

高压给水旁路漏泄率指高压给水旁路漏泄量与给水流量的百分比。用最后一个高压给水加热器（或最后一个蒸汽冷却器）后的给水温度与最终给水温度的差值来监测。高压给水旁路漏泄状况应每月测量一次。

最后一个高压给水加热器（或最后一个蒸汽冷却器）后的给水温度应等于最终给水温度。

（1）基本要求

① 电厂应根据制造厂的设计资料或经过测试，绘制给水温度与负荷的关系曲线。

② 若给水温度有专用测点，应定期采用专用仪表测试并与运行值比较。

③ 对母管制机组，建议在每台机组给水旁路后安装温度测点予以监测。

④ 发现给水温度发生变化或偏离对应规定值较大时，应查找原因予以解决。

（2）提高给水温度的技术措施

① 最终给水温度主要受高压加热器进汽压力、运行可靠性、给水旁路状况等因素影响，运行中应密切注意高压加热器的运行情况。

② 经常对最后一级高压加热器出口温度和最终给水温度比较，判断高加旁路是否漏泄，应合理调整高加旁路门的开关设定值，必要时进行手动校严。

③ 检修时应清扫加热器管子，保持加热器清洁，降低加热器端差。

④ 消除高压加热器水室隔板的漏泄现象，防止给水短路，保证加热器出口温度正常。

⑤ 若加热器出口温度降低，应检查加热器进汽门是否处于全开状态。

⑥ 高压加热器若随机启停时，应合理控制加热器启停温升速率。

（3）执行标准

① JB/T 8190 高压加热器技术条件。

② JB/T 5862 汽轮机表面式给水加热器性能试验规程。

### 8. 加热器端差

加热器端差分为加热器上端差和加热器下端差。加热器上端差是指加热器进口蒸汽压力下的饱和温度与水侧出口温度的差值。加热器下端差是指加热器疏水温度与水侧进口温度的差值。加热器端差应在 A/B 级检修前后测量。

统计期加热器端差应小于加热器设计端差。

（1）基本要求

终端端差（上端差）：设有内置式蒸汽冷却段加热器的终端端差应不小于−2℃，无蒸汽冷却段的加热器的终端端差应不小于1℃。当终端端差要求小于−2℃时，应采用外置式蒸汽冷却器。

疏水冷却段端差（下端差）：设有内置式疏水冷却段加热器的疏水端差应不小于5.5℃，当疏水端差要求小于5.5℃时，应采用外置式疏水冷却器。

（2）测试注意事项

测试的加热器主要有高压加热器、低压加热器和热网加热器等。加热器的进汽压力、进口水温度、出口水温度，疏水温度应靠近加热器侧。在 A/B 级检修前后测量时可以采用专用仪表，也可以使用现场运行仪表。一般机组负荷在100%额定负荷，稳定运行1h，测试1h，记录间隔≤5min，取其平均值进行计算，并编制测试报告。

（3）执行标准

① JB/T 8190 高压加热器技术条件。

② JB/T 5862 汽轮机表面式给水加热器性能试验规程。

### 9. 高压加热器投入率

高压加热器投入率是指高压加热器投运小时数与机组投运小时数的百分比。计算公式如下：

$$高压加热器投入率=\left(1-\frac{\sum 单台高压加热器停运小时数}{高压加热器总台数×机组投运小时数}\right)×100\%\quad(3-65)$$

高压加热器随机组启停时投入率不低于 98%；高压加热器定负荷启停时投入率不低于 95%，不考核开停调峰机组。

（1）基本要求

高压加热器投入率与高压加热器启动方式、运行操作水平、运行中给水压力的稳定程度和高压加热器健康水平有关。

（2）执行标准

① JB/T 8190　高压加热器技术条件。

② JB/T 5862　汽轮机表面式给水加热器性能试验规程。

③ GB 10865　高压加热器技术条件。

**10. 胶球清洗装置投入率**

胶球清洗装置投入率是指胶球清洗装置正常投入次数与该装置应投入次数之比的百分数。

统计期胶球清洗装置投入率不低于 98%。

**11. 胶球清洗装置收球率**

胶球清洗装置收球率是指每次胶球投入后实际回收胶球数与投入胶球数之比的百分数。胶球清洗装置收球率以统计报告和现场实际测试数据作为评价依据。

统计期胶球清洗装置收球率不低于 95%。

（1）胶球清洗装置的基本要求

收球网一般设计成活动式，水阻应小于 3900Pa。收球网网板的控制系统应有手动和自动，要有足够的传递扭矩，实现正确控制。网板与筒体圆弧，要较好吻合。胶球泵应有足够的扬程和流量，泵进口连接管路应严密，以保证胶球正常运行。胶球清洗系统管路应短直、弯头圆滑、管内清洁、管系严密不漏。管路系统阻力满足要求。胶球清洗装置材质符合循环水质的要求。

按 DL/T 581 的规定，收球率超过 90% 为合格；达到 94% 为良好；达到 97% 为优秀。本导则确定胶球清洗装置投入率不低于 98%。

合格的胶球应耐磨，质地柔软富于弹性，材质均匀，气孔均匀贯通，干态胶球直径误差不大于公称直径的 ±2% 且不超过 ±0.4mm；湿态胶球视相对密度为 1.00～1.15，在使用期内及 5～45℃ 水温下胶球直径胀大不超标且不老化，湿态胶球直径比凝汽器冷却管（以下简称冷却管）的内径大 1～2mm。

（2）测试的基本要求

① 正常投球量：指投入运行的胶球数量是凝汽器单侧单流程冷却管根数的 8%～14%。胶球循环一次时间短的取下限或接近下限，反之亦反。多数情况下，胶球循环一次的时间在 20～40s 之间。

② 收球率：在满足系统布置、设备安装及运行条件下，正常投球量，胶球清洗系统

正常运行 30min，收球 15mim，收回的胶球数与投入运行的胶球数的百分比。

（3）执行标准

① JB/T 9633　凝汽器　胶球清洗装置

② DL/T 581　凝汽器胶球清洗装置和循环水二次过滤装置

③ DL/T 932　凝汽器与真空系统运行维护导则

### 12. 凝汽器真空度

（1）基本要求

凝汽器真空度是指汽轮机低压缸排汽端（凝汽器喉部）的真空占当地大气压力的百分数。

对于具有多压凝汽器的汽轮机，先求出各凝汽器排汽压力所对应蒸汽饱和温度的平均值，再折算成平均排汽压力所对应的真空值。

对于闭式循环水系统，统计期凝汽器真空度的平均值不低于 92%。

对于开式循环水系统，统计期凝汽器真空度的平均值不低于 94%。

循环水供热机组仅考核非供热期，背压机组不考核。

（2）统计计算方法

凝汽器内的真空是依靠汽轮机排汽在凝汽器内迅速凝结成水，体积急剧缩小而形成的。凝汽器的真空越高也就是汽轮机的排汽压力越低，则汽轮机的有效熔降越大，做功能力越强。评价凝汽器真空状态的指标为凝汽器真空度。

$$凝汽器真空度(\%)=\frac{凝汽器真空值(\mathrm{kPa})}{当地大气压力(\mathrm{kPa})}\times100\%$$

$$=\left(1-\frac{汽轮机排汽压力绝对值(\mathrm{kPa})}{当地大气压力(\mathrm{kPa})}\right)\times100\% \tag{3-66}$$

若用于不同地区凝汽器真空度指标的比较，建议采用下列公式：

$$凝汽器真空度(\%)=\left(1-\frac{汽轮机排汽压力绝对值(\mathrm{kPa})}{98.1(\mathrm{kPa})}\right)\times100\% \tag{3-67}$$

测量汽轮机排汽压力的一次测量元件应优先选择网笼探头或导流板静压测针，通常在每个凝汽器喉部安装四个一次元件，采用并联方式测量凝汽器的平均排汽压力（传统的凝汽器真空测量为凝汽器喉部壁面取压方式）。测量汽轮机排汽压力的二次测量元件优先选用绝对压力变送器，精度等级不低于 0.1 级。

闭式循环水系统是指采用冷却水塔或冷却水池的循环水系统。开式循环水系统是指采用江水、河（湖）水、海水的循环水系统。

单压凝汽器直接测量排汽压力（kPa）。

双压凝汽器的蒸汽凝结温度：$t_s=\dfrac{t_{s1}+t_{s2}}{2}$，℃

双压凝汽器的平均排汽压力：$p_c=f(t_s)$，kPa

式中　$t_s$——双压凝汽器平均蒸汽凝结温度，℃；

　　　$t_{s1}$——低压凝汽器蒸汽凝结温度，℃；

　　　$t_{s2}$——高压凝汽器蒸汽凝结温度，℃。

通常凝汽器设计排汽压力在 4.9～5.2kPa 之间，在实际运行中，排汽压力受许多因素影响（冷却水温度、汽轮机效率、真空系统严密性、凝汽器管束换热效率等），往往达不到凝汽器特性曲线的设计规定值，因此留有一定的裕度。闭式循环水温度与冷却装置有较大关系，故闭式循环水系统较开式循环水系统的真空度低 2%。本标准的凝汽器真空度的平均值通常是指循环水温度为全年平均温度条件下的规定值。

（3）执行标准

① JB/T 3344　凝汽器　性能试验规程

② DL/T 932　凝汽器与真空系统运行维护导则

### 13. 真空系统严密性

真空系统严密性是指真空系统的严密程度，以真空下降速度表示。试验时，负荷稳定在 80% 以上，在停止抽气设备的条件下，试验时间为 6～8min，取后 5min 的真空下降速度的平均值（Pa/min）。真空系统严密性至少每月测试一次，以测试报告和现场实际测试数据作为评价依据。

对于湿冷机组，100MW 及以下机组的真空下降速度不高于 400Pa/min，100MW 以上机组的真空下降速度不高于 270Pa/min；对于空冷机组，300MW 及以下机组的真空下降速度不高于 130Pa/min，300MW 以上机组的真空下降速度不高于 100Pa/min；背压机组不考核，循环水供热机组仅考核非供热期。

（1）湿冷机组真空系统严密性测试方法

① 停机时间超过 15 天时，机组投运后 3 天内应进行真空系统严密性试验。

② 机组正常运行时，每一个月应进行一次真空系统严密性试验。

③ 试验时，机组负荷应稳定在 80% 额定负荷以上。

④ 关闭凝汽器抽气出口门，停运抽气设备，30s 后开始记录，记录 8min，取其中后 5min 内的真空下降值计算每分钟的真空平均下降值。

⑤ 100MW 及以下机组的真空下降速度不高于 400Pa/min，100MW 以上机组的真空下降速度不高于 270Pa/min。

⑥ 漏入空气量计算。根据美国传热学会推荐公式由真空下降速度近似求出漏入的空气量。

$$G_a = 1.657 V \left( \frac{\Delta p}{\Delta t} \right) \tag{3-68}$$

式中　$G_a$——漏入空气量，kg/h；

　　　$V$——处于真空状态下的设备容积，m³；

　　$\dfrac{\Delta p}{\Delta t}$——真空下降速度，kPa/min。

（2）直接空冷凝汽器气密性和真空系统严密性试验

① 空冷系统安装结束后（或大修期间），要对整个系统进行气密性试验。

试验范围：汽轮机排汽装置出口开始的排汽管道和配汽管道、空气冷凝器的换热器管束、其他连接管路（凝结水管路，抽气管路）、凝结水箱、疏水箱等。排汽管路上的安全阀（若有）应拆卸，爆破膜应取出并将管口封盖，相邻的系统和管路应进行密封隔离。

试验顺序：将系统充压至 0.02MPa，每隔 15min 观察记录压力表的压力变化，同时记录环境温度的变化。在温度恒定的条件下，在测试期间（通常 6~24h）应没有明显的压力衰减。当压力下降未超过 10kPa/24h 时，可以认为系统的气密性是充分的。

② 空冷系统调试期和正常运行中，要对整个系统进行严密性试验。

在机组正常运行过程中，应进行真空严密性试验，以测试机组及冷凝汽器内部的空气泄漏程度。要求在汽轮机负荷稳定在 80% 以上，背压不低于 10kPa，关闭真空泵，30s 后记录真空值，共记录 8min，取后 5min 真空下降值。300MW 及以下机组的真空下降速度不高于 130Pa/min，300MW 以上机组的真空下降速度不高于 100Pa/min。

③ 空冷系统真空严密性评价取值主要考虑以下三点：一是对于直接空冷机组，由于整个排汽系统和散热元件都是焊接的，正常情况下不允许有泄漏；二是空冷机组的抽真空设备与湿冷机组基本相同，即抽干空气量的能力相当，由于同容量的空冷机组真空系统容积是湿冷机组的 3~4 倍，因此，真空系统严密性也要求成比例缩小；三是从国内外供货厂商的资料来看，通常保证真空系统严密性在 80~150Pa 之间。

（3）执行标准

① DL/T 904　火力发电厂技术经济指标计算方法。

② DL/T 932　凝汽器与真空系统运行维护导则。

③ DL/T 552　火力发电厂空冷塔及空冷凝汽器试验方法。

### 14. 凝汽器端差

凝汽器端差是指汽轮机排汽压力下的饱和温度与凝汽器循环水出口温度之差（℃）。对于具有多压凝汽器的汽轮机，应分别计算各凝汽器端差。凝汽器端差以统计报表或测试的数据作为评价依据。

（1）凝汽器端差可以根据循环水温度制定不同的考核值：

① 当循环水入口温度小于或等于 14℃时，端差不大于 9℃；

② 当循环水入口温度大于 14℃小于 30℃时，端差不大于 7℃；

③ 当循环水入口温度大于等于 30℃时，端差不大于 5℃；

④ 背压机组不考核，循环水供热机组仅考核非供热期。

（2）凝汽器端差的统计与计算

凝汽器传热端差是反映凝汽器传热状况的指标。传热端差与循环水流量、流速、凝汽器冷却面积、凝汽器冷却管清洁系数、真空严密性有关。传热端差的计算公式如下：

传热端差：

$$\delta t = \frac{\Delta t}{e^{\frac{KA}{w}} - 1} \tag{3-69}$$

式中　$\Delta t$——冷却水温升，℃；

$K$——凝汽器内排汽至循环冷却水的平均总体传热系数，kJ/(m²·h·℃)；

$A$——凝汽器的冷却面积 m²；

$w$——循环冷却水量，kg/h。

在实际运行中，凝汽器的端差可表示为：

$$\delta t = t_s - t_{w2} \tag{3-70}$$

式中　$t_s$——汽轮机排汽压力下的饱和温度，℃；

　　　$t_{w2}$——循环水出口温度，℃。

（3）端差、负荷率、冷却水温度的关系

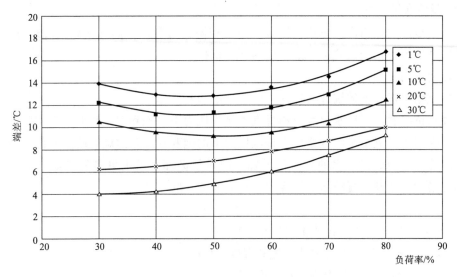

图 3-2　端差、负荷率、冷却水温度的关系曲线

为便于对凝汽器端差的评价，可以通过凝汽器试验，得出凝汽器端差、负荷率、冷却水温度的关系曲线（图 3-2）。如果没有试验曲线，也可用 A·B 雪格里雅耶夫提出的经验公式计算出端差：

$$\delta t = \frac{M}{31.5 + t_1}(d_K + 7.5) \tag{3-71}$$

式中　$M$——系数，$M = 5 \sim 7$，凝汽器工作状况良好时取 $M$ 为较小值；

　　　$d_K$——凝汽器单位蒸汽负荷，$kg/(m^2 \cdot h)$。

$$d_K = \frac{D_K}{A} \tag{3-72}$$

$D_K$——进入凝汽器内的蒸汽量，$kg/h$。

上式不仅可以用来求出机组在不同工况下的凝汽器的端差而且可以起到与凝汽器试验曲线相同的作用，判断凝汽器工作是否正常。

随着季节和地理位置的不同，自然环境温度也不同，凝汽器冷却水的进水温度也就不同。在流量一定的情况下，随着进水温度的升高，可从传热的计算中得出，平均总体传热系数 $K$ 要升高，冷却水的温升 $\Delta t$ 也相应升高，在数值上温升 $\Delta t$ 升高值要小于总体平均传热系数的升高值，这样传热端差是会有所降低的。而实际中，由于排汽温度 $t_s = t_1 + \Delta t + \delta t$，随着进水温度 $t_1$ 的升高，虽然端差 $\delta t$ 有所降低，但数值上远远弥补不了进水温度的升高值，所以凝汽器的排汽温度也升高。

（4）其他凝汽器的端差

① 间接空冷系统表面式凝汽器（哈蒙系统）的端差不大于 2.8℃。

② 间接空冷系统喷射式凝汽器（海勒系统）的端差不大于 1.5℃。

（5）执行标准

① DL/T 904　火力发电厂技术经济指标计算方法。

② DL/T 932　凝汽器与真空系统运行维护导则。

### 15. 凝结水过冷度

凝结水过冷度是指汽轮机排汽压力下的饱和温度与凝汽器热井水温度之差（℃）。凝结水过冷度以统计报表或测试的数据作为评价依据。

统计期平均值不大于 2℃。

（1）凝结水过冷度的统计与计算

从理想情况看，凝结水温度应和凝汽器排汽压力下的饱和温度相同，但实际运行中由于各种因素影响使凝结水温度略低于排汽压力下的饱和温度，这就是凝结水的过冷。凝结水的过度冷却，导致凝结水的含氧量增加，同时使循环水带走更多的热量，增加回热抽汽，热耗增加。通常，凝结水的过冷度一般为 0.5～2℃。

$$\Delta t_{sc} = t_s - t_{co} \tag{3-73}$$

式中　$\Delta t_{sc}$——同压力下凝结水的过冷度，℃；

　　　$t_s$——排汽压力对应的蒸汽饱和温度，℃；

　　　$t_{co}$——凝汽器热井内凝结水温度，℃。

计算时，排汽压力的饱和温度、凝结水温度均按现场抄表所得当日（或月）的平均值计算。

（2）执行标准

① DL/T 904　火力发电厂技术经济指标计算方法。

② DL/T 932　凝汽器与真空系统运行维护导则。

### 16. 湿式冷却水塔的冷却幅高

湿式冷却水塔的冷却幅高是指冷却水塔出口水温度与大气湿球温度的差值（℃）。冷却水塔的冷却幅高应每月测量一次，以测试报告和现场实际测试数据作为评价依据。

在冷却塔热负荷大于 90％的额定负荷、气象条件正常时，夏季测试的冷却水塔出口水温不高于大气湿球温度 7℃。

（1）冷却幅高

水的冷却极限为空气的湿球温度。当包纱布的温度计上的温度不变时，其指示的温度即为空气的湿球温度。在冷却塔中，冷却后的水温不可能达到空气的湿球温度，总比湿球温度高几度，在逆流冷却塔设计中冷却幅高取 3～5℃。

评价冷却水塔性能的指标之一为冷却塔的冷却能力，但冷却能力的测试比较复杂；指标之二为冷却水的冷却幅宽，但冷却幅宽受许多因素的影响，故本标准选用冷却幅高作为水塔正常运行的评价项目，冷却幅高是反映冷却水塔受环境因素影响的指标。

（2）冷却幅高的统计与计算

① 冷却水塔的出水温度应在出塔水管（沟）处测量，也可用循环水泵进口（或出口）

温度代替。在出水沟道中测量时，宜采用深水温度计，测点布置沿宽度方向不少于 3 处，沿深度方向不少于 2 处。

② 大气湿球温度的测量仪表选用机械通风干湿表，或精度不低于机械通风干湿表的其他测量干、湿球温度的仪表（如标准百叶箱通风干湿表、阿斯曼通风干湿表、百叶箱球状干湿表、百叶箱柱状干湿表、阿费古斯特湿度表）。温度表的分辨率不应大于 0.2℃，精度不应低于 0.5 级。测点布置在被测试冷却塔的上风向，距冷却塔或塔群的进风口30～50m 处，测温仪表应悬挂在通风良好的气象亭内，避免阳光直接照射。仪表距地面高度为 1.5～2.0m。

③ 冷却水塔的冷却幅高应每月测量和计算一次，并提出测试报告。

（3）执行标准

① DL/T 1027　工业冷却塔测试规程。

② CECS-118　冷却塔验收测试规程。

### 17. 阀门漏泄率

阀门漏泄率是指内漏和外漏的阀门数量占全部阀门数量的百分数。对各阀门至少每月检查一次，以检查报告作为评价依据。

阀门漏泄率不大于 3%。

执行标准

① 火电机组达标投产考核标准．国电电源［2001］218 号。

② DL/T 783　火力发电厂节水导则。

### 18. 汽轮机通流部分内效率

汽轮机通流部分内效率是指通流部分的实际焓降与等熵焓降之比。

对排汽为过热蒸汽的高压缸通流部分内效率和中压缸通流部分内效率应每月测试一次，并与设计值进行比较、分析，以测试报告数据作为评价依据。

（1）汽轮机通流部分内效率统计计算方法

汽轮机是电厂的重要设备之一，通流部分内效率是影响机组乃至全厂经济性的重要因素，因此，对汽轮机通流部分效率的评价是非常必要的。

在汽轮机通流部分内蒸汽热能转化为功的过程中，由于进汽节流、汽流通过喷嘴和叶片产生的摩擦，叶片顶部间隙漏汽以及余速损失等，实际上蒸汽的可用焓降只有其中一部分转化为汽轮机内功。

汽轮机的蒸汽初参数为 $p_0$、$t_0$，节流损失 $\Delta p_0$，蒸汽在通流部分膨胀后的排汽压力为 $p_k$，等熵膨胀焓 $h_{kt}$。汽轮机的相对内效率 $\eta_{ri}$ 为蒸汽在汽轮机内做功的有效焓降 $H_i$ 与理想等熵焓降 $H_t$ 之比。

$$\eta_{ri} = \frac{h_0 - h_k}{h_0 - h_{kt}} = \frac{H_i}{H_t} \tag{3-74}$$

对三缸汽轮机，每月测量一次高压缸进汽（主蒸汽）压力、温度，高压缸排汽（再热冷段）压力、温度，中压缸进汽（再热热段）压力、温度，中压缸排汽压力、温度，对双缸汽轮机，只测高压缸参数，根据测试数据计算通流部分内效率。如果有条件，可以测量通流部分各段抽汽参数，绘制通流部分膨胀过程线。对排汽为湿蒸汽的汽轮机或汽缸效率，必须经过专门的性能试验来测试，机组 A 级检修前后应进行低压缸通流部分内效率试验。水和水蒸气性质采用 IAPWS-IF97 公式。

测试时，机组应在额定负荷，参数尽可能接近设计值，机组稳定运行 1h，记录 1h，记录间隔 5min。对于进、排汽多管路的汽轮机，参数应取多管路的平均值。测试结束后，编制测试报告。

（2）汽轮机通流部分内效率的分析

通流部分内效率计算结果应与设计值和历史值进行比较、分析，主要关注以下因素。

① 机组正常老化的水平。

② 汽封漏汽量变化的影响。

③ 各段抽汽量变化的影响。

④ 通流面积变化的影响。

⑤ 配汽机构变化的影响。

⑥ 通流部分是否有旁通现象。

（3）执行标准

① DL/T 893　电站汽轮机名词术语。

② GB 8117　电站汽轮机热力性能验收试验规程。

# 第四章 发电企业节能技术管理

## 第一节 主要设备及系统管理

### 一、锅炉及其辅助系统

锅炉热效率是评价锅炉本身热经济性的主要指标，在分析锅炉热效率的影响因素和提高锅炉热效率的途径的基础上，通过加强管理和技术改造，提高火电厂经济性。

从锅炉正平衡计算热效率分析，除了锅炉运行中正常的排污和疏水造成的汽水损失外，提高锅炉热效率要特别关注锅炉汽水系统的跑、冒、滴、漏热损失，特别是汽水系统的内漏不明损失。从锅炉反平衡计算热效率分析，排烟热损失 $q_2$、固体未完全燃烧热损失 $q_4$ 在锅炉各项热损失中所占的比例较大，在锅炉实际运行中变化也较大，降低这两项损失是提高锅炉热效率的潜力所在。从外界因素分析：一是锅炉在不同负荷下运行时，效率也随之变化，应力求使锅炉负荷稳定并在其高效区运行；二是运行煤种与设计煤种偏差变化对锅炉可靠性、经济性有较大影响，应加强煤质管理。锅炉主要节能技术和技术管理包括以下几方面内容。

#### （一）燃烧调整及优化

锅炉燃烧调整和优化是锅炉节能运行的基本要求，是对锅炉的燃烧系统及其设备进行调整，组织更合理、更完全的燃烧。锅炉炉膛内燃料燃烧的好坏，炉膛温度的高低，煤粉进入炉膛时着火的难易，对飞灰及灰渣可燃物的含量有着直接的影响。炉膛内的燃烧工况不好，就不会有较高的炉膛温度。煤粉进入炉膛后，没有足够的热量预热和点燃，必将推迟燃烧，影响燃料的燃尽。燃烧优化的主要任务是保证锅炉着火及时、燃烧稳定、燃尽。主要包括对燃烧器的风率配比、一次风粉浓度及风量进行调整，掌握燃烧器的特性，使锅炉燃烧处在最佳状态，减少不完全燃烧损失，降低飞灰含碳量，提高锅炉的燃烧效率；保持主、再热蒸汽温度达到额定值，减少主、再热蒸汽的减温喷水，提高机组的热效率；均衡炉膛燃烧温度，减少锅炉受热面的污染或结焦，降低排烟温度，减少排烟热损失，降低 $NO_x$ 的排放量。

##### 1. 为提高燃烧效率的燃烧调整

锅炉排烟热损失完全取决于锅炉排烟温度和排烟量的大小。排烟温度是反映锅炉设计、运行及设备状况的综合性参数。在锅炉运行不合理会引起排烟温度升高或排烟量增大，都会增加排烟热损失，使锅炉热效率下降。固体未完全燃烧热损失的大小主要取决于飞灰和灰渣中的含碳量。在固态排渣煤粉炉中，飞灰占总灰量的比例相当大，约 90％以上，设法降低飞灰中的含碳量尤其重要。通过合理配风、煤粉细度调整和防止受热面结渣和积灰等措施，可以达到降低排烟温度、降低飞灰含碳量的目的。

**【案例】**

某厂锅炉为哈尔滨锅炉厂引进美国 CE 公司技术，自行设计制造的亚临界压力、一次中间再热、自然循环汽包炉，采用单炉体负压炉膛，倒 U 形布置，锅炉型号为 HG-1021/18.2-YM4。锅炉采用正压直吹式制粉系统，配 5 台 MPS 磨煤机，额定负荷下 4 台运行，1 台备用。锅炉的燃烧方式为四角切圆燃烧，在炉膛四角布置煤粉燃烧器，通过燃烧器摆角来调节炉膛火焰中心的位置，改变炉膛出口烟温，实现再热汽温的调节。燃烧调整前，存在排烟温度高的问题。

锅炉燃烧调整优化主要在以下几个方面开展：调整煤粉的细度；调整冷热态通风平衡；炉膛及烟道漏风进行合理调整和控制；采取措施提高空气预热器的运行性能；对过剩空气系数进行合理的调整优化；调整优化一、二次风配比；调整和优化燃烧器顶部风；锅炉吹灰器性能达到最优的调整；运行主要参数的调整和优化。

（1）调整煤粉的细度

锅炉在长期的运行过程中，磨煤机磨辊的磨损，造成磨煤机出口煤粉过粗，增加了不完全燃烧损失。同时着火火炬加长使得火焰中心上移导致排烟温度升高，降低了锅炉热效率。为实现锅炉燃烧的稳定性和经济性，需要保证炉膛温度场良好，必须做到锅炉燃烧的煤粉细度与设计的煤粉细度相符，为此对锅炉进行煤粉细度调整。对磨煤机出口分离器挡板进行调整，使煤粉细度达到或接近设计煤粉细度（$R_{90}=16\%$）。最后记录每台磨煤机出口分离器挡板的开度位置并固定。

（2）调整冷热态通风平衡

经过长期对 3 号锅炉温度场的监测，结果发现温度场不均衡。造成这种现象的主要原因是一次风不均衡。为实现锅炉燃烧的稳定性和经济性，需要保证炉膛空气动力场良好，必须做到一次风调平，为此对 3 号炉进行冷热态通风调整试验。在负荷 260～280MW 工况下进行试验调整。保证每层一次风基本平衡，然后固定截门开度。

（3）炉膛及烟道漏风合理调整和控制

漏风的存在对负压运行的锅炉机组运行经济性影响较大。漏风直接导致排烟损失增加，而且烟道的漏风处越接近炉膛，影响就越大。为此检验各部的漏风情况，通过测量提出调整措施。根据水平烟道过热器出口、省煤器入口、空预器入口处的 $RO_2$ 和 $O_2$ 含量的数据分析，做了相应的调整和控制，达到了预期效果。

（4）对过剩空气系数进行合理的调整优化

过剩空气系数反映锅炉运行的状态是否良好。实际运行过程中氧量值较高，高负荷时氧量显示还不足。为此应该调整以选择比较经济合理的过剩空气系数，将通过试验给出不同负荷选取相应不同的氧量值曲线。低负荷条件下进行氧量调整，要考虑燃烧的稳定性；高负荷条件、常带运行负荷下的氧量调整，要考虑燃烧的经济性。通过过剩空气系数的比较，确定合理氧量为 5.5％左右。

（5）调整优化一、二次风配比

实际运行中主要是一、二次风配比偏离设计值较多。一次风过量，二次风不足现象较严重，以设计值为一、二次风调整的依据。调整了磨煤机冷热风门的开度。根据空预器出入口处的一、二次风风量、风压指示进行风机动叶开度的调整，以给定合理范围。

（6）调整和优化燃烧器顶部风

调整燃烧器顶部二次风的开度为 0、20％、30％、50％、75％、100％，比较变化对锅炉运行的影响程度，确定不同负荷对应合理的顶部风挡板开度最佳的范围。关小顶部二次风 20％左右，在较高负荷下锅炉运行状态较好，预防结焦发生效果明显。

（7）调整锅炉吹灰器性能

鉴于煤质情况及大负荷电量的需要，锅炉吹灰器达到最优性能的调整十分必要。测量吹灰器的汽源压力，调整到合理有效值；调整吹灰器的工作时间至合理，以保证吹灰效果；就地调节的合理选择；吹扫半径满足吹灰效果；控制方式良好。通过调整，锅炉运行时管壁超温情况明显改善。

通过燃烧调整优化，各项技术指标都有明显的改善：结焦次数由原来的每年 9 次降低为 3 次；锅炉设备节约电能指标与同期相比提高 2％左右；降低排烟温度达 10℃。

**2. 为适应煤种变化的锅炉燃烧优化调整**

锅炉是按照一定的煤质设计的，对于燃用不同煤种的锅炉，其炉膛的结构形状和大小，受热面的布置方式及受热面积的大小是不同的，所采用的燃烧设备、制粉系统的形式和布置方式也不一样。改变锅炉设计煤种，对锅炉安全运行会造成不同程度的危害。煤质变差即灰分增大时，一方面会引起固体不完全燃烧损失 $q_4$ 的增加；另一方面，由于煤质变差后，煤粉燃尽时间增加，使得排烟温度和排烟量相应升高，引起排烟热损失 $q_2$ 增加。燃煤的煤质成分对燃烧速度、着火和燃烧完全程度的影响很大。煤中灰的组成不同还直接影响灰熔点的高低，对受热面的结渣、积灰和磨损都有影响。煤中水分过多也不利于燃烧，它使着火困难，并降低燃烧温度，还会使烟气体积增大而降低锅炉热效率。因此，控制煤质发生较大变化对于保证锅炉安全经济运行具有重要意义。

由于煤炭供应的变化，使锅炉燃烧用煤发生了变化，导致煤粉燃烧不完全，飞灰可燃物上升，锅炉效率下降，影响了机组的经济性。因此，为适应煤种变化应进行掺烧混煤的燃烧优化调整试验和必要的技术改造。

掺烧混煤时应注意的问题：第一，煤的混合要均匀，在混合燃烧过程中，如果炉膛前掺混不均，会产生着火较困难和燃烧不稳，要保证进入炉膛的煤粉均匀且符合所要求的无烟煤与烟煤的混合比例，在加煤时对原煤进行合理的掺混，经磨煤机磨出的煤粉在煤粉仓内就不会形成分层；第二，适当提高煤粉细度，煤粉细度的选定主要依据燃煤的挥发分，挥发分高的煤，着火性能好，煤粉可以较粗；挥发分低的煤，着火性能较差，煤粉要求较细；第三，合理配风，提高煤粉细度虽然可以降低飞灰可燃物含量，但同时会使制粉电耗增加。如果能够合理配风，则有可能在不过多增加制粉电耗的前提下，保证煤粉的充分燃尽。

**【案例】**

某电厂 2×220MW 机组采用超高压、中间再热、单汽包、自然循环锅炉，分别于 1990 年 8 月和 1991 年 9 月投产运行至今。锅炉的制粉系统采用正压直吹式制粉系统，每台锅炉配置 4 台 MPS-190 型中速磨煤机，其中 1 台备用。燃烧系统采用 24 台双调风 PAX 型旋流燃烧器、分四层前后墙对冲布置，设计煤种为山西贫煤。

由于煤炭市场的变化，该电厂燃用的煤种由单一的贫煤不得不改为多煤种混合燃烧，因而煤的可燃基挥发分、水分、低位发热量都发生了较大变化，从而导致锅炉的飞灰含碳量较大、锅炉的机械不完全燃烧损失较大、锅炉的给水温度较低、锅炉的排烟温度升高等问题，即现有的燃烧配风方案等措施已不能满足锅炉安全、经济、稳定运行的需要，因此，需要对锅炉的燃烧进行优化调整。

混配煤燃烧优化调整主要有：第一方面，优化调整磨煤机的出口风温。煤粉气流的初始温度越高，煤粉着火所需的着火热越少，着火越容易，同时还降低了火焰中心高度，延长了煤粉在炉膛中的停留时间，从而降低锅炉的飞灰含碳量。但过高的煤粉气流温度，又容易引起煤粉的自燃，导致磨煤机被迫停运，同时着火过早，又可能引起燃烧器周围严重结焦，甚至烧毁燃烧器喷口。因此，选择合适的磨煤机出口风温比较关键。选择磨煤机出口风温可根据燃煤挥发分的大小来决定，当燃煤的挥发分低于 15% 时，控制磨煤机的出口风温≥110℃；当燃煤的挥发分高于 19% 时，控制磨煤机的出口风温≤100℃。第二方面，优化调整一次风速。合适的一次风速对锅炉的燃烧非常有利，又不会导致煤粉管道堵塞。但过高的一次风速又将使煤粉着火推迟，火焰中心升高，导致飞灰可燃物及排烟温度上升，影响锅炉的经济运行。为了保证煤粉细度在一个合适的范围，也要求一次风速在一个合适范围。变一次风速调整试验表明：在机组负荷为 220MW 工况下，一次风速应控制在 28~34m/s 的合理范围内，此时的锅炉燃烧效率达到最高。第三方面：优化调整二次风旋流强度。当 NXK（内旋流叶片开度）在 25% 和 50%、NLK（内风量开度）在 50% 和 75%、WXK（外旋流叶片开度）在 30% 和 50% 时，煤粉火焰比较稳定，燃烧器区域的火焰温度均大于 1121℃；当 NLK 调至 25% 时，燃烧器区域火焰平均温度降至 1096℃；当 NXK 调至 75% 时，燃烧器区域火焰平均温度降至 1081℃；当 WXK 调至 75% 时，燃烧器区域的火焰平均温度降至 1026℃，火检电流由 4.0mA 降至 2.8mA，火焰稳定性在此工况下较差。由此可见，WXK 对煤粉火焰的稳定性影响最大，其次为 NXK，NLK 相对而言影响最小。从以上结果可知，当煤质 $V_{daf}$ 变差时，应首先关小 WXK 或 NXK，提高燃烧器的综合旋流强度，亦即卷吸高温烟气的能力，以提高煤粉火焰的稳定性。当煤质着火性能较好时，特别是着火在喷口边缘时，应适当开大 WXK 或 NXK，以减小燃烧器的综合旋流强度，降低其卷吸高温烟气的能力，以延迟煤粉气流的着火，防止烧损燃烧器喷口或回火。第四方面，优化调整锅炉出口氧量。试验表明锅炉的出口氧量应控制在 2.5%~3.5% 之间，此时的锅炉效率最高。

**3. 结合烟气成分进行燃烧调整**

（1）根据氧量进行燃烧调整

常规的燃烧调整依靠省煤器后烟气氧量指示，控制总送风量，主要是二次风量。

（2）结合烟气中 CO 成分进行燃烧调整

煤粉在炉膛内燃烧，如果燃烧组织的好，CO 的生成量小，一般仅生成小于 0.1% 的 CO。但是如果燃烧组织得不好，在炉膛的局部区域，当烟气的过剩氧量低于 0.5% 时，就会产生大量的 CO，但此时炉膛整体监测部位的氧量或过量空气系数并不小。因此通过氧量来监测和控制燃烧，主要缺点是氧量不能完全直接反映炉内空气和煤粉混合状况的好坏，仅能提供炉膛过量空气系数，氧量测量的代表性不好，特别是对炉膛局部区域的燃烧状况代表性不强。而烟气中存在较高的 CO 成分，表征了炉膛局部区域的还原性气氛，容易导致该区域的结焦或高温腐蚀。对于这样的燃烧状况，可以通过检测贴壁的烟气成分来判断局部火焰中心的偏斜。煤粉锅炉烟气的 CO 浓度，一般为 $0 \sim 1000 \mu mol/mol$，并随着风量下降而上升，当风量下降至某一临界值时，CO 会急剧上升。但燃烧中监测 CO 的缺点是，在大风量下 CO 含量很低，不容易监测准确，同时，在风量大的情况下，其变化非常平稳和缓慢，因此燃烧调整也不能完全依靠监测 CO 的成分。此外炉膛漏风对于 CO 实际含量的测量的影响比氧量实际含量的测量小，对于局部区域的燃烧调整更具有代表性。因此在燃烧优化调整中，采用 CO 和氧量的联合测试和调整，在依靠氧量进行燃烧调整的同时，辅之以锅炉局部区域的依靠 CO 进行燃烧优化，不仅可以实现通常的燃烧监测和控制，而且可以解决锅炉局部区域的结焦、高温腐蚀和火焰中心的偏斜等问题，更能够实现锅炉燃烧的优化和精确控制，实现锅炉燃烧的精细化调整，提高锅炉效率。

结合烟气中 CO 成分分析的燃烧优化调整方法在下面的实际应用中取得很好的效果。

① 对四角切圆燃烧锅炉燃烧优化的应用：进行热态全炉膛水冷壁附近烟气成分测试分析等试验，可以分析定量得到炉膛火焰中心是否偏斜，预防和避免由于火焰中心偏斜所带来的水冷壁爆管和局部燃烧器区域还原性气氛导致水冷壁高温腐蚀和局部结焦等一系列严重后果，确保锅炉水冷壁的安全。在炉膛区域进行 CO 烟气成分的测试，可以根据不同的负荷和煤种，进行合理的配风，其本质相当于炉内热态空气动力场试验。

② 旋流对冲燃烧锅炉燃烧优化的应用：在锅炉省煤器出口，利用网格法测试氧量和 CO 含量，可以直观判断锅炉整体的燃烧状况。进一步依据 CO 的含量以及飞灰可燃物的含量，来判断最佳的燃烧氧量，从而优化燃烧。在一定的风量下，烟气中 CO 的高低直接反映了炉内燃烧状况的优劣。通过测试省煤器出口多点的 CO、$O_2$ 如果 CO 含量较高，根据旋流燃烧器的布置和烟气流动的轨迹，调整相应的单个或相关组的燃烧器风量以降低 CO，直到达到理想的结果。

总之，利用 CO 和氧量含量在锅炉不同区域的测试分析数据，可以准确判断锅炉燃烧状况的优劣并进行燃烧优化调整，使锅炉达到理想的燃烧状态。该方法已成功应用于大型煤粉锅炉燃烧优化试验。

**4. 漏风控制**

（1）防止锅炉漏风，合理控制过量空气系数

送入炉内的空气量不足，不但会产生不完全燃烧气体，还会使炭颗粒燃烧不完全；但空气量过大，又会使炉膛温度下降，影响炭颗粒的完全燃烧，也会增加排烟量，增加送、引风机电耗。因而过量空气系数过大或过小均对炭颗粒的完全燃烧不利，最佳的过量空气

系数应通过燃烧调整确定。

锅炉燃烧生成的烟气量的大小，主要取决于炉内过量空气系数及锅炉的漏风量。但是送入炉膛有组织的总风量却和锅炉燃料燃烧有直接关系，通过优化锅炉燃烧配风，在燃烧合理组织下，应尽可能减少送入锅炉的过剩空气量。大容量锅炉部分都装有氧量表和风量表，正确监视和分析这些表计，是合理用风的基础。

（2）空气预热器漏风控制

大容量锅炉一般采用容克式回转空气预热器，普遍漏风较大，需要传动装置及消耗电能等。锅炉运行中，控制锅炉各部位漏风，特别是空气预热器的漏风，可减少锅炉烟气量。但排烟温度过低，会导致空气预热器结露、积灰和腐蚀，会影响锅炉安全运行。

空气预热器同时处于烟气系统的末端和送风系统前端，是空气侧压力最高，烟气侧压力最低的部位，空气容易通过动静部件之间的密封间隙泄漏到烟气侧，这就是漏风。空气预热器漏风率增大会影响锅炉效率，增加送风机和引风机电耗。我国大型空气预热器漏风率设计值一般在8％以下，但在实际运行中一般在12％以上，随着运行时间的延长，漏风率有可能超过20％；回转式空气预热器的致命缺点是漏风率大，而且随着运行时间延长，漏风率越来越大。一般空气预热器漏风率增加1％，机组煤耗增加0.14％左右。

空气预热器的漏风治理是个难点。漏风主要是设计和结构问题，结构的改造需要论证。运行上从吹灰、风压等角度来进行调整，保证空气预热器的运行效果。将自动密封运行装置调整好，随时跟踪和调整密封间隙的大小；利用大小修停机时段将密封间隙进行合理调整；调整较合理的风压以减少向烟气侧的漏风；通过试验确定空气预热器密封风机是否恢复投入运行；将空气预热器的激波吹灰器合理投入；保证吹灰的汽源充足、就地装置好用、气体的压力调节好用，确定适当的投入周期，记录投入运行的效果，加强管理保证吹灰效果；清除积灰和杂物，进行空气预热器清洗；空气预热器、省煤器等部位积灰及时清除；保证省煤器灰斗不堵灰；通过试验决定是否恢复空气预热器的除灰系统运行。

控制漏风的关键是改进密封系统，降低漏风率。漏风量与漏风间隙面积、空气与烟气之间的压力差有关。降低泄漏压差 $\Delta P$ 的措施——双重密封或多重密封。降低间隙面积 $F$ 的措施。漏风间隙包括热端径向密封间隙、冷端径向密封间隙、轴向密封间隙和静密封间隙，间隙越小越好，但是间隙不能太小会造成设备磨损，影响使用寿命。

（二）燃烧检测系统

**1. 锅炉风粉在线监测与燃烧优化**

燃煤锅炉燃烧的稳定性、经济性和可靠性与一次风的风速和煤粉浓度有关，通常燃煤锅炉运行人员根据给粉机电压、转速及一次风静压等参数来组织和调整燃烧，这很难准确反映入炉一次风量和粉量多少及均匀程度。因此，采用锅炉在线监测与故障诊断系统，对锅炉燃烧系统优化运行显得尤为重要。

锅炉的优化燃烧，煤粉与空气的合理配比是最基本的条件，煤粉气流出口的均匀性对锅炉燃烧的影响极大。如果每个燃烧器按一定的风煤比向炉内送入煤粉和空气，就能使燃烧处于最佳工况，相反若燃烧器以较悬殊的比例送入煤粉和空气，尽管炉内所需的过剩空气系数处于合格区域，也会带来一系列不良后果。

燃煤锅炉的一次风速和煤粉浓度及二次风大小对锅炉效率影响很大。因四角配风不均，风煤比例失调，就会造成锅炉爆管、燃烧器烧损变形、一次风管堵塞等事故；如果各个燃烧器一、二次风比例严重偏离，就会使锅炉燃烧不稳，从而导致不完全燃烧，锅炉效率降低，煤粉较浓的燃烧器附近还会形成还原性气氛区，在还原性气氛中，煤的灰熔点要降低150～200℃造成结焦，从而影响安全运行。

出现上述现象的原因在于缺少一个可靠的监测一次风量和煤粉浓度的手段。以前采用一次风管静压间接地反映风粉情况的方法，司炉凭经验调节给粉机转速、控制煤粉量，用一次风挡板开度控制风量，很难使锅炉四角配风量及煤粉浓度均匀。所以要保持锅炉燃烧系统风煤比及优化运行就需要提高监测技术，运用在线监测与故障诊断系统，监测一次风的速度和一次风温，可以直观地反映一次风管内的风粉情况。解决办法之一就是要有一套锅炉燃烧风粉在线监测系统，该系统通过计算机对锅炉的一次风速、风量、风粉混合温度、煤粉浓度、煤粉量进行测量，在CRT上显示，为锅炉运行人员提供科学而准确的依据，使他们能及时掌握锅炉燃烧状况，提高锅炉运行的安全性、稳定性和经济性。

（1）直吹式制粉系统锅炉风粉在线监测及燃烧优化系统

对于中间储仓式热风送粉的制粉系统，采用热平衡方法测量煤粉浓度技术上是可行的。目前国内大容量电站锅炉普遍采用直吹式制粉系统，但对于直吹式制粉系统或采用乏气送粉的制粉系统，由于输送气体和被输送粉体之间不存在较大的温度差，特别是测量元件被煤粉堵管的问题严重，因此无法使用热平衡法来测量煤粉浓度，而需要采用其他方法，如电磁波吸收方法等来测量。

采用电磁波吸收方法的直吹式煤粉浓度测量原理是在直吹式制粉系统煤粉管道中，空气夹带着煤粉，形成气固两相流在铁制的薄壁管中流动，把粉管当作波导管，则波导管的特性仅依赖于管内绝缘材料的多少，也就是在测量段内的固相浓度的大小。利用探针激励原理使电磁波在波导管内传播，再利用探针检测，则由于煤粉气流的存在，电磁发生衰减和其他特性的变化，探针检测并与输入相比获得正确的固相浓度值。

采用电磁波吸收方法的直吹式煤粉浓度在线测量系统由软件和硬件两部分组成，该系统可以实现配中速磨的直吹式制粉系统的优化运行指导，提供运行人员直观的磨煤机出口风粉分配情况，配合运行优化调整技术和设备优化技术，提高磨煤机出口一次风风速和煤粉浓度的分布均匀性，实现对磨煤机优化运行指导的目的。由于配直吹式制粉系统的机组锅炉和制粉系统紧密联系，对直吹式制粉系统煤粉管道内的一次风流速和煤粉浓度的在线监测，还可实现配直吹式制粉系统的锅炉燃烧优化指导，使运行人员能优化燃烧配风，防止应风粉分配不均而引起的炉内结渣、热负荷偏斜，高温腐蚀、磨损、炉膛出口烟温烟速偏差大及由于配风不良导致燃烧恶化、飞灰含碳量升高等问题，为大容量电站锅炉的燃烧优化提供了有效的监测手段，该系统已经在很多电厂得到实际应用。

（2）中储式制粉系统的锅炉风粉在线监测及燃烧优化系统

对于中间储仓式系统，采用热平衡方法测量煤粉浓度的工作在国内得到了比较广泛的应用，其原理为煤粉和输送气体之间存在较大的温度差，在给粉机下游进行热交换，测量煤粉、输送气体和完成热交换后的煤粉空气混合物的温度，通过热平衡计算即可获得输粉管道中的煤粉浓度。这一测量方法已广泛应用于热风送粉的制粉系统。

锅炉优化燃烧在线监测及故障诊断系统由温度传感器、速度传感器、数据传感器、工业控制、计算机组成。本系统包括以下测点：煤粉仓温度测点，热风温度测点，一次风动压（风速）测点，二次风动压（风速）测点及风粉混合温度测点。温度信号采集一次元件采用铠装热电偶，外套管用特制的导热特性良好、耐磨的粉末冶金喷镀，测点布置合理，保证一次元件的采样精度及元件的耐用性。采集差压信号的一次元件采用双笛形管（或翼型测速装置、文丘里管等，具体根据现场情况而定），其感压孔布置按照风洞实验结果标定，变送器采用高精度的微差压变送器，能保证在可调工况范围内输出 4～20mA 的电流信号。全汉化实时动态显示风速、风温、粉仓温度、煤粉浓度值及燃烧切圆大小，并且具有循环显示、定格显示、功能切换及复位功能。根据用户的需要，除了可以采用单片机显示外，还可以跟计算机进行通信，通过良好的用户界面对实时监测的数据进行实时显示，并对事故进行报警和记录，并可在任何时候对事故进行追忆和历史数据进行处理。

锅炉风粉在线监测及燃烧优化系统可以实现下述主要功能。

① 一次风速实时显示。运行人员可通过一次风管内风速的实时监测，来有效地调整一次风门挡板或可调节流孔板的开度，使各一次风速在一个比较合适的范围内，保证四角风速均匀，以防止炉内气流偏斜和火焰贴壁等问题发生。

② 二次风速实时显示。通过对二次风动压及风速的监测，调整二次风门，使二次风四角动压及风速趋于一致，并达到设计值，建立良好的炉内空气动力场，减少不完全燃烧损失，提高锅炉运行的经济指标。

③ 一次风温实时显示。运行人员可通过一次风管内一次风温的实时监测，来及时了解给粉机下来的煤粉和热空气的混合情况以及对一次风气流喷出燃烧器后着火情况的影响。

④ 一次风煤粉浓度实时显示。运行人员可通过一次风管内一次风煤粉浓度的实时监测，来及时了解给粉机的给粉情况和四角风粉均匀情况，以便运行人员在各一次风空气量调平的基础上，通过实时调整给粉机转速达到调整各一次风煤粉浓度和均匀程度的目的。

⑤ 一次风管内堵粉报警。当风粉混合温度低于其他一次风管道温度和煤粉浓度异常偏大，并且其一次风速偏低时，应确认此管道堵塞，应紧急停运吹扫，待风速、风粉混合温度达到正常时再投入。运行人员可以通过对风粉混合温度、风速画面的监视，及时调整燃烧，以防止断粉、堵管、煤粉管道自燃等现象的发生，一旦有异常，可以及时处理。

⑥ 一次风管内煤粉自燃诊断。当一次风管内风粉混合物温度异常高于一次风热风温度时，可能管内煤粉发生自燃，装置发出报警，提醒运行人员查明原因并做相应调整。

⑦ 给粉机断粉或卡掉诊断。给粉机运行时，如发现其一次风管中风粉混合温度与一次热风温度相近，此时煤粉浓度为零，诊断为给粉机断粉。此类故障系粉仓部分给粉机下粉处，煤粉结块堵塞下粉口所致。

⑧ 炉内燃烧切圆诊断。根据实时检测到的锅炉四角直流燃烧器喷出的一次气流速度的大小，通过计算机仿真，实时显示炉内燃烧切圆的大小。

⑨ 事故追忆和历史数据处理。计算机通过良好的用户界面对实时监测的数据进行各

种方法的显示，并对事故进行报警和记录，并可在任何时候对事故进行追忆和历史数据进行处理。

⑩ 性能试验。利用本系统监测的煤粉浓度值、动压值、风速等参数进行给粉机转速与给粉量、燃烧器配风及给粉方式的性能试验，找出给粉机转速与一次风动压、风速、风粉混合温度、煤粉浓度及给粉量的关系，建立较为经济合理的运行方式。

锅炉风粉在线监测及故障诊断系统自投入实际运行以来，为锅炉运行燃烧调整提供了准确数据，取得了很好的效果，现已成为锅炉运行人员调整燃烧及判断故障的重要手段。

### 2. 入炉煤质特性在线检测

按照现行的国家标准，电厂中从煤样的采集、制备到提出工业分析的测定结果，往往不能及时反映入厂或入炉煤的煤质情况。国内外已经研究成功不用采制样而直接测定煤中灰分、水分等在线检测方法，并已投入实际使用。

（1）放射性测定煤中灰分

当前，在线测灰仪多安装在电厂输煤皮带上，一般用来控制入炉煤的质量。由于发热量与灰分之间存在良好的相关性，故掌握了灰分数据，也就可以推知发热量的高低。最近，国内研制成功了放射性测定灰分及高位发热量的仪器，并通过了技术鉴定。这进一步显示了该种测定方法所具有的良好应用前景。

（2）微波法测定煤中水分

目前在市场上尚无国产在线水分检测仪，国内少数电厂所应用的多为国外产品。微波穿过物料时，使自由水分子旋转。这一效应降低了微波的强度与速度。德国生产的某种型号的测水仪不仅可以利用传统的衰减法进行测量，而且利用了相移新技术测量水分。

（3）多种煤质特性指标的在线检测

除测灰仪及测水仪外，目前国内外利用中子源和激光等方法测定多种煤质特性指标的在线测煤仪。

在线检测煤质的仪器所采用的放射源有中子源及 $\gamma$ 射线源两种。$\gamma$ 射线的测定原理前文已述。作为放射源的热中子，可以激发被测煤样中各元素的原子核，使之成为不稳定的高能的激发态。测定这些激发态原子核跃迁到稳定的基态或较稳定的低能态时发出的 $\gamma$ 射线能谱，就可以测各元素的含量。因此该仪器的测量精度比用 $\gamma$ 射线高。但中子穿过透能力强，对人体的危害比 $\gamma$ 射线大得多，故对屏蔽防护要求高，特别是快中子一般要采用水或石蜡等含氢物质、镉片及铅片共同组成屏蔽防护。美国生产的某型号在线测煤仪，可直接检测的参数包括硫、灰分、碳、氢、氮、氯、硅、铝、钛、钾、钙、钠和水分；间接检测的参数包括发热量、灰熔融性、二氧化硫及氧等。

激光方法是通过调制的激光源来照射原煤得到相应的光谱，从而测出原煤各元素的含量。日本某电力公司与研究所共同开发的近红外线煤质自动分析装置，可对煤的水分、含碳量、$H_2$、硫等组分进行监测。

### 3. 飞灰可燃物监测

飞灰含碳量是电厂燃烧锅炉的主要运行经济指标和技术指标之一，实时监测飞灰含碳量有利于调整风煤比，优化锅炉燃烧，降低飞灰含碳量，提高锅炉效率。同时，也有利于提高粉煤灰的品质，提高粉煤灰的利用率。对飞灰含碳量的连续测量，目前国内外采用的微波法，其过程大致如下：在电除尘器前的烟道中插入采样头。将含飞灰的烟流抽出一部分，经分离后将灰样引入测量腔，并按预定的时间（如 1~3min）接受微波辐射，这样，可测量灰样吸收的微波能量或谐振波幅，通过计算得到灰样中含碳量。但从电厂实际使用情况看，单点取样检测系统存在着飞灰采样缺乏代表性、采样管堵灰、附加设备复杂等缺点，测量精度低、可靠性差。由于上述缺点，人们正在寻求一种不需采取灰样，而将烟道中烟流所含的飞灰直接作为实时测量对象，并不受烟流中飞灰浓淡程度影响的方法。

### （三）优化吹灰管理

由于熔渣和灰的传热系数与锅炉金属管比很小，锅炉受热面结渣和积灰，会增加受热面的热阻，影响锅炉受热面的热交换效率。对于一定受热面积的锅炉，如果结渣和积灰，传给工质的热量将大幅度减少，会提高炉内和各段烟温，从而使排烟温度提高。防止受热面结渣和积灰的主要方法一是锅炉燃烧的合理组织和调整，可有效地防止飞灰黏结到锅炉受热面上；二是在锅炉运行中应定期进行受热面吹灰和及时除渣，可减轻和防止积灰、结焦，从而保持排烟温度正常。

#### 1. 新型高效吹灰器使用

**【案例】 激波和声波吹灰器的应用**

某电厂使用燃气脉冲吹灰器是在 1 号炉空气预热器上安装试用。经过 1 年半的试行，证明效果良好。

（1）效果对比。该吹灰器投用后，能有效地清除受热面上的积灰，保证预热器压差在较低范围内运行，预热器前后压差已从大修前的平均 1.3kPa 降至平均 1.0kPa，降低了空气预热器的漏风率，送风机电流明显降低。一般大修后随着运行时间的推移，排烟温度逐渐升高，预热器前后压差增大。原来一个小修周期排烟温度升高 6~9℃，现在一年（两个小修周期）升高约 5℃。现在相同负荷情况下与其他锅炉相比，同一季节，使用气脉冲吹灰器的锅炉排烟温度，比其他炉子明显低 7~11℃。使排烟温度维持在最低参数运行。

（2）锅炉效率的提高，由于采用干式除灰，减少预热器的低温腐蚀。经过半年的运行，小修中对预热器冷段进行检查，受热面上很干净，和新安装的一样。使用该吹灰器后排烟温度一般稳定在 154~165℃，比大修前排烟温度最高可下降 10℃。锅炉排烟温度降低 10℃左右，锅炉热效率可提高 0.55％左右，每天节约标准煤 10.5t，按年运行 7000h 计，每年可节约标准煤约 3000t。

某电厂使用声波吹灰器是在 2 号炉二级过热器入口安装试用。经过 3 个月的试运行，证明效果良好。

（1）效果对比。能有效地清除受热面上的积灰。2 号炉使用蒸汽吹灰器时，二级过热器、二级再热器、水平烟道各种受热面的迎火面和侧面均有较厚的硬焦渣，声波吹灰器投运 3 个月后，上述受热面各侧的表面都很干净，没有浮灰堆积，原来堆积的硬焦渣也有部分被清除。声波吹灰器投运行后，一次过热器前烟气温度实测值一般在 640~650℃，低于设计值（670℃），说明一次过热器前的管子很干净。

（2）使用传统吹灰器时用汽量每年折合人民币 72.8 万元，声波吹灰器使用压缩空气每年折合人民币 15.09 万元，每年节约人民币 56.71 万元。排烟温度下降了 14℃，锅炉效率提高了 1.23%，每年节约燃料费为 227.3 万元。两项合计每年节约 284 万元。

## 2. 锅炉灰污在线检测及吹灰优化运行

目前锅炉受热面积灰状态尚无法直接测量。通常采用定期进行吹灰操作，吹灰不足及吹灰过度的现象普遍存在。因此，有必要对锅炉受热面积灰状态进行实时监测，利用监测结果指导吹灰系统的运行，使其达到最优化。

目前主要是采用了热平衡法对受热面进行传热计算，根据热量的变化情况寻找与受热面沾污的内在联系，用这种间接的方法对锅炉受热面进行积灰监测。当炉内出现沾污、结渣时，水冷壁的吸热量减少，炉膛出口烟温升高。因此，炉膛出口烟温的变化从整体上反映炉内结渣状况的特征。热平衡算法的基本原理是根据传热过程中烟气侧和工质侧的热量平衡关系，由工质侧的参数反推烟气侧的温度值，最后反推获得炉膛出口烟气温度，从而对炉膛受热面的积灰、结渣程度进行判断。

通过对各受热面的热平衡计算，即可得出锅炉炉膛出口烟气温度的推算值，从而判断炉内受热面如水冷壁的积灰状态。热平衡法推算炉膛出口温度是一种间接反映炉膛受热面结渣状态的计算方法。在实际应用中，一般采用间接分析方法与直接测量法相结合的手段对水冷壁的积灰、结渣状态进行监测。其中热平衡法用于炉膛受热面整体积灰状态的监测。炉膛出口烟温很高，常规的热电偶难以长期运行，一般在炉膛出口不装设温度测点，通常从省煤器入口或空气预热器入口测得烟温及相应的汽、水侧温度等，根据热平衡推算炉膛出口烟温。当然也可以直接测量，但目前可行的方法不多，使用最多的是光学方法，如光学高温计、声学高温计等。热流密度计法用于对炉膛受热面局部积灰结渣状态进行监测，采用安装在水冷壁上的热流计作为诊断传感器，用热流计表面的沾污模拟其附近水冷壁结渣的产生和发展过程，根据结渣造成的热流变化可对结渣进行诊断和监控。

积灰监测与控制系统的主要采集数据包括炉膛及各受热面进出口烟气温度、蒸汽温度、受热面管壁温度、炉膛负压、烟气流速等，这些数据均来源于电厂的 DCS 系统。目前在我国，大型火电厂都有 DCS 系统，监测数据可通过网络及时的传递到积灰监测与优化吹灰工作站。同时经过优化吹灰工作站处理的数据也可以及时地传递到 DCS 系统，系统只需对吹灰程控系统施加控制指令，并通过吹灰程序控制系统对吹灰设备的动作进行控制即可，无需再增加新的设备。

吹灰控制既可以是开环控制也可以是闭环控制。优化吹灰的主要控制逻辑为改变以前定时吹扫各受热面的传统控制方式，采用模糊判决的方法，根据各受热面洁净因子 CF 的判别情况、煤质情况和锅炉负荷变化情况确定吹扫的时间长短以及吹扫的间隔时间。

某电厂 2 号机组投运了"电站锅炉智能吹灰优化系统"，通过该系统可以确定各受热面的积灰情况，改变现有的吹灰模式，确定吹灰时间，达到了吹灰效果最佳、受热面最清洁、消耗蒸汽最少的目的。实施解决了吹灰操作的盲目性，可获得锅炉受热面吹灰的实际需要，即吹灰部位和吹灰时间等，用以指导对吹灰器的实际操作和运行，实现按需吹灰。该系统主要功能有：受热面污染程度实时监测；内部烟气温度计算和监测；对流受热面的优化吹灰实时指导等。该厂 2 号炉智能吹灰优化系统投运后，实现了锅炉各受热面污染率的可视化，运行人员能及时了解锅炉各受热面的积灰污染程度；提供了吹灰判据准则，通过数据显示、报警提示和历史数据存储、查询、综合分析等功能，运行人员可以统计、总结何种负荷下容易积灰；可以监测到锅炉效率及排烟热损失，指导运行人员进行锅炉燃烧调整；减少了吹灰蒸汽量，降低了四管泄漏的概率。系统投运前后整体吹灰次数减少 27%，吹灰时间减少了 28.9%，减少了因不合理吹灰带来的管壁磨损和蒸汽消耗损失。根据运行数据的 180～300MW 负荷段 5 个负荷点的统计对比表明，优化吹灰使锅炉效率平均提高了 0.24%，可降低煤耗 1g/(kW·h)，同时也有利于主蒸汽温度和再热蒸汽温度的控制。

### （四）制粉系统节能

制粉系统的节能主要体现在节电上，通过优化运行，降低厂用电率。对于不同的燃煤煤种，其合理的煤粉细度也不同。煤粉越细，燃烧后飞灰中的可燃物越少，但同时也使制粉系统电耗升高。制粉系统节能运行就是通过调整试验，选择合理的煤粉细度值，即经济煤粉细度，确定经济运行方式，指导运行。

#### 1. 球磨机加装自动选出废弃小钢球装置

某发电厂 DTM300/450 型钢球磨煤机经安装自动选钢球装置后，取得明显效益。改造后磨煤电耗节约 1kW·h/t，磨煤机出力 20t/h，每小时节电 20kW·h。磨煤机出力约提高 5%，一方面由于钢球磨煤机内小钢球、小铁件被清除，磨内钢球级配更加合理，钢球的冲击和研磨能力增强；另一方面球磨机磨制的煤粉输送是靠钢球及煤粉在筒体内滚动，使煤粉飞扬起来，被输送空气带出筒体后从球磨机出口送出。而许多到达磨煤机出口已经细度合格的煤粉被埋在钢球之间不能及时输送出去。而自动选球装置由于结构允许煤粉和小钢球一起进入衬板后面的空腔，可将埋在钢球之间的煤粉带出，增加了输送出磨煤机的煤粉和空气混合物浓度。

#### 2. HP 中速磨煤机风环改造

某电厂 1 号炉制粉系统 6 台 HP-983 型磨煤机风环改造。由于磨煤机石子煤量大，造成石子煤斗堵塞。试验表明，其原因是磨煤机风环处上升气流速度明显较低。因此，缩小风环面积，提高风环处风速的改造，解决磨煤机石子煤量偏大问题，有利于提高运行可靠性和机组的经济运行水平。在机组大修期间，对各磨煤机风环截面流通面积进行实测和分析。以 B 磨为例，实测的风环面积为 1.14m²（未扣除风叶的阻塞面积）。根据磨煤机日常的出力 50t/h 时的通风量 100t/h 计算（磨煤机进口温度 160℃），磨煤机风环处的上升气流速度仅为 30m/s。如磨煤机进口风温达到设计值 260℃，风环处气流速度也只有 37m/s，但从目前运行情况看，要达到设计值 260℃ 的进口风温运行较困难，因此 1 号炉磨煤机风环处上升气流速度明显较低。这是造成磨煤机石子煤量大的主要原因。为此，设计了一个提高风环处风速的改造方案：将内环宽度遮住 40mm，则实际流通面积可缩小至 0.79m²，如运行参数仍不变，风环处气流速度可上升至 44m/s，这一速度已与该类磨煤机推荐的气流速度 45m/s 相符。因此，先对 B 磨煤机风环进行改造，方法是在内风环处用材质为 16Mn 钢，宽度 40mm、厚度 15mm 的挡风环分成 8 等焊于风环上，将磨煤机风环截面积减小 30.8％，采取这一措施后，风环处风速比原来提高 13m/s 以上。机组经过大修后，对风环改造后的 B 磨煤机和其他未改造的 A、C 磨煤机做了对比测试。结果表明：风环改造后的 B 磨煤机与未改造的 A、C 磨煤机比较，石子煤量分别减少了 155.2kg/h 和 115.8kg/h，而且石子煤中的热值也有很大下降，说明改造的效果是明显的。改造后 B 磨煤机石子煤斗根据目前的排放程序运行，完全可符合设计要求。石子煤斗堵塞的现象大大下降，保证了设备的正常运行。因此又对其他三台磨煤机（D、E、F 磨煤机）进行了同样改造。改造后取得了较好经济效益。由于减少了石子煤热损失，一年可回收相当 400t 大同混煤，直接经济效益超过 12 万元，而间接效益更可观，过去由于石子煤斗经常堵塞，影响机组出力，现在这一问题得到解决，保证了机组的正常运行。这一改造具有投资少、见效快、改造工作量小特点，并且改造工作可以在不停炉情况下，只要单独停磨煤机，将隔绝风门关闭后就可以进行。

**3. 中储式制粉系统优化运行**

对于钢球磨煤机中间仓储式制粉系统，磨煤机电耗率高达 1％左右，对降低厂用电率影响很大。长期以来，球磨机钢球装载量缺乏依据；球磨机物料装载量，没有可靠的检测手段和控制依据；制粉系统通风量，没有严格的定量标准；人为的因素多，导致磨煤机运行工况的不稳定，需要优化控制，在最经济工况下运行。一方面，通过对系统的全面调试，从经济性和安全性角度比较试验结果，确定经济运行方式。从制粉系统的可控参数、设备状况及与机组负荷的匹配等几个方面进行运行优化试验。影响制粉系统的可控参数主要包括：磨煤机电流、磨煤机出入口差压、再循环风门开度、磨煤机入口温度、排粉风机入口流量、排粉风机出口风压、煤粉细度、给煤机转速、给煤量。通过对这些可控参数的分析研究及相关的试验确定制粉系统的最佳运行方式。另一方面，改进制粉系统的自动控制。球磨机是一个"三输入三输出"的强耦合、非线性、大迟延、大惯性的被控对象，以往的控制系统均采用 3 套相互独立的 PID 控制回路，因无法消除回路间的耦合，投入困难。目前国内采用新的控制原理实现磨煤机的优化控制并得到推广应用。在磨煤机的优化控制装置中，其磨煤机料位测量是通过检测球磨机音频信号实现，给料自动控制是通过将料位控制在一个定值上实现，通过将料位控制在一个定值上，球磨机电机的功率（或电流）的变化即反映了钢球充填率的变化。因此，通过维持球磨机电机的功率（或电流）在一定值，即可实现钢球量的定值控制。因此实现了料位的在线测量、自动调节和给煤量自动调节。球磨机和整个制粉系统可以在高出力工况下自动稳定运行，并可通过 DCS 系统全面实现自动化调节与控制；快速准确地测量出磨煤机的料位；解决了制粉系统自动控制中的耦合问题；实现了制粉系统的自动运行；实现了磨煤机及制粉系统的经济运行；节电 15％～35％；降低金属损耗 30％～70％；磨煤机噪声降低 6～12dB。

**【案例】**

某发电厂 2×300MW 机组锅炉采用美国燃烧工程公司的引进技术，为亚临界压力一次中间再热自然循环汽包炉，采用平衡通风四角切圆燃烧，燃料为烟煤。锅炉的额定蒸发量为 908t/h。制粉系统：采用 4 台 350/600 型钢球磨煤机，两级分离负压运行，中间仓储式乏气送粉。

（1）给煤机特性试验。通过给煤机特性试验，标定给煤量与给煤机转速之间的关系，作为计量磨煤机出力的手段，是进行制粉系统试验的基础。

通过试验，给煤机转速保持在 1100～1200r/min 时磨煤机出力在 50t/h 以上，此时制粉电耗最低。

（2）最佳装球量。磨煤机应定期加钢球，保证磨煤机空转电流在 96～98A，带煤电流 103～105A，此时系统运行的各种参数最佳。

（3）排粉机最佳运行方式。保持再循环风门开度在 10% 以下，回风门开度 65%，排粉机入口流量 104t/h，排粉机出口压力 3500Pa，能够满足系统的需要，为最经济运行方式。

（4）各种因素微量变化对电耗的影响。这些因素主要包括排粉机出口压力、再循环风量、给煤量等，通过对这些因素的分析从而可以定量地分析各种参数对电耗影响的大小，进而可以分清主次，优化运行降低单耗。

（5）粗粉分离器特性。从测试的情况看，粗粉分离器的效率明显偏低，主要原因是内部风速严重偏离最佳值。通过试验确定了粗粉分离器挡板开度与效率的对应关系。

### （五）蒸汽温度管理

为了保证机组安全经济运行，必须维持稳定的蒸汽温度。据计算，过热器在超温10～20℃的状态下长期运行，其寿命会缩短一半以上，而汽温每下降 10℃，会使循环热效率相应降低 0.5%。为此，运行中一般规定汽温偏离额定值的波动不能超过 $-10℃～+5℃$。为了提高火电厂效率，大容量锅炉机组维持额定汽温的负荷范围应扩大。一般对燃煤汽包炉为 50%～100% 额定负荷。汽温调节装置要求锅炉在上述负荷变动范围内能维持过热汽温及再热汽温的额定值。

蒸汽温度的调节方法通常分为两类，蒸汽侧的调节和烟气侧的调节。蒸汽侧的调节是指通过改变蒸汽热焓来调节。主要有喷水式减温器，汽汽换热器；烟气侧的调节是通过改变锅炉内辐射受热面和对流受热面的吸热量分配比例的方法（如烟气再循环、摆动燃烧器）或改变流经过热器、再热器烟气量的方法（如烟气挡板）来调节汽温。为了不影响机组的经济性，通常过热器采用蒸汽侧的调节方法，再热器采用烟气侧的调节方法。

（1）喷水减温装置

再热器一般不宜采用喷水减温。因为再热器喷入的水转化的蒸汽仅在汽机中、低压缸中做功。就如在电厂的高压循环系统中附加一个中压循环系统。由于中压系统热效率较低，因此整个系统的效率下降。计算表明，对于亚临界 600 机组，当再热器喷水量为 10t/h 时，发电煤耗增加 0.34g/(kW·h)，当喷水量为 50t/h 时，发电煤耗增加 1.71g/(kW·h)，当喷水量为 60t/h 时，发电煤耗增加 2.05g/(kW·h)。故再热器常采用烟气侧调节法作为汽温调节的主要手段。而用喷水减温器作为辅助调节方法。

（2）分隔烟道挡板

将对流后烟道分隔成两个并联烟道。其一布置再热器，另一个布置过热器。在两个烟道受热面后的出口处布置可调的烟气挡板，利用调节挡板开度，改变流经两烟道的烟气量来调节再热汽温。这种调节方法结构简单，操作方便。但灵敏度较差，挡板宜布置在烟温低于 400℃ 的区域，以免产生热变形。

（3）改变火焰中心位置

采用摆动式燃烧器：此时，过热器与再热器均为辐射—对流式系统。摆动式燃烧器多用于四角燃烧的锅炉。采用摆动式燃烧器，依靠改变炉膛出口烟温来调节再热汽温。在高负荷时，燃烧向下倾斜某一角度；而在低负荷时，燃烧器向上倾斜某一角度，使火焰中心位置改变。一般燃烧器上下摆动 ±(20°～30°) 时，炉膛出口烟温变化在 110～140℃ 时，调温幅度可达 40～60℃。燃烧器的倾角不宜过大，过大的上倾角会增加燃料的未完全燃烧损失；下倾角过大又会造成冷灰斗的结渣。

采用多层燃烧器的锅炉（如 4～5 层）：当负荷降低时，通过投停用上下排燃烧器，使火焰中心抬高，也能起到一定的调温作用，但其调温幅度较小，一般应与其他调温方式配合使用。

（六）油耗指标管理

燃煤机组用油主要是启动点火用油和低负荷运行时助燃、稳燃用油。

发电企业应对全厂点火、助燃用油指标进行统计、分析和考核。加强燃油计量管理，每台锅炉均应装设燃油流量表，保证单独计量，单独统计和考核。锅炉燃油消耗的两个环节，一是点火用油，二是助燃用油。应在这两个环节上节约用油。

**1. 减少点火用油的技术措施**

（1）提高机组检修质量，降低机组非计划停运次数，逐步实行状态检修，减少机组大、小修次数，节约机组启动用油。

（2）鼓励开发、研制、推广新型节油技术，进行燃油装置改造。例如采用等离子点火、小油枪点火等技术。

（3）积极研究中压缸启动技术，以缩短机组启动时间。

（4）有条件的机组冷态启动时，应投入锅炉底部蒸汽加热，并利用邻炉输粉，以减少锅炉初期的点火用油。

**2. 减少助燃用油的技术措施**

（1）根据不同煤种的特性，进行锅炉最低稳燃负荷的测试，掌握助燃用油的必要条件；

（2）选择合适的燃烧器，如浓淡燃烧器、钝体燃烧器等，以提高稳燃能力；

（3）做好锅炉吹灰工作，减少锅炉结焦，加强四管温度检测，减少锅炉爆管次数；

（4）应根据煤质的变化，开展锅炉燃烧优化调整；

（5）运行中注意燃烧状况，防止断粉、断风现象发生，保证燃烧工况稳定；

（6）根据煤质情况，在满足带负荷条件下尽量将煤粉磨细，可增强炉内燃烧稳定性，减少助燃油消耗。

**3. 节油技术改造**

（1）等离子点火装置

等离子点火装置是利用直流电流在一定的介质气压条件下接触引弧，并在强磁场控制下获得稳定功率的定向流动空气等离子体，该等离子体在点火燃烧器中形成大于 4000K 的梯度极大的局部高温火核，煤粉通过该"火核"时，迅速释放出挥发分，并使煤粉颗粒破裂，从而迅速燃烧。等离子点火方式的优点是利用电站锅炉等离子点火技术替代燃料油进行机组启停及低负荷稳燃，可节约大量的燃料油，可克服锅炉启动过程电除尘电极被污染的问题。

等离子点火燃烧器是通过直流电流在一定介质气压的条件下引弧，可在强磁场控制下获得稳定功率的定向流动空气等离子体，该等离子体在点火燃烧器中形成 $T>4000K$ 的梯度极大的局部高温火核，煤粉颗粒通过等离子火核时，在极短时间内使煤粉中的挥发分迅速解析，煤粉颗粒破裂粉碎，从而迅速燃烧。由于反应是在气固两相混合物中进行，高温等离子体使混合物发生了一系列物理和化学反应，进而使煤粉的燃烧速度加快，达到点火并加速煤粉燃烧的目的，大大减少煤粉燃烧所需引燃能量。

等离子点火技术由于明显的节油效益，已完成包括锅炉各种燃烧方式、各种炉型、不同容量的几百台火电机组的应用。电站锅炉等离子点火所有设备运行方式均可实现自动方式，并可与 DCS 系统接口运行，具有很高的自动化水平。通过设计规范、运行规程、设备的进一步完善，等离子点火技术已经非常成熟。

传统的大油枪点火方式，点火油枪布置在每个燃烧器的二次风口当中，用来点燃煤粉。由于点火油枪布置在燃烧器的二次风口中，油枪与煤粉喷口的距离比较远，因此在点火时，燃油产生的热量直接用于加热煤粉的部分比较少，热量利用率低，使得锅炉点火时，燃油的消耗量很大。小油点火这种点火方式是将油枪放置在一次风喷口内，由于这样使得燃油产生的热量能够大部分直接用于加热煤粉，使得燃油的点火热量利用率大大提高，从而降低油枪燃油量，以达到节油的效果。

【案例】

某厂 2×330MW 空冷供热机组的锅炉燃用烟煤，煤粉燃烧器为水平浓淡、采用四角切向布置的全摆动燃烧器，锅炉最低稳燃负荷（不投油助燃时）为 30%B-MCR。在两层一次风燃烧器位置安装布置兼有等离子点火及稳燃功能的等离子燃烧器，取消燃油系统，在锅炉正常运行过程中，该两层等离子燃烧器具有主燃烧器功能。等离子点火辅助系统主要包括：电气系统及控制系统、等离子载体风系统、图像火检系统、冷却水系统、一次风风速测量系统，等离子系统的控制与 DCS 采用硬接线方式连接，所有现场开关量、模拟量通过硬接线进入 DCS。机组新建取消燃油系统后，锅炉点火单一燃料运行经济安全，可节省油库、输油系统设备、炉前油系统及油枪点火装置、相应的消防设施、含油废水处理装置等设备，并相应减去上述设备的建筑安装费用、运行及维护资金，在基建调试和运行期间节约大量燃油。

（2）汽化小油枪点火技术

小油量汽化燃烧直接点燃煤粉系统关键是运用了小油量汽化燃烧技术和煤粉多级燃烧能量逐级放大技术。利用压缩空气的高速射流将燃料油直接击碎，雾化成超细油滴进行燃烧，同时用燃烧产生的热量在极短的时间内完成油滴的蒸发汽化，从而大大提高燃烧效率及火焰温度。汽化燃烧后的火焰刚性极强，其传播速度极快超过声速，火焰呈完全透明状，火焰中心温度高达 1500～2000℃，可作为高温火核在煤粉燃烧器内进行直接点燃煤粉燃烧，从而实现电站锅炉启动、停止以及低负荷稳燃。压缩空气主要用于点火时实现燃油雾化、正常燃烧时加速燃油汽化及补充前期燃烧需要的氧量。汽化油枪燃烧形成的火焰，在煤粉燃烧器内形成温度梯度极大的局部高温火核，使进入一次室的浓相煤粉通过汽化燃烧火核时，煤粉颗粒温度急剧升高、破裂粉碎，并释放出大量的挥发分迅速着火燃烧；然后由已着火燃烧的浓相煤粉在二次室内与稀相煤粉混合并点燃稀相煤粉，实现了煤粉的分级燃烧，燃烧能量逐级放大，达到点火并加速煤粉燃烧的目的。满足了锅炉启、停及低负荷稳燃的需求。气膜冷却风主要用于保护喷口安全，防止结焦烧损及补充后期燃烧所需氧量。

采用油、气直接点燃煤粉燃烧技术，可实现机组启停、低负荷稳燃，具有投资少、煤种适应性广、系统简单、操作方便等优点，目前该项技术已在多台锅炉上应用。锅炉改造方式为在对角或四角下层燃烧器上安装 2 只或 4 只油气直接点燃煤粉燃烧器，并配备完整的 PLC 控制系统，可成功实现锅炉由冷态少油点火，完成机组启动，达到锅炉节油的目的。单只枪油耗均小于 30kg/h(烟煤)，比大油枪节油 90％以上。

【案例】

某电厂 6×30MW 机组，锅炉为武汉锅炉厂制造，四角喷燃切圆布置，一次粉管直径为 500mm，共五层，摆动燃烧，直吹式制粉系统。拆除原锅炉第二层主燃烧器，加装四台油气直接点燃煤粉燃烧装置、安装在四角第二层主燃烧器处，作为主燃烧器使用。锅炉原安装的油枪点火装置出力为 1200kg/h，新安装的汽化油直接点燃煤粉燃烧装置出力 100kg/h。为防止发生燃烧器壁面超温烧损现象，在每只燃烧器壁上均安装两只壁温测点，实时监测燃烧器壁面温度。油气直接点燃煤粉监测与控制系统，用于实现油气直接点燃煤粉过程的启、停控制与过程参数（压力、温度等）的采集与监测，将所有参数经就地变送器送入 DCS 系统，并编制相应的控制软件，实现炉膛安全保护与联锁，确保系统安全运行。

（3）小油枪点火

小油枪燃烧器是在煤粉燃烧器内装置一小型油燃烧器，简称小油枪，并且小油枪火焰位于煤粉射流根部中心，由于此处煤粉浓度大有火焰传播能力，故能在冷炉条件下用较小的油火焰点燃喷出的全部煤粉。

（4）高温空气无油点火

是利用感应加热器将空气迅速加热到 1000℃，然后将高温空气引入燃烧器内与煤粉气流混合，使煤粉颗粒受热后迅速析出挥发分而燃烧。目前处于推广应用阶段。该技术由于应用业绩有限，其稳定性、可靠性及产品性能有待进一步提高。

**4. 单位发电量耗油指标评价**

单位发电量耗油量＝考核期内总耗油量（t）/考核期内发电量（亿千瓦时）。

火力发电厂生产用油以单位发电量耗油量为衡量指标。目标确认值考虑锅炉燃用煤种和油枪形式不同分别确定。煤种分为烟煤、贫瘦煤和无烟煤；油枪分为等离子点火、少油点火和常规油枪。单位发电量耗油量目标确认值见表 4-1。

表 4-1　单位发电量耗油量目标确认值　　　　　单位：t/亿千瓦时

| 序号 | 煤种 | 烟　　煤 | | | 贫　煤 | 无　烟　煤 |
|---|---|---|---|---|---|---|
| 1 | 油枪形式 | 等离子 | 少油点火 | 常规 | | |
| 2 | 目标确认值 | 4 | 8 | 15 | 18 | 25 |

## （七）总体内容

表 4-2 锅炉节能技术管理总体内容

| 序号 | 内 容 | | 要 求 |
|---|---|---|---|
| 1 | 锅炉热效率 | | |
| | | （1）锅炉热效率指标值 | 额定负荷下锅炉热效率 |
| | | （2）锅炉热效率试验 | 锅炉投产、大修前后，进行锅炉热效率试验 |
| | | （3）锅炉优化燃烧调整试验 | 燃烧调整试验报告 |
| | | | 优化燃烧调整试验措施 |
| | | | 确定优化的一、二次风配比或一、二次风压控制 |
| | | | 确定优化的过量空气系数 |
| | | | 确定经济煤粉细度或 CFB 锅炉未进行料位与流化流量优化试验 |
| | | | 采取措施使煤粉浓度和给粉均匀，或 CFB 锅炉未进行床温优化调整试验 |
| | | | 确定不同负荷下煤粉燃烧器优化运行方式控制火焰中心位置或 CFB 锅炉未进行床压优化调整试验 |
| | | （4）节能潜力分析与节能计划实施 | 对锅炉及系统进行经济性分析，确定节能潜力 |
| | | | 根据节能潜力分析制定节能改进措施和节能改造计划 |
| | | | 确定锅炉节能技改项目 |
| | | （5）锅炉运行 | 根据燃烧调整试验结果制订出针对常用煤种在各种负荷下的优化运行方案 |
| | | | 制定定-滑-定运行方式的具体规定 |
| | | | 蒸汽参数波动超限控制 |
| | | | 锅炉风粉在线监测系统正常投用，CFB 锅炉入炉煤粒度与设计符合偏差 |
| | | （6）入炉煤质 | 锅炉尽可能燃用设计煤种，不应因煤质变化使锅炉效率降低过多。入炉煤化验指标（发热量、挥发分、水分、可磨性系数、灰熔点等）与设计煤种偏差符合要求 |
| | | | 避免入炉煤杂物多、水分大，造成煤仓堵塞、给煤机故障 |
| | | （7）燃烧设备检修 | 锅炉大修期间燃烧器检查维修 |
| | | | 燃烧器不存在严重磨损、变形等缺陷 |
| | | | 清理燃烧器周围结渣、修补卫燃带等 |
| | | | 检查调整一、二、三次风门挡板 |
| | | | 一、二、三次风门挡板或执行机构不存在缺陷 |
| | | | 直流燃烧器炉膛中心切圆正常 |
| | | （8）化学监督 | 制定防止水冷壁、省煤器、过热器、再热器管内发生腐蚀、结垢、积盐措施 |
| | | | 水冷壁向火侧结垢速率不大于 $80g/(m^2 \cdot a)$；省煤器、水冷壁、过热器、再热器管内有局部溃疡性腐蚀或点蚀深度不大于 1mm |
| | | | 进行锅炉热化学试验优化调整锅炉运行工况、参数 |
| 2 | 主蒸汽压力 | | |
| | | （1）主蒸汽压力指标 | 机组在定压区，主蒸汽压力（汽机侧）符合设定值 |
| | | （2）主蒸汽压力自动系统投入 | 正常投入 |
| | | （3）主蒸汽压力运行方式 | 确定不同负荷下锅炉主蒸汽压运行方式和参数（定—滑—定压曲线） |
| | | | 汽压运行方式合理 |
| | | | 压红线（定—滑—定压曲线）运行 |
| | | | 汽压不超限标 |
| | | （4）设备缺陷 | 不存在设备缺陷而造成机组降压运行 |

续表

| 序号 | 内　容 | 要　求 |
|---|---|---|
| 3 | 主蒸汽温度 | |
| | (1)主蒸汽温度指标 | 主蒸汽温度(汽机侧)符合设计值 |
| | (2)主蒸汽温度运行调整 | 主蒸汽温度不超限 |
| | | 主蒸汽温度自动投入正常 |
| | | 定期进行炉膛、过热器吹灰工作 |
| | | 受热面结渣、积灰正常 |
| | (3)检修工作 | 燃烧器检查维修记录齐全 |
| | | 燃烧器更换调整测量记录齐全 |
| | | 摆动燃烧器执行正常、摆动角度一致 |
| | (4)设备缺陷 | 不存在过热器管壁超温等影响主蒸汽温度的缺陷 |
| 4 | 再热蒸汽温度 | |
| | (1)再热蒸汽温度指标 | 再热蒸汽温度(取汽机侧)符合要求 |
| | (2)再热器维护管理 | 再热蒸汽温度自动系统正常 |
| | | 定期进行再热器吹灰工作 |
| | | 未因受热面结渣、积灰造成再热蒸汽温度异常 |
| | (3)检修工作 | 烟气挡板或燃烧器摆动装置检查 |
| | (4)锅炉设备缺陷 | 消除烟气挡板或燃烧器摆动装置卡涩、无法调节,再热器管壁温度高等影响再热蒸汽温度的缺陷 |
| 5 | 排烟温度 | |
| | (1)排烟温度指标 | 根据锅炉燃烧状况、负荷率、煤种、炉膛和制粉系统漏风、给水温度、受热面积灰状况等,确定排烟温度指标,尽可能接近设计值 |
| | (2)排烟温度定期标定 | 测试校验记录齐全 |
| | | 进行网格法排烟温度的专门测量,并对现场温度予以修正 |
| | (3)检修工作 | 吹灰器故障修复 |
| | | 清除空预器积灰 |
| | | 进行水冷壁管子外壁清除焦渣和积灰 |
| | | 进行过热器、再热器、省煤器及烟道清灰 |
| | (4)运行调整 | 排烟温度偏高分析。机组负荷的变化或高压加热器投停,会引起给水温度明显变化,最终影响到排烟温度,在运行中应考虑这些因素的影响 |
| | | 燃烧调整使火焰中心应位于炉膛断面几何中心处,若火焰中心发生偏斜,会引起水冷壁局部升温,发生结渣,影响排烟温度 |
| | | 选择最佳的炉膛出口过量空气系数,运行中调整过量空气系数在正常范围内变动 |
| | | 空预器积灰造成空预器烟气进出口差压符合规程规定 |
| | | 严格执行定期吹灰制度 |
| | | 锅炉尽可能燃用设计煤种,当煤种发生变化时,运行人员应及时加强燃烧调整,防止结焦 |
| | (5)设备改造 | 增加尾部受热面换热面积 |

| 序号 | 内　　容 | 要　　求 |
|---|---|---|
| 6 | 飞灰可燃物 | |
| | (1)飞灰可燃物指标 | 符合规定值 |
| | (2)化验分析 | 化验人员定期采样化验分析 |
| | | 飞灰含碳在线监测正常投入、测量准确(如全截面式飞灰含碳量测量装置、微波飞灰测碳仪等) |
| | | 大小修检查修复飞灰取样装置 |
| | (3)锅炉燃烧调整 | 制定控制飞灰可燃物的优化运行措施,运行人员根据化验数据调整过量空气系数,控制一、二次风量配比,加强燃烧调整 |
| | | 飞灰可燃物偏高分析和调整试验 |
| | | 飞灰可燃物偏高的处理措施 |
| | | 锅炉配风方式合理,不造成飞灰可燃物偏高 |
| | (4)煤粉细度 | 煤粉细度符合试验确定的经济细度 |
| | (5)煤质 | 入炉煤化验指标(发热量、挥发分、水分、可磨性系数、灰熔点等)与设计煤种偏差符合要求 |
| | (6)设备缺陷 | 不存在影响飞灰可燃物的问题或缺陷 |
| 7 | 排烟含氧量 | |
| | (1)锅炉氧量指标 | 合理控制炉膛氧量 |
| | (2)氧量定期标定 | 选择合适的氧量测点位置,确认炉膛出口氧量与测点处氧量的关系 |
| | | 加强氧量测量系统的维护,定期进行校验 |
| | (3)锅炉运行调整 | 进行锅炉的优化燃烧调整试验,确定最佳过量空气系数,制订不同负荷下锅炉控制氧量方案 |
| | | 实际运行中严格执行氧量控制方案 |
| | (4)锅炉漏风检查及消缺 | 锅炉检修后进行锅炉正压法或负压法的漏风检查 |
| | | 减少锅炉炉膛、空气预热器、省煤器处的漏风 |
| | | 锅炉炉膛、水平烟道、后部竖井烟道、炉底漏风控制到位 |
| 8 | 空预器漏风系数及漏风率 | |
| | (1)空预器漏风率指标 | 符合设计值 |
| | (2)空预器漏风试验 | 定期进行空预器漏风试验 |
| | (3)空预器检修工作 | 回转式空预器密封间隙调整或管式空预器疏通、堵漏 |
| | | 回转式空预器转子找正或管式预热器壁厚减薄处理 |
| | | 回转式空预器传热元件进行清扫或热管式空预器热管失效检查 |
| | | 空预器漏风点及时处理 |
| | (4)空预器密封装置调整 | 根据机组运行情况调整空预器密封装置。对漏风较大的回转式空气预热器改造,可采取增加密封仓个数和密封数量等措施。热端静封由原来单侧改为双侧,采用迷宫式静密封。冷端采用胀缩式静密封,既可保证完全密封,又能在冷态或热态时对冷端径向间隙做适当调整 |
| | | 采用可靠的自动跟踪调整手段,时刻跟踪和调整密封间隙的大小,控制空气预热器漏风 |
| | | 空预器密封调整装置故障及时消除 |
| | (5)锅炉运行 | 提高锅炉负荷率以降低空气预热器漏风率 |
| | | 通过碱性高压热水冲洗,传热元件被彻底冲洗干净,保证烟风阻力不偏离设计值太多 |

续表

| 序号 | 内　　容 | 要　　求 |
|---|---|---|
| 9 | 除尘器漏风率 | |
| | | 除尘器各连接法兰和检修门、阀类、阀门封口填料应牢固完整,均不得有漏损现象 |
| | | 密封防漏应满足除尘器漏风率性能 |
| | | 有气压控制要求的气源管、压差管连接应可靠无泄漏 |
| | | 按期开展空气预热器漏风测试,为检修和运行提供依据 |
| 10 | 吹灰器投入率 | |
| | (1)吹灰器投入率指标 | 统计期间吹灰器投入率不低于98% |
| | (2)定期吹灰制度 | 定期吹灰制度完善 |
| | (3)吹灰器正常投运 | 定期进行吹灰工作或优化指导吹灰器投用,减少积灰,提高传热效果 |
| | | 根据锅炉受热面积灰情况、煤质情况、锅炉燃烧情况制定合理的吹灰器投入时间。吹灰本身是一种损失,有必要对吹灰方式、锅炉排烟温度、蒸汽参数等进行优化研究 |
| | | 吹灰器投运时出现故障及时消除 |
| | (4)吹灰器的定期维护保养和检修 | 定期检查、检修吹灰器 |
| | | 吹灰器配置符合要求 |
| | (5)吹灰系统技术改造 | 采用节能型吹灰器,如声波吹灰器、激波吹灰器等 |
| 11 | 煤粉细度 | |
| | (1)煤粉细度指标 | 合理控制煤粉细度,降低飞灰可燃物。挥发分、发热量较高的燃料一般容易燃烧,煤粉可粗一些;燃用挥发分低的煤,煤粉可磨得细一些;对于燃烧热负荷很高的锅炉,如液态排渣炉、旋风炉,煤粉可适当粗一些;性能好的磨煤机和分离器可使煤粉均匀性指数好,煤粉可粗一些;若锅炉经常在低负荷运行,由于炉膛温度较低,需要将煤粉磨得细一些 |
| | (2)制粉系统检修 | 大小修全面检查维修制粉系统 |
| | | 分离器折向挡板检查、清理、校正或加固 |
| | | 分离器等部件磨损处理 |
| | | 分离器密封漏风漏粉,制粉系统其他部分漏风漏粉缺陷处理 |
| | (3)制粉系统调整试验 | 进行制粉系统调整试验 |
| | | 制定制粉系统经济运行方式 |
| | | 运行中通过改变通风量或粗粉分离器挡板来调节煤粉细度 |
| | (4)煤粉定期取样化验 | 建立煤粉定期取样化验制度 |
| | | 定期取样化验 |
| | | 根据化验结果调整制粉系统 |
| | (5)制粉系统问题或缺陷 | 避免分离器效率低,回粉量大 |
| | | 回粉锁气器动作灵活无内漏 |
| | | 制粉系统存在影响煤粉细度的缺陷及时处理 |
| 12 | 制粉系统漏风系数 | |
| | 制粉系统漏风系数 | 符合要求 |

续表

| 序号 | 内　　容 | 要　　求 |
|---|---|---|
| 13 | 燃油指标 | |
| | (1)节油技术措施 | |
| | 节油管理制度 | 有节油管理制度、节油规划以及年度计划 |
| | (2)节油改造 | |
| | 燃油设备节油技术改造 | 进行节油改造分析,技术改造达到预期目标 |
| | (3)油耗指标管理 | 锅炉燃用油符合定额 |
| | 机组低负荷稳燃用油情况 | 进行低负荷不投油稳燃试验(校核煤质) |
| | | 机组最低不投油稳燃负荷达标 |
| | | 低负荷投油稳燃时,记录机组负荷、炉膛负压、氧量、燃油量、火检情况等情况 |
| | 机组启停过程中的点火用油 | 进行点火用油统计,机组启停记录完整(大小修、调停、临故修) |
| | | 有锅炉炉底加热系统的机组在冷态启动时按规定投用 |
| | 油务管理 | 生产燃用油不得用作非生产用 |
| | | 来油、储油与用油对应 |
| | | 燃油分析化验人员持证上岗 |
| | | 入厂燃油化验单 |
| | | 按要求对来油的水分、硫分、闪点、凝固点、黏度、比重进行分析化验,进行月度存油发热量分析化验 |
| | | 燃油入厂台账 |
| | | 用油台账 |
| | 燃油计量、统计、分析 | 定期盘油记录 |
| | | 定期检验油量标尺等计量装置的准确性 |
| | | 进行单炉燃油量统计 |
| | | 每月应对燃油情况进行分析 |
| | 燃油设备系统状况 | 燃油系统无渗漏 |
| | | 燃油伴热装置能正常投用 |
| | | 存在影响油耗的其他缺陷及时消除 |

## 二、汽轮机及其辅助系统

汽轮机的损失分汽轮机内部损失和外部损失。汽轮机内部损失是指直接影响蒸汽热力状态的各种损失，如喷嘴损失、叶片损失、余速损失、叶高损失、扇形损失、摩擦鼓风损失、部分进汽损失、漏汽损失、湿气损失、进汽机构的节流损失及排汽管压力损失等。汽轮机的外部损失是指不影响蒸汽状态的损失，主要是指机械损失和轴端损失。

提高汽轮机本体的效率的途径，主要是减小汽轮机的各项损失。减少漏汽损失和采用新型高效叶片是提高通流部分效率的主要措施。目前通流部分改造的主要技术有采用高效率新叶型、三元流设计（包括弯扭联合成型技术、斜置静叶技术、可控涡技术、子午通道优化技术、高效末级叶片技术等）、新型汽封（包括可调汽封、多齿汽封、椭圆汽封等）、高效进汽室和排汽缸和降低阀门及进排汽管损失等措施，以获得尽可能高的级内效率；也可以通过提高汽轮机的进汽参数，降低其排汽压力的方式以获得尽可能高的循环效率。目前大型机组采用新汽压力为 16.5MPa、新汽温度和再热温度为 535℃的亚临界参数；新汽压力 24MPa，新汽温度和再热温度为 535～565℃的超临界参数；新汽压力大于 26MPa，新汽温度和再热温度为 600℃的超超临界参数；使用这些汽轮机的电站热效率超过 40％；同时增大冷却水流量或增大凝汽器冷却面积，加长末级叶片，实现更低的排汽压力，目前常用的排汽压力为 0.005～0.008MPa。另外，各类辅助系统的优化运行也起着重要作用。

#### 1. 汽轮机通流部分改造

早期投产的 200MW、300MW 甚至 600MW 机组，汽轮机运行效率偏低，安全性和经济性较差，严重影响电厂的经济性，除部分机组实施关停外，有必要实施通流部分改造。国内各汽轮机制造厂在吸取国外旧机改造经验的基础上，应用现代先进的设计技术，已有计划、有规模地对 300MW、200MW、125MW、100MW 等多台国产型机组实施了改造，取得很大成绩。当前重点是 200MW 供热机组、300MW 机组和早期 600MW 机组的改造。

对汽轮机通流效率较低的机组，通过通流部分改造、精修通流部件、调整汽门重叠度及汽封改造等措施，降低机组热耗率。改造选用先进成熟的技术措施进行改造，提高机组的安全可靠性和经济性：汽轮机与发电机及锅炉的接口不变；汽轮机回热系统基本不变；各抽汽口抽汽参数基本不变；汽轮机基础、轴承箱与轴承座不动；改造后设备满足现场安装要求。

（1）改造的主要内容

① 根据情况，确定更换主轴或不更换主轴。

② 高压缸：高压缸导流环改造，叶轮、叶片改造，隔板改造。

③ 中压缸：叶轮、叶片改造，隔板改造。

④ 低压缸：叶轮、叶片改造，隔板改造。

⑤ 前箱、中箱改造，滑销系统改造。

⑥ 汽封系统改造。

（2）改造的技术措施

① 叶片型线设计：考虑动静叶片的相互干扰，利用先进的非数值优化方法与常规的数值优化方法相结合，针对不同工作条件下的叶片型线进行优化设计。优化后的型线具有如下突出特点：叶片型线高阶光滑，叶片型线损失很小；独特的叶片前缘设计，使得叶片对来流攻角变化不敏感；较薄的叶片尾缘，减小了叶片的尾迹损失；较大的叶片最大厚度，增强了叶片的刚性。

② 叶栅的气动设计：调节级的性能对汽轮机整体效率以及出力具有较大影响。在对叶片型线优化设计的同时，对子午通道的收缩型线也进行了优化设计，对调节级不同进汽度下的流动进行分析，采用经过优化后的收缩子午面调节级叶栅，从而能够进一步提高调节级性能，使调节级的效率更高。高压缸分流静叶栅：高压缸前几级改造后采用分流静叶栅，可使叶栅损失大幅度降低，缸效率提高。弯扭联合成型静叶栅：高、中压缸 5～22 级

静叶全部采用弯扭静叶片，弯扭静叶采用专用数控机床加工，加工精度高。

③ 通流子午面光顺：高、中压缸各级动叶片均采用自带围带整圈连接，动叶围带加工为内斜外平结构，按流道形状设计成圆锥面，相应地，动叶片根部及相邻静叶片根部与顶部也设计成圆锥面，通流部分子午面十分光顺，大大提高通流效率。

④ 汽封：动叶顶部增加径向汽封齿数量，减少动叶顶部漏汽。更换布莱登可调汽封或蜂窝式汽封。

**【案例】 某厂300MW机组通流部分的改造**

某厂有 4 台国产 300MW 机组，均为早期国内自行设计、制造的 N300-165/550/500 型、亚临界压力、中间再热、四缸四排汽冷凝式汽轮机。由于机组原设计的经验不足，通流部分效率不高。

存在的主要问题如下：

① 原通流计算采用一元或简单径向平衡；

② 叶片损失（包括型面损失、尾迹损失、冲角损失和端损等）较大；

③ 子午流道不光滑，特别是中压缸末几级和低压缸中的各级；

④ 级焓降、速比、反动度等级参数的选取不够合理，特别是低压各级；

⑤ 各类汽封的间隙过大，汽封齿数较少，结构也不够合理。

改造方案如下：

① 采用全三维叶片，减少叶型损失；

② 优化叶高，采用可控涡技术，减少二次流损失；

③ 在高压缸采用双道齿或三道齿的径向迷宫密封，减少漏汽损失；

④ 低压缸采用蜂窝式汽封，减少了漏气损失及湿汽损失。

改造效果：改造后的性能试验一共做了 5 个工况，试验中平均不明泄漏量仅为 0.198%。性能考核试验按 ANSI/ASME PTC6.0 1996《汽轮机性能试验法规》进行。试验结果表明在额定工况下，与改造前高压缸内效率 79.6%、低压缸内效率 80.1% 相比，高压缸不含主汽门、调节汽门压损的内效率为 89.11%，低压缸包括排汽损失在内的内效率为 88.7%。

**2. 汽封改造**

汽封是汽轮机关键部件之一，其性能优劣对机组的经济性和可靠性有重要影响。在汽轮机的级内损失中，约 25% 来自漏汽损失，漏汽是导致汽轮机级效率降低的主要原因。采用新型汽封设计和改造技术更能减少系统的漏汽，因此采用新型高效汽封改造汽轮机传统的密封系统提高汽轮机效率得到高度重视和应用，积累了大量经验。

目前主要采用的汽封技术如下。

（1）可调汽封

可调汽封是一种在启动时有较大间隙，而在带负荷工况时，维持设计间隙的汽封结构。这种汽封的设计思想是机组在启停过程中，汽封圈的各弧段靠圆周方向的弹簧绷起，汽封圈内径增大，便于挠性转子安全地跨越临界转速，汽封齿不受磨损。机组开始带负荷后，每个汽封弧段在其外圆上蒸汽压力的作用下，克服弹簧力而自动合拢，使已调整好的汽封漏汽间隙不再变化，保证了机组带负荷运行时的经济性。实施可调式汽封改造时，不对汽轮机通流部分作任何改动，对原汽封主要尺寸亦不作什么变化，只进行一些补充加工即可实施。汽封改造主要用于高、中压的轴封和隔板汽封。

（2）蜂窝式汽封

它与传统的梳齿式汽封相比，只是没有低齿部分。在两个相邻高齿之间用真空钎焊技术焊接上正六边形蜂窝带。蜂窝带由厚度为 0.05～0.1mm 的不锈钢板加工而成。当汽轮机胀差过大时，传统迷宫式汽封的低齿与对应的凸台要错开，或称汽封齿掉台儿，这使低齿的作用受到削弱或消失。而蜂窝式密封则没有掉台儿的后顾之忧。密封上的蜂窝带，不仅能耐高温，而且质地也较软，当它与转子表面摩擦时，对转子无伤害。传统汽封的低齿以齿尖密封（实际是减少漏汽），蜂窝密封要以凸台宽"密封"，凸台宽对应 N 蜂窝时，就增加了（N－1）个低齿参与密封，漏汽量可以减少 30%～50%。

（3）小间隙汽封

在汽轮机的级中，动叶顶部受叶顶宽度的限制，一般只能设置两道汽封齿。但此处的反动度在该级中是最大的，其漏汽间隙也比隔板处的大，因此一般动叶顶部漏汽损失占漏气损失的绝大部分。对此采用小间隙汽封，如刷子汽封、接触式汽封、柔齿汽封以及弹性齿汽封等可以明显降低叶顶汽封漏汽量。其特点是汽封齿相当柔软，汽封齿安装间隙可为零，转子可自适应地摩擦出轴径轨迹所需要的汽封内椭圆，对转子表面都不会有损伤，这就使汽封漏汽间隙降到最小值，其效益非常明显。

**【案例】　可调汽封在 200MW 机组轴封改造中的应用**

某电厂 6 台机组总装机容量 1200MW，汽轮机组为东方汽轮机厂生产的 N200-130/535/535 型超高压、中间再热、三缸三排汽冷凝式汽轮机。原汽封结构采用传统的沿汽轮机轴分布的背撑弹簧式汽封。为提高机组效率和机组的负荷适应性，该电厂对所属六台机组进行了高、中压部分活动汽封改造，包括高、中压隔板汽封第 1～22 级，高压缸前后轴封及中压缸前轴封除最外侧一个汽封体内三圈汽封外的密封。活动汽封采用美国布莱登公司（BRANDON）技术，并采用该公司的弹簧。六台汽轮机活动汽封的改造，使高、中缸的效率不同程度地得以提高，对比分析表明：高、中缸热效率提高约 0.2%。存在的主要问题是活动汽封使用的弹簧寿命仍有待提高，特别是高温区的轴端汽封。

**3. 配汽结构优化**

汽轮机的配汽方式（又称进汽方式）包括节流配汽、喷嘴配汽、节流-喷嘴联合配汽。进汽结构节能优化主要是通过优化调整蒸汽进汽时的流动特性，减少流动损失。其具体方法，一是通过改变或调整运行特性降低能耗，如不同负荷下对应的配汽方式、改变阀门后喷嘴的分布或改变凸轮传动机构的凸轮型线等；二是通过优化改造蒸汽进汽流道，减少流动损失提高效率，如选用具有更好流动特性的进汽阀或汽缸进汽口结构优化改造等。

**【案例】　200MW 汽轮机配汽机构改造**

某发电厂 1、2 号机组为国产 N200-130/535/535 型三缸三排汽汽轮机。该机型按原有的设计思路主要承担基本负荷，随着电网调峰日益紧张，该机组开始频繁参与调峰，在夜间以定压方式低负荷运行于 120MW 附近，在白天运行于额定负荷附近。

存在问题：经过试验分析，发现该机在 120MW、200MW 两个最常工作的负荷点效率较低（调节阀节流损失大），严重影响经济性。在 120MW 负荷点，该机组主蒸汽流量约 400t/h(实测数据)，对应的凸轮转角约为 80°，这时 1 号、2 号调节阀尚未全开（阀后压力为 9.4MPa），存在 3MPa 的压力损失，3 号调节阀刚刚开启，流量很小。在这一负荷下效率低的主要原因是 1 号和 2 号调节阀存在节流损失，若能全部消除这一节流损失，将使调节级效率提高 8%，降低煤耗 1.6g/(kW·h)。产生节流损失的主要根源是第一、第二喷嘴组通流面积过大，使调节阀后压力偏低，现有机组共 52 只喷嘴，分 4 组，第一组 13 只，第二组 13 只，第三组 12 只，第四组 14 只。如果合理地减少第一、第二组的喷嘴数，就可以提高 1 号、2 号调节阀后压力，从而减少损失。在 200MW 负荷点，该机组的主蒸汽流量约 610t/h(实测数据)，若主汽参数保持 13MPa、535℃，循环水入口温度保持 20℃，则在额定负荷下的 4 个调节阀后压力分别为 12.5MPa、12.5MPa、11MPa、9.9MPa，调节级后压力为 9.5MPa，说明 3 号调节阀没有全开，存在 1.5MPa 节流损失，而 4 号调节阀已部分开启，也会产生节流损失，分析原因是 3 号和 4 号调节阀的重叠度太大。在哈汽 200MW 机组原设计中取较大重叠度的目的，是保证额定负荷点流量特性的线性度及降低油动机的最大提升力矩，但降低了效率。如果改造配汽机构，将 200MW 负荷点对应于 3 号调节阀全开、4 号调节阀几乎不开或微开，则可提高调节级效率，降低煤耗。

改造方案：根据国内同型机组的改造实践，为提高低负荷运行效率，可行的改造方法有两种：第一种是堵 1 号、2 号喷嘴组；第二种是根据 200MW 机组的喷嘴数分布，将 1 号、2 号与 3 号喷嘴组的进汽次序对换。考虑到改造时工程实施的方便性，选择了对换喷嘴组开启次序的方案。至于是喷嘴组 1 号、3 号对换还是 2 号、3 号对换，从效率角度考虑是相近的，考虑到调节级部分进汽产生的附加力对 1 瓦和 2 瓦的比压有影响，采用 2 号、3 号喷嘴组对换时部分进汽产生的附加力和改造前相同，最为安全。因此，选用 2 号、3 号喷嘴组对换的方案。

改造效果：在主蒸汽流量 430t/h 附近，改造后的热耗降低达 15.0kJ/(kW·h)，折合标准煤 0.514g/(kW·h)；在主蒸汽流量 610t/h 下，改造后热耗降低 9.2kJ/(kW·h)，折合标准煤 0.327g/(kW·h)。

**【案例】 600MW 汽轮机单阀切顺序阀运行**

单阀控制（节流配汽）和顺序阀控制（喷嘴配汽）是汽轮机主要的两种阀门控制方式。汽轮机采用顺序阀控制的时候，随着外负荷的变化，各调节阀按循序逐个开启或关闭。由于在部分负荷下，几个调节阀中只有一个或两个调节阀未全开，因此在相同的部分负荷下，汽轮机的进汽节流损失较小，其内效率的变化也较小。汽轮机采用单阀控制的时候，在部分负荷下，所有的调节阀均关小，进汽节流损失较大，在相同的部分负荷下，其内效率相应较低。显然，汽轮机组调节控制系统应该根据不同的运行工况在不同阀门控制方式之间进行切换，达到节能的效果，理论和实践均表明，合理改变汽轮机的阀门控制方式是非常有效的节能措施。

某发电厂 1、2 号汽轮机系某汽轮机公司引进 N600-16.7/538/538 型亚临界、中间再热、四缸四排汽、单轴、凝汽式机组，额定功率为 600MW，配有 2 个高压主汽门和 4 个高压调节汽门。

存在问题：两台机组投产半年后进行切顺序阀试运行，切换后 1、2 号瓦温高振动大，50％负荷时最高瓦温曾达到 97℃，且随着负荷的降低呈升高趋势，上述情况制约了切顺序阀运行的正常执行，致使机组效率不能获得最大程度的发挥。

改进措施：根据分析，采取了改变高压调节汽门的启停顺序，并对各高调门的重叠度进行优化：第一，采用对角进汽的顺序阀运行，具体是 1 号、4 号高调门同时开启，至约 350MW 负荷时再开 2 号高调门，近 600MW 时开 3 号高调门；第二，阀门特性曲线的重叠度及曲线突跳部分进行优先修缓，有力地确保切换过程中参数无明显变化及升降负荷过程中切换运行平稳；第三，切换负荷点是以二阀全开状态下的负荷为宜，但受主参数或网上负荷的需求，可在 330～500MW 内进行。

改进效果：2 号机组在运行中进行了单阀和顺序阀热耗对比试验：顺序阀 400MW 工况下的机组热耗率比单阀 400MW 工况下的机组热耗率低 204.641kJ/(kW·h)。顺序阀 480MW 工况下的机组热耗率比单阀 480MW 工况下的机组热耗率低 158.26kJ/(kW·h)。

### 4. 回热系统节能

(1) 回热加热器端差

加热器运行工况的好坏直接关系到电厂的热经济性。端差是加热器的性能指标之一，端差的存在和变化，虽没有发生直接的明显热损失，但却增加了热交换的不可逆性，产生了额外的冷源损失，降低了装置的热经济性。加热器按照内部汽水接触方式的不同，可分为混合式加热器与表面式加热器两类；表面式加热器由于金属热阻的存在必然存在端差，端差通常都是指加热器汽侧出口疏水温度（饱和温度）与水侧出口温度之差，有时也称为上端差（出口端差）。端差愈小，电厂热经济性就愈高。例如一台大型机组全部高压加热器的端差降低 1℃，机组热耗率就可降低约 0.06％。减小端差是以付出金属耗量和投资为代价的，通常通过技术经济比较确定相对合理的端差。我国的加热器端差，一般当无过热蒸汽冷却段时，$\theta=3\sim6$℃；有过热蒸汽冷却段时，$\theta=-1\sim2$℃。机组容量大，端差应选较小值。例如 ABB 公司 600MW 超临界燃煤机组，四台低压加热器端差均为 2.8℃；东芝 350MW 机组的四台低压加热器端差也为 2.8℃；国产优化引进型 300MW 机组最后三台低压热器均为 2.7℃。

加热器的端差大小、停运情况、加热器水位等是影响加热器运行热经济性的主要因素。若加热器的端差在增大，将造成该加热器的出口水温度降低，造成给水吸热量减少，相应的抽汽量减少，同时下一级（压力更高）加热器的进口水温度降低，抽汽量增加，使高品位的抽汽量增加，机组的热经济性下降。因此，在运行中应注意监视加热器的端差。高压加热器端差过大对机组的热耗影响很大，直接影响到机组的发电煤耗。国内很多机组，如 125MW 机组、200MW 机组、300MW 机组都存在加热器端差过大的问题。造成该机组端差大的原因有以下几个方面。

① 高加泄漏堵管，影响高加的传热效果，导致上下端差加大。高加泄漏堵管的有设计制造因素；此外，高加启停时，给水温度变化率超标也是造成高加泄漏堵管的一个

原因。

② 运行参数偏离设计参数较大。由于机组设计和制造缺陷，以及运行调整和系统泄漏的原因，机组运行的热力性能指标达不到设计值，使得机组在偏离设计值较大的工况下运行。

③ 加热器水位的影响。高压加热器在正常水位运行是保证加热器性能的最基本条件，当水位降低到一定程度，疏水冷却段水封丧失，蒸汽和疏水一起进入疏冷段，疏水得不到有效冷却，经济性降低；同时，水位过低易造成疏水带汽，使本级疏水的汽液两相流大量串入下一级加热器，排挤了下一级加热器的抽汽量，使高能级抽汽变为低能级使用，造成机组的经济性降低。

④ 管束表面污垢。加热器长期运行后，会在管子内外表面形成以氧化铁为主的污垢，降低了传热效果，增加压力损失，使高加出口温度降低，造成高加给水端差大。

⑤ 不凝结气体的存在使传热效率降低。加热器中不凝结气体的来源是加热器停用、检修时滞留在加热器壳侧和水侧的空气，抽汽或疏水带入或析出的不凝结气体。不凝结气体的存在降低了传热效果，增大了加热器的端差。

（2）回热加热器停运的影响

回热加热器特别是当高压加热器停运时对热经济性的影响会很大。汽轮机实际运行中，高压回热加热器处于高温、高压下工作，运行条件差，发生故障的机会较多。一旦高加发生故障，必须将其从系统中隔离出来，高加切除后，给水将绕旁路而行。一般情况下，高压加热器停运后，发电机组发电出力降低 8%～12%，锅炉受热面易超温损坏，发电煤耗将上升 3%～5%。

（3）加热器水位对机组经济性的影响

在电厂生产运行中对加热器水位偏高都很重视，因为加热器高水位运行可能引起汽轮机进水事故，且因部分管束被淹，有效传热面积减少，使热器性能下降，给水温度降低，运行经济性降低。从安全角度考虑，水位一定不能高，尽量在低水位运行，因此在电厂中常存在高、低压加热器运行水位偏低的情况，忽视了高、低加低水位运行对机组经济性的影响。

高、低压加热器低水位运行的危害：第一，机组经济性降低。汽轮机组的高、低压加压器如果疏水水位过低或无水位，蒸汽经疏水管串入相邻较低一级加热器，虽然蒸汽和热量没有出系统、没有发生明显的热量和工质损失，但是蒸汽的品位能级却由高变低，能量发生了贬值，即蒸汽从上一级加热器串入下一级加热器，大量排挤低压抽汽，因而热经济性降低。第二，造成加热器管束冲刷，影响寿命。加热器水位偏低，水封丧失，疏水段水中带汽，管子受高速汽流冲刷，易引起管子振动和疲劳破坏，并可能使下一级加热器汽侧超压，损害严重处多集中在水封进口底层的管排上。第三，造成疏水管系振动、冲刷。加热器水位偏低，疏水段水中带汽，疏水冷却不充分，基本上为饱和水，甚至为汽液共流，疏水经调节阀后，压力下降，疏水部分汽化，使容积流量增加，流速加快，导致管道及阀门、法兰等产生振动，冲刷加剧，极易磨损，在管束弯头处更严重。第四，造成水位波动、疏水不畅。高加水位低时，疏水可能汽化及汽水共流，疏水容积流量增大，有效疏水流量减少，有可能出现疏水流动不畅现象，易造成水位波动。

通过对 200MW 机组三台高压加热器低水位运行机组经济性的粗略计算，假设由于低水位运行使各加热器抽汽串入下一级的份额均为 0.25，按照等效热降分析理论，计算出三台高压加热器（抽汽压力从高到低）装置效率的相对降低分别为 0.074%、0.325%、0.019%，因此 3 台高压加热器运行水位过低，使得总装置效率相对降低 0.074% + 0.325% + 0.019% = 0.418%，可见 200MW 机组高加热器运行水位过低，对经济性的影响很大。

### 5. 疏水系统节能

加热蒸汽进入表面式加热器放热后，冷凝为凝结水称为疏水，为保证加热器内换热过程的连续进行，必须将疏水收集并汇集于系统的主水流中（主给水或主凝结水）中。通常疏水的收集方式有两种：一是利用相邻表面式加热器汽侧压差，将压力较高的疏水自流到压力较低的加热器中，逐级自流直至与主水流汇合，这种方式称为疏水逐级自流方式。另一种是疏水泵方式，疏水必须借助于疏水泵将疏水与水侧的主水流在该加热器的出口处混合，此时混合温差最小，经济性也好。

两种不同的疏水收集方式中，疏水泵方式的热经济性仅次于没有疏水的混合式加热器。因为疏水和主水流（主给水或主凝结水）混合后可以减少该级加热器的出口端差，因而提高了热经济性。但由于疏水量不大，如低压加热器的疏水量只占主凝结水量的 2%～5%，混合后主凝结水温度约升高 0.5℃左右，比无端差的混合式加热器热经济性低 0.4%左右。疏水逐级自流方式的热经济性最差。疏水逐级自流与疏水泵方式相比较，造成高压抽汽量增加、低压抽汽量减少，热经济降低，而疏水泵方式完全避免了对低压抽汽的排挤，提高了进入下级加热器的水温，使下级抽汽略有减少，故热经济较高。

【案例】

某电厂国产 300MW 机组的高加疏水系统由于疏水不畅，造成疏水水位高而解列，致使事故放水调节闸常开，造成凝汽器真空受到严重影响，回热系统热量损失很大，据与运行正常的 5、6 号高加疏水系统比较后发现疏水调节阀孔径偏小，为此提出了相应改进措施，并于 2000 年与 2001 年分别对 4 号及 3 号机组做了改进，改进后的运行表明，凝汽器热负荷及回热系统热损失均有了降低，管道流速减慢，解决了爆管及疏水不畅问题。

国内火电厂低加疏水系统容易出现相邻低加正常疏水疏不出去；高品质疏水未进入下一级加热器而直接进入凝汽器，增加机组冷源损失，降低机组效率，而且增加凝汽器热负荷，降低凝汽器真空。

【案例】

某电厂 6 号、7 号 300MW 机组均是由哈尔滨汽轮机厂制造的 N300-16.7/537/537 型汽轮机组，其低压回热系统有四台表面式加热器（按抽汽压力由高到低编号为 5、6、7、8），加热器疏水采用串联逐级自流的方式，为保证低加的安全运行，各加热器除设有正常疏水外，还设有一路危急疏水，将疏水直接输入到凝汽器。由于低加疏水系统长期存在疏水困难、危急疏水经常动作的问题，严重影响了机组的安全经济运行。两台的机组 7 号、8 号低加疏水系统自机组投运以来一直不正常，主要表现在：7 号、8 号低加正常疏水疏不出去，运行中的低加水位全靠危急疏水进行调整，将 7 号低加的疏水直接排入凝汽器，7 号低加汇集了 5 号、6 号、7 号三台低加的疏水共 83t/h，如此大量的高品质疏水，不能进入 8 号低加加热凝结水而直接排入凝汽器，这不仅增加了机组的冷源损失，降低了回热系统的循环效率，而且增加了凝汽器的热负荷，降低了凝汽器的真空，同时延长了夏季循环水泵双泵运行时间，增大了厂用电量。通过原因分析，确定了疏水系统的改造方案，取得了较好的节能效果。

通过对低加水位进行调节试验，发现疏水异常，确定是疏水管道设计方面的问题。资料表明，同类型机组也存在同样的问题。根据汽轮机的抽汽参数和低加疏水管道的安装尺寸，重点对低加正常疏水管路进行了水力计算，并根据计算结果结合现场实测情况，改造低加正常疏水管路。系统改造后的运行实践表明，两台 300MW 机组的 7 号、8 号低加疏水调节正常，水位能够稳定在（500±50)mm 范围内，危急疏水从未动作，降低了凝汽器热负荷，满足了机组安全经济运行的需要，改造效果明显。

### 6. 给水系统节能

给水调节系统可分为定速给水泵给水调节系统和变速给水泵调节系统。当采用定速给水泵时，给水调节系统是在保持给水泵特性曲线不变的条件下，通过改变给水自动调节门开度从而改变主给水管道阻力特性曲线，达到改变给水泵工作点的调节方式。这种调节方式节流损失大，给水泵单耗高。

当采用变速给水泵时，给水调节系统是在给水管道阻力特性曲线不变的条件下，通过改变给水泵转速来改变给水泵特性曲线，实现调节给水流量。与定速给水泵配多管路给水操作台相比，变速给水泵具有明显的节能优势，尤其是低负荷时的节电，安全可靠，启动、滑压运行和调峰的适应性更是定速给水泵不可比的，所以我国 125MW 以上的再热式机组均采用变速给水泵。一般在 300MW 以下再热机组多采用液力耦合器电动调速泵。300MW 及以上机组采用小汽轮机的调速器控制进汽量来调节泵的转速的。

### 【案例】 某厂 600MW 压临界机组无电泵启动技术

目前 600MW 汽轮发电机组给水系统典型的配置为 2 台 50％容量的汽动给水泵和 1 台 30％容量的电动给水泵，这种配置确保了汽轮发电机组能顺利实现冲转、并网和升负荷，有很大的灵活性。这种配置的灵活性主要得益于电动给水泵系统，其中包括电动给水泵组、出口电动阀与启动调节阀及其相关管路。电动给水泵系统在机组运行中，尤其在机组启动阶段具有极其重要的作用。但是，在机组实际运行中，尤其是在机组的调试阶段，电动给水泵因故不能正常投运的情况时常发生。在这种情况下为确保安全的同时，顺利实现汽轮发电机组的无电动给水泵启动将会带来很大的效益。国内多家电厂对此工作做了很有益处的尝试。尽管出现各种各样的问题，但在不同程度上也均实现了机组的启动。某电厂600MW 亚临界 6 号机组在调试阶段，在电动给水泵故障的情况下，顺利实现了机组的全程汽动给水泵启动，为机组以后的运行提供了很好的经验。

该电厂 6 号机组汽轮机为 N600-16.7/538/538 型亚临界、一次中间再热、单轴、四缸四排汽、凝汽式汽轮机。给水系统采用 2 台 50％的汽动给水泵组和 1 台 30％的电动给水泵组。在机组启动给水流量较小的情况下，采用电动给水泵启动，调节阀控制给水流量。

给水泵汽轮机的正常工作汽源为四级抽汽，备用汽源为冷再热蒸汽和辅助蒸汽。

在机组启动初期，本机的汽源是无法正常使用的，要实现无电动给水泵启动，就要求邻机辅助汽源必须能保证机组的顺利冲转和带初负荷。为了确认辅助蒸汽冲转给水泵汽轮机的能力，在机组正式启动之前进行了辅助蒸汽工作能力的测试。

辅助蒸汽测试表明，辅助蒸汽参数与四段抽汽相差无几，使用该辅助蒸汽启动机组顺利实现冲转、并网和带 120MW 负荷是完全可能的。

实际运行情况表明，6 号机组因电泵故障而被迫采用无电泵冷态启动是成功的，启动过程的经验总结如下。

（1）辅汽冲转能带多少负荷是顺利实现启动的关键。由于辅汽供小汽机调试用汽管径为 $\phi 219mm \times 6mm$，保证了足够的通流量冲转单台小汽机并带到 300MW 负荷。一台小汽机用四抽，另一台用辅汽，可使机组在 600MW 时稳定运行。

（2）该电厂 4 台机组辅汽通过辅汽母管相连，能够保障辅汽的参数和供应，应用汽泵启动是安全可靠的。但是由于 3 号、4 号机组辅汽由四抽供汽，而 5 号、6 号机组辅汽汽源为冷再热器，因此 4 台机组辅汽并列运行难度较大。设计时，各台机组辅汽汽源最好应一致。

（3）由于启动初期，用汽泵调节水位不如用电泵灵活，且控制汽包水位的工作量较大。该机组的无电泵启动方案是通过汽泵再循环阀全开、调整汽泵出口阀开度和汽泵转速以及锅炉定排和连排调节阀等手段来调节汽包水位。因此，若最初设计是将电泵出口旁路阀布置在省煤器入口电动阀处，那么采用汽泵启动，汽包水位更容易控制，增加了汽泵启动的安全、可靠性。

（4）电厂新建机组如已运行机组较多时，可以考虑汽泵启动的系统设计。这不仅使机组启动的安全性和可靠性得到保障，而且还节省电泵启动所耗用的大量厂用电，这是发电厂节能的一项措施。

### 7. 无除氧器的热力系统

无除氧器热力系统是指无高压除氧器及给水箱，而将表面式回热加热器换成混合式加热器。它是在给水加氧处理工艺和混合式低加的基础上发展起来的，将表面式低压回热加热器换成混合式加热器后，铜管取消，不仅消除了氧化铜的威胁，而且使加热器结构简化、造价降低；同时通过凝汽器及混合式低压加热器的二次除氧，使给水泵含氧量可降至 $5\mu g/kg$ 以下。由于取消了高压除氧器及给水箱，简化了系统、降低了投资和土建、运行费用。

从热经济性来看，除氧器虽也是混合式加热器，而且大机组都采用滑压运行，但在低负荷时（20％以下）仍要采用定压方式，必然带来节流损失。而采用无除氧器的混合式低压加热器后，热经济性有所提高，有关资料表明约可提高 0.84％～1.17％。

某电厂机组系从法国阿尔斯通公司引进无除氧器热力系统汽轮发电机组，机组型号为 T.2B.380.30.02.46，机组额定功率为 396.14MW。

（1）无除氧器热力系统结构

无除氧器热力系统包括 5 台低压加热器、2 台高压加热器。加热器疏水正常方式为：

7 号、6 号、5 号加热器的疏水逐级自流到 4 号低压加热器后，由加热器疏水泵打至 4 号加热器出口水流中，3 号、2 号、1 号加热器的疏水逐级自流到凝汽器。每个加热器的事故疏水均直接排至凝汽器。

（2）无除氧器热力系统的除氧原理

无除氧器热力系统的除氧是热力除氧和化学除氧相结合的方式。热力除氧在凝汽器中完成。无氧器热力系统中装有化学除氧加药装置，配 2 台可互为备用的加药泵。加药量可根据需要手动调节。加药接口设在轴封加热器和 1 号低压加热器之间。使用的除氧剂为 ELIMIN-OX，它是一种改性氨基化合物的水溶液，可水解为联氨。

（3）无除氧器热力系统特点

无除氧器热力系统在该电厂几年来的运行表明，与装有除氧器的系统相比较，无除氧器热力系统更简单，消除了除氧器满水和超压、除氧器水位低跳给水泵、除氧器抽汽逆止门不严使汽轮机或其轴封进水、给水箱壳体漏汽漏水等事故，减少了因机组辅助设备故障而导致机组降负荷甚至使机组跳闸的事故，因此无除氧器热力系统运行可靠性高。取消了外形庞大、系统连接复杂的除氧器，以及与其相连的管道、阀门和调节器，简化了热力系统，从而大大减少了电厂的初投资费用，也相应减少了运行维护及设备维修的工作量。因凝结水泵出口压力较高，能够满足在各种条件下的给水泵入口所需压力，所以没必要再设置给水前置泵，这样也就减少了电厂的初投资费用。投运以来，该热力系统维护工作量较小，主要的维护工作是清洗凝汽器和给水泵入口水滤网、给水泵再循环阀磨损检查修复、加热器安全门校验、凝结水泵电机轴承加油等。因此，维护工作量小、初投资费用低。

### 8. 凝汽器节能

凝汽器是汽轮机组的一个重要组成部分，其作用是将汽轮机排汽冷却凝结成水，形成高度真空，使进入汽轮机的蒸汽能膨胀做功。在凝汽式机组中，通过凝汽器散去的热量比用于驱动汽轮发电机组所消耗的热量还多，一台出力为 660MW 的机组，其冷却散热约为 780MW，因而凝汽器的运行状况能明显影响机组的热经济性。因此，维持凝汽器良好运行工况，保证达到最有利的真空是电厂节能的重要方面。运行实践表明，真空变化 1kPa，机组热耗变化约为 70kJ/(kW·h)，标煤变化 3～3.2g/(kW·h)。

凝汽器真空度反映了汽轮机的排气压力。对于一定的汽轮机，当蒸汽在汽轮机末级动叶斜切部分已达膨胀极限时，汽轮机功率不会因再提高真空而增加。进一步说，即使汽轮机末级尚未达膨胀极限，但由于随着背压的降低，排汽比容不断增大而末级排汽面积是一定的，于是末级排汽余速损失将不断增加，当由于背压降低而增加的有效热降等于余速损失的增量时，这时所达到的真空称为极限真空。如果冷却水进口温度一定，要提高真空达到极限真空就必须增加冷却水量，水泵耗功增加量就可能超过了汽轮机功率的增加量，反而使机组出力减小。只有提高真空所获得的净效益为最大时的真空才是最佳经济真空，即极限真空并不一定是最佳运行真空。实际运行中，一般冷却水量并不能连续调节，所以对每台汽轮机装置都应通过试验确定不同蒸汽流量及不同进口水温下的最佳运行真空。

（1）提高凝汽器真空度的途径

① 降低凝汽器端差。凝汽器排汽压力对应的饱和温度与凝汽器循环水出口温度差称

为凝汽器端差。凝汽器端差取决于凝汽器单位蒸汽负荷、传热系数和冷却水流量，另外还必须考虑真空系统漏气量和冷却水管表面污染程度，而传热系数本身又受很多因素的影响。在负荷和冷却水量一定的条件下，端差增大，往往是由于凝汽器管束内表面脏污及汽侧积存过量空气所致。端差大将使真空恶化，降低机组的经济性。运行中要密切监视端差的变化情况，以便于及时地采取措施进行相应的处理，使凝汽器始终运行在良好的状态。据计算，对于 100MW 机组冷却水温在 20℃ 时端差增加 1℃，机组煤耗上升 1.4g/（kW·h）。

② 清洗冷却面。在凝汽器中，污垢热阻有时会成为传热过程的主要热阻，结垢会使得冷却管的传热系数大大降低，即使只有厚 0.25mm 的水垢也可以使传热系数下降 31.2%。运行中对循环冷却水采用经过严格预处理的厂内水。冷却面结垢对真空的影响是逐步积累和增强的，判断冷却面是否结垢时，应与冷却面洁净时的运行数据作比较，结垢轻时采用物理清洗方法，当凝汽器冷却铜管结有硬垢，真空下降已无法维持正常运行时，则需进行酸洗等化学清洗。

③ 提高真空系统的严密性。运行时真空系统的空气严密性直接影响汽轮机运行的经济性，一般真空每下降 1%，汽耗也约增加 1%。凝汽器中的空气主要是通过汽轮机装置中处于真空状态下的不严密处漏入的，也有一小部分是由新蒸汽进入汽轮机时带来的。漏入的空气量与凝汽设备的尺寸、结构完善程度、安装质量和运行情况等因素有关。漏气量也随机组的负荷减少而增大，因为在低负荷时，处于真空状态下工作的区域增大，使漏气范围扩大。如汽轮机空转时，真空会一直延伸到调节级，此时漏入的空气量大为增加。定期对凝汽器进行检漏试验。

④ 降低冷却水温。在开式循环系统中，冷却水温完全由自然条件决定；而在闭式循环系统中，冷却水温度不仅受大气温度和相对湿度的影响，还取决于循环水设备（主要是冷水塔）的运行状况。冷水塔运行不良，其出口水温将明显升高。要保证水塔正常运行，应落实维护责任制，定期检查水塔内部喷嘴、溅水碟、配水槽、填料等运行状态，发现缺陷及时处理。冷却水进口温度越低真空越高，因此，冬季比夏季水温低，真空也较高。进入凝汽器的冷却水量与蒸汽量的比值称为凝汽器的冷却倍率。它表示凝结 1kg 蒸汽所需要的冷却水量，$m$ 值越大，冷却水温升越小，凝汽器就可以达到较低的压力，但因此而消耗的冷却水量及循环水泵的耗功也越大。现代凝汽器的冷却倍率约在 50～120 范围内，最佳的冷却倍率应通过技术经济比较来确定。

⑤ 增加冷却水量。冷却水凝汽器出入口温差反映冷却水量的大小，一般控制值为 8～10℃。改变冷却水量，可改变吸热量。虽然随着水量的增加，真空可逐步提高，但同时循环水泵的耗电量也相应增加，因而需试验确定其经济水量。

⑥ 降低凝结水过冷度。凝汽器运行时，凝结水温理论上应等于凝汽器压力下饱和温度。在实际运行中，由于蒸汽流动存在阻力，所以凝结水温度是低于凝汽器压力下的饱和温度，其差值称为过冷度。凝结水过冷度较大，意味着被循环水带走的热量增加，系统的热经济性下降，一般过冷度增加 1℃，对机组热耗率增加约 2kJ/（kW·h），发电厂的燃料消耗量约增加 0.1%～0.15%。用等效焓降法计算，如果过冷度增加 1℃，国产 200MW

机组效率相对降低 0.0234％，国产 300MW 机组效率相对降低 0.0215％。旧式凝汽器过冷度一般为 3～5℃，现代大型凝汽器由于采用回热式结构，管束设计更加完善，蒸汽流动阻力小，所以过冷度在额定负荷下可以接近等于零。

（2）凝汽器改造

早期投产的凝汽器多为单背压双流程式凝汽器，凝汽器排管方式采用外围带状式或卵状式，冷却管材多采用海军黄铜（HSn70-1A）。主要问题有汽轮机排汽压力高、凝汽器过冷度大、冷却管断裂、堵管严重、特别是由于运行时间较长，腐蚀严重，因此需要对凝汽器进行改造。

① 改造基本原则

a. 管排优化。选择传热系数较高的管子，减少主凝结区的汽阻，合理布置空气冷却区，设置汽侧挡板等。

b. 合理选择管材。近几年凝汽器的改造广泛使用不锈钢管代替铜管，主要是由于不锈钢管抗冲蚀性好、抗腐蚀能力强、不易结垢、使用寿命长。虽然不锈钢管的导热率仅为铜管的 55％左右，但不锈钢管可以很薄、内壁光滑、不易沾污，同时可增加管内流速以提高换热能力。实践证明，采用不锈钢管代替铜管的改造是比较成熟的技术。对于采用中水或海水的电厂，凝汽器管材可选用 TP316 和钛合金管。

② 执行标准

DL/T712　火力发电厂凝汽器管选材导则。

GB/T3625　换热器及冷凝器用钛及钛合金管。

### 9. 抽气器的节能改造

火电厂运行中，必须及时抽出凝汽器中非凝结气体，以维持凝汽器真空。目前火力发电厂的抽真空系统主要有两种方式：一是采用抽气器抽气系统（包括射水抽气系统和射汽抽气系统）；二是采用真空泵抽气系统。射汽抽气器，就节电节水而言，不亚于真空泵系统，但射汽抽气器在设计工况下要求工作蒸汽压力定压运行，否则其性能将会恶化，对于单元制运行的机组，特别是负荷变动比较频繁的机组，其适应性受限制。射水抽气器系统和液环真空泵系统，前者主要用于中小型机组，后者则广泛应用于 300MW、600MW 机组，而且从近期投入运行的中小型机组的抽真空系统配置看，由射水抽气器改为真空泵是趋势。

某厂引进型国产 300MW 机组原抽真空系统分别有 3 台 12Sh-6B 型（电机功率为 220kW）射水泵，由于射抽效率较低，正常运行时必须全部投入射水泵，无法备用，耗电量较大；射抽系统效率低，使凝汽器真空达不到设计要求，真空严密性平均为 0.6kPa/min。经过可行性分析和论证，将原射水抽汽系统所有设备全部拆除，采用 2 台（1 用 1 备）美国 NASH TC-11 型双级真空泵来抽凝汽器真空，改造后取得很好效果。改造前 3 台射水泵（电机功率 220kW）同时运行，改造后只需 1 台真空泵（电机功率 110kW）运行，每小时节约用电功率为 550kW，同时，试验数据表明机组真空平均提高 0.45kPa。

【案例】

某电厂 10 号机组是国产早期 300MW 机组，主机配有 1 台凝汽器，2 台给水泵，汽轮机各配有 1 台凝汽器。每台凝汽器都有各自独立的抽气系统。由于机组使用的射水抽气器技术落后，且服役时间长，性能老化，常年耗功在 600kW 以上，耗水量达 2300t/h 左右。针对以上问题，对真空系统进行了改造，将射水抽气器系统改为真空泵抽气系统。改造后的真空抽气系统按主机、小机各有 1 套抽气系统，其中 2 台小机共用 1 套抽气系统。主机选用 3 台 NASH 公司 TC-Ⅱ型水环真空泵，单泵出力 75kg/h，小机选用 3 台 TCM-3 型水环真空泵，单泵出力 9kg/h。另配有 2 台轴封加热器风机代替原来的轴封抽气器。真空系统采用水环真空泵后，取消原来的射水泵及主、小机射水抽气器。真空泵冷却器的冷却水取自公滤出口母管，回水回至原射水收集箱的出水母管。真空泵的补水水源取自除盐水。改造后试验及运行情况表明，主机真空泵只需 1 台运行即可满足运行要求，小机真空泵 1 台运行即可满足 2 台小机运行。改造后机组真空得到了很好的改善，经济性得到了明显提高。改造前 2 台射水泵累计耗电功率为 753kW。改造后，主机 1 台真空泵 110kW，小机 1 台真空泵 18.5kW，主机真空泵的密封水泵 3kW，轴封加热器风机 18.5kW，改造后真空系统累计耗电功率 146.5kW，仅节约厂用电一项，用 4.24 年即可收回全部投资。

### 10. 冷却塔的节能

我国除沿海地区外，火电厂循环水系统大多采用闭式循环，采用自然通风冷却塔冷却循环水。实际运行中，冷却塔工作不正常，出塔水温高于设计值，导致凝汽器真空下降，机组经济性降低。电厂凝汽器循环水进口温度升高 1℃ 带来的节能潜力是很大的，研究表明，由于冷却塔的冷却能力降低造成出塔水温升高 1℃ 时，可使机组煤耗增加 $1g/(kW \cdot h)$ 左右，热耗增加 $30kJ/(kW \cdot h)$。因此冷却塔存在着巨大的节能潜力，不能将电厂冷却塔作为建筑物对待，应把冷却塔作为主要设备，根据具体情况及时维护，以确保机组的安全经济运行。

（1）影响冷却塔性能和出口水温的主要因素

① 淋水填料。循环水散热过程与塔内空气分布、水分布和淋水填料的性能密切相关，淋水填料的优劣直接影响冷却塔的运行经济性和出塔水温。

② 淋水密度。淋水密度是指单位面积淋水填料所通过的冷却水量，它也是影响冷却塔出塔水温的主要因素之一，由于运行方式不当、维修不及时造成喷嘴堵塞、损坏、填料破损及生长藻类，致使换热面积相对减少 1%～25%，造成出塔水温发生变化。

③ 循环水流量。影响冷却塔传热性能的另一个重要参数是循环水量，增加循环水量有益于凝汽器侧热交换、可提高凝汽器真空度；但对于冷却塔来说，当出塔空气的相对湿度未达到饱和时，增加循环水量，可使出塔空气逐渐趋于饱和，此时若继续增加循环水量，过量热水放出的热量已无法被空气吸收，出塔水温反而很快升高，且增加循环水量还需要多消耗泵的功率，降低机组经济性。实际上是以循环水泵耗功来补偿冷却塔出口水温的，循环水量不能无限增加，应选择一个最佳值。

（2）冷却塔改造

早期的自然通风冷却塔一般为水泥方格网结构；部分冷却水塔运行 10～15 年后，塔内的除水器、配水系统、淋水填料及内壁涂料均会严重老化，导致冷却塔内壁渗水，除水器变形，配水槽裂缝或配水管端头开裂，喷溅装置脱落或损坏，加之淋水填料结垢堵塞或因冰载、水流冲击造成破损等，直接影响机组安全运行及经济性。因此，需要对冷却水塔进行技术改造。

① 喷溅装置。应考虑溅水底盘牢固，防堵塞能力强，流量系数较大，溅散效果较好的喷头。例如：TPⅡ型；多层流型。

② 淋水填料。应根据使用条件进行技术经济比较。当循环水水质较好时，考虑把淋水填料的热力性能放在首位，选用热力性能好的片型，如斜波型（斜折波、S形波、台阶波）；而在严寒地区，考虑冬季冰载，应选择荷载强度较高的淋水填料，如复合波型；如果电厂的循环水水质较差，应优先考虑选用防堵能力强的淋水填料，如折波型（包括折波、人字波、斜梯波）。

冷却塔改造施工时，如果有内壁涂刷或喷浆施工，应待涂喷完工后再进行冷却塔塔芯材料改造，以免造成淋水填料不必要的堵塞。

自然通风冷却塔应首选材质为PVC的BO160-45型卷边型除水器，其除水效果较好，通风阻力小，整体刚度好，长期使用不变形。

【案例】

某电厂300MW机组原7000m² 冷却塔采用水泥网格板，安装运行至今已有13年。由于运行年限较长，网格板已老化，表面结垢严重，部分塌陷，热力特性差，阻力大，致使目前凝汽器运行进水温度明显偏高，年平均温度约31.5℃。

通过实施一系列改造，对冷却塔布水槽进行清污，及时更换损坏的喷溅盘，并对1号冷却塔2000m² 水泥网格板进行翻堆更换；采用新型高效PVC双斜波淋水填料；采用合金铸铁托架，减少通风阻力；采用TP-Ⅱ型喷溅装置，改造配水系统；采用新型PVC收水器。改造取得明显效果，改造费用约240万～330万元，使改造后的冷却水温年平均降低2℃，真空提高1%，汽轮机效率提高0.75%。可取得经济效益300万元/年。

总之，在冷却塔的运行中，最重要的是检查冷却塔热力性能是否正常，加强运行维护。为使冷却塔能在最佳状态下运行，一方面应加强监督维护，对引起性能下降的诸多要素逐条加以分析，建立完善的考核制度，选择维护费用最低、性能较高的冷却塔运行方式；另一方面，应对那些长期运行造成其性能下降的或因设计造成的冷却塔出力不足，应考虑进行技术改造以提高其热力性能。

## 11. 循环水系统运行方式的优化

循环水泵所耗用的电能约占总发电量的1%～1.5%，合理选择循环水系统的运行方式是发电厂节能的重要方面。

在汽轮机排汽量和循环水温一定的情况下，随着循环水量的增加，凝汽器真空升高，汽轮机增加功率输出，但同时循环水泵的耗功亦随之增多，抵偿增发功率的收益，使汽轮机的增发功率与循环泵耗电量之差达到最大的循环水量称最佳循环水量，相应凝汽器真空称最佳真空。对具体的电厂来说，由于气象条件和燃料价格等的不同，需要根据试验研究和经济分析来确定凝汽器的最佳真空。循环水系统运行方式的优化就是如果电厂的循环水量能够连续调节可计算实际最优循环水量，如果循环水量不能连续调节时，可改变循环水泵的不同组合方式对水量进行间断调节。

## 【案例】

某电厂 300MW 机组为 N300-16.7/537/537 型凝汽式汽轮机。最大功率 330MW，设计排汽压力 4.90kPa。凝汽器为 N-17500-1 型，单壳体，双对分，双流程，表面式。冷凝铜管直径为 28.57mm，管长为 10700mm，冷却面积为 17500m²。循环水系统为单元制闭式系统，机组配有两台双速循环水泵，其转速为 334/375r/min。运行中水泵 4 种组合方式：单泵低速、单泵高速、双泵高-低速并联、双泵高速并联，分别对应于 4 种不同的循环水量。采用离散优化算法对该机组的循环水泵运行方式进行计算，得到循环水量最佳运行工况图。运行人员可以在任意循环水温、任意负荷下确定最经济的循环水泵运行方式。这样可以保证任何工况下每台机组的凝汽器运行真空接近其最佳值，从而大幅度降低厂用电。该电厂通过合理安排循环水泵运行方式，使机组运行安全性和经济性都得到了提高。

## 【案例】

某电厂 350MW 机组循环水系统采用海水开式冷却方式，根据 350MW 机组凝汽器的工作特点及循环水泵的运行方式，通过试验，在冬季采用单台循环水泵运行代替原设计双台循环水泵运行，并且通过调整凝汽器海水侧出口门的开度来调节循环水量，找出单台循环水泵在冬季运行的最佳工作点，通过循环水泵台数控制及凝汽器出口门的调节这两种优化运行方式，节约了大量的厂用电，取得了明显的经济与社会效益。

### 12. 采用滑压运行方式节能

随着大容量机组的日益增多，目前较多过去的电网主力机组转变为调峰机组。必须时常在 100%～50%负荷之间作大幅度的变工况运行。这时若采用定压运行方式，在负荷变化较大的情况下，其经济性差的问题已越显突出。因为在变工况额定汽压运行方式下，低负荷时机组的运行出力已大大偏离其经济出力，汽机调门的节流损失将明显影响机组的经济效率，这从机组的运行数据和热力试验结果都已充分表明。因此，在负荷变化较大的变工况运行时采用保持额定压力的定压运行方式是不经济的，造成机组日平均效率降低、煤耗上升，从而导致发电成本的增加。另外，定压低负荷运行还造成给水泵的能耗增大。因此，科学合理的界定定、滑压运行经济工况点对于提高机组运行的热经济性有着十分重要的意义。因此采用合适的滑压运行方式，可以将机组的低负荷运行不利影响降到最低限度。

对于一般的大型汽轮发电机组来说，部分负荷时采用滑压运行方式，不仅能够提高机组的经济性，增强参与机组调峰的灵活性，同时使汽轮机组的安全性也有所提高，使机组在改变负荷时部件所受的热应力冲击较小，降低了设备的寿命损耗。滑压运行经济性相对较高。第一，汽轮机可以保持较高的相对内效率，因为在部分负荷时通过汽轮机的容积流量几乎不随负荷的变化而改变。第二，过热和再热蒸汽温度均能在较大的范围内维持不变。第三，除氧器和给水泵采用相应的滑压运行，将大大提高机组的经济性。除氧器滑压运行既可消除其定压运行时抽汽附加的节流损失，又可以提高回热系统的运行效果；给水泵是现代大电厂中耗功最大的辅机，一般占厂用电的 3%左右，在低负荷时利用调速给水泵可大大降低厂用电量。

滑压方式的实施：第一，通过热力试验确定经济工况点。滑压运行的经济性较高，只是相对于机组在部分负荷的情况下，具体的负荷多少也不能一概而论，要根据机、炉的整体情况，通过进行定、滑压热力试验的经济性比较，找出不同负荷下的经济工况点。一般机组采用"定—滑—定"的运行方式，即在80%以上额定负荷（高负荷区）定压运行经济性高，在80%~50%额定负荷时滑压运行经济性较高，而在50%额定负荷以下时定压运行经济性较高。第二，确定滑压运行曲线。通过机组的综合比较，确定出最佳的运行方式，将绘制的滑压曲线编入运行规程。第三，实行各机组负荷的经济调度。对于同厂或各火电厂之间，用等微增煤耗率的原则经济分配各机负荷。

**【案例】 300MW 机组运行方式的优化**

某发电厂1号机组，汽机为哈尔滨汽轮机厂制造的 N300-16.7/537/537 亚临界一次中间再热、高中压合缸、双缸双排汽单轴反动凝汽式汽轮机。锅炉是由哈尔滨锅炉厂制造 HG-1025/18.2-YM6 型亚临界一次中间再热控制循环汽包炉。给水泵为一台电泵、两台汽泵，选择四种运行方式是进行试验来比较低负荷运行的经济性和安全性：单阀定压、顺序阀定压、定滑定、全滑压，试验时将辅汽与其他机组隔离，将除氧器补至高水位，停止锅炉排污和系统补水，保持热力系统及设备运行方式正常，每种运行方式分 300MW、210MW、180MW、150MW 四个工况。经过试验数据的统计计算，得出不同运行方式在不同工况下机组安全性和经济性的对比情况。比较四种运行方式的热耗率可以看出，在 210~300MW 负荷段，"定—滑—定"和顺序阀定压曲线接近，其热耗率明显低于单阀定压和全滑压运行；240MW、210MW 负荷时，"定—滑—定"比单阀定压运行热耗分别降低 100kJ/(kW·h) 和 150kJ/(kW·h)；在 210~150MW 负荷段，"定—滑—定"处于滑压运行，其热耗低于顺序阀定压运行，在四种运行方式中为最低。180MW、150MW 负荷时，"定—滑—定"比顺序阀定压运行分别降低 25kJ/(kW·h) 和 270kJ/(kW·h)，说明较低负荷时滑压运行更为经济。

通过对以上试验的结果分析认为，该发电厂1号机组采用"定—滑—定"运行方式较为合理，具体为：在 300~200MW 荷段采用定压运行方式，主汽压力和温度为额定值，用调节汽门调节负荷，这样汽轮机调节汽门具有一定的调节裕度，可以在电网负荷变化时，用调节汽门裕度进行负荷调节，使机组具有一定的容量参与调频，其经济性与滑压运行相差不大。在 210~150MW 荷段采用滑压运行方式，即维持调节汽门开度不变，主汽压力随负荷减小而降低，主汽温度为额定值。其优越性在于：由于滑压运行时，高压调门节流损失减小，蒸汽容积流量基本不变，而且漏汽损失及末级叶片湿汽损失减小，使机组的相对内效率比定压运行有较大提高，虽然低负荷时机组在滑压状态下的循环热效率较低，但缸内效率的增加幅度比循环热效率的下降幅度要大，机组的绝对内效率是增加的。因而其经济性好于定压运行。由于滑压运行时高压缸排汽温度基本不变，这样锅炉再热器中温升变化较小，使新蒸汽和再热蒸汽的温度易于维持，同时改善了中低压缸的工作状况，提高了机组运行的安全可靠性。采用滑压运行，使给水泵出口压力大幅度下降，这样大大降低了给水泵功耗。在 150MW 负荷时主蒸汽滑至 11MPa，150MW 以下负荷为保证锅炉燃烧的稳定性，宜采用定压运行方式。

### 13. 汽轮机供热改造节能

供热式汽轮机是一种同时承担供热和发电两项任务的汽轮机，它有背压式和调节抽汽式两种类型。供热汽轮机在动力循环中，不可避免地有一部分热能没有转换为机械能，而排放到低温热源中，形成冷源损失，使循环的热效率降低。这一部分低位热能，数量是相当可观的。对于凝汽式汽轮机来说，排汽压力一般为 0.005MPa 左右，排汽焓值和相应凝结水的焓值之差，一般有 2200kJ/kg，这也就是 1kg 蒸汽在凝结时所放出的热量。这个数字比机组的整机理想焓降还要大。如国产 200MW 汽轮机，整机理想焓降为 1720.7kJ/kg，小于 2200kJ/kg（冷源损失）。如果能充分利用其中一部分热能，则可以大大提高火电厂的循环热效率。目前，大容量火电机组的热效率约 40%。但实行热电联产之后，热效率就会提高。对于背压式汽轮机，热电比可达 6～8，从而可以使整机热效率达 85% 左右。而调节抽汽式汽轮机组，由于保留了冷源损失装置，其热效率高于凝汽式汽轮机组而低于背压式汽轮机组，约为 40%～85% 之间。

中小型凝汽式汽轮机组技术经济指标差、煤耗高、效率低，按照国家政策，纯凝汽式小机组将被逐步关停。所以纯凝汽式中小机组只有改造为供热机组才能节能而符合国家政策，取得良好的经济和社会效益。

纯凝汽机组改造为供热机组的改造要求如下：

（1）采用的改造技术和结构部件安全可靠，技术成熟。

（2）根据国家四部委《关于发展热电联产的若干规定》和国家经贸委《关于关停小火电机组实施意见》文件的精神，确定退役凝汽机组改为抽汽机组后的年均热电比大于50%，总热效率大于 45%。

（3）以热定电，按配套锅炉设备的额定出力，力求尽量增大供热量，以满足工业抽汽的要求。

（4）以运转平台基础和轴承跨距不变动进行结构设计，便于施工，改造工作量小。

（5）尽量采用当前国内最先进的同类型机组成熟的改造技术，力求节能降耗，提高经济性。

（6）尽可能保留原凝汽机组的可用部件及附属设备，减小改造范围。

（7）自动主汽门、调速汽门安装位置不变，与凝汽器接口形式不变，与发电机的连接方式不变。

（8）优化回热系统设计，改造后不影响回热系统设备的安全运行，补水采用凝汽器补水方式。

纯凝汽机组改造为供热机组的几种方案大致有四种：第一种是开非调整抽汽口，利用抽汽供热（可在调节级后开孔、扩大原有非调节抽汽口或在高压凝汽式机组的分缸导汽管上抽汽等）；第二种是改为可调抽汽凝汽式汽轮机，利用抽汽供热（需更换汽轮机本体或部分）；第三种是改为背压式汽轮机，利用排汽供热；第四种是供热机组低真空运行，利用热网水代替循环水来供热。其中，凝汽式汽轮机低真空运行改造中，汽机本体改造主要有本体不做任何改造进行低真空运行、摘去后几级叶轮或者后几级叶片、堵隔板或喷嘴等三种方式。

### 14. 大型汽轮机快速冷却

随着汽轮发电机组参数、容量的不断提高，机组金属壁厚不断增大，同时保温质量的提高，使汽轮机停机后的自然冷却速度势必减慢，停机冷却时间增加，直接影响了机组的投运率。因此机组停机后的快速冷却对提高设备的利用率具有重要作用。

快冷技术按照冷却介质不同可分为压缩空气冷却和蒸汽冷却两种。汽轮机压缩空气快冷方式是利用压缩空气进行汽缸快冷，需要一套压缩空气加热装置，以便与汽缸金属温度相匹配。汽轮机蒸汽快冷方式是利用现有的汽轮机热力系统，利用停机后的锅炉余汽或厂用蒸汽母管的汽源。

在汽轮机快速冷却中监测的主要参数有汽缸金属温度、转子热应力、胀差。某电厂为 2×700MW 进口机组。汽机为日本三菱公司自行设计的 TC4F-40 型三缸四排汽凝汽式机组，汽机采用高中压缸设计，锅炉为三菱强制循环汽包炉，控制系统为三菱公司的 IDOL 控制系统。由于汽轮机热容量大，保温性能良好，停机后自然冷却时间长，按规程规定当高压缸第一级金属温度降至低于 150～205℃时，方可停止汽机盘车和油系统运行。电厂在设计时就配置了汽机强制冷却装置，由各压缩空气系统中经过干燥的仪用气向其提供气源。仪用空气通过手动隔离阀、汽动阀后分成五路进入汽机，其中两路经过高压调门导气管进入高压缸，一路经高压缸内缸疏水管路进入高压缸，两路经中压调门导气管进入中压缸。由于该发电厂汽机为高中压合缸设计，进入高压缸的冷却空气经高排逆止门前疏水阀进入凝汽器，进入中压缸的压缩空气冷却后经中低压缸连通管进入低压缸后，从低压缸外缸人孔门排出。电厂汽机强制冷却操作包括机组减负荷过程中的蒸汽冷却和汽机跳闸后的压缩空气冷却。当汽机第一级金属温度下降至 340℃时，汽机减负荷中的蒸汽冷却结束，此时按正常情况减负荷至初始负荷然后解列机组。然后投入空气强制冷却，当所有点的汽机金属温度均小于 150℃时，停止润滑油系统及强冷空气运行，强冷结束。

一般为加快汽机冷却速度，使汽机盘车和润滑油系统尽快停运，缩短检修工期，国内普遍采用了滑参数停机，而该电厂则采用类似滑参数停机的蒸汽强冷和空气强冷相结合的方法，取得了良好效果。汽机强冷系统的设计在国外大型机组中已作为一种配置，其操作方法也相当成熟，效果良好。该发电厂强冷系统在设计上简单可靠，整体操作克服了滑参数停机和单独空气强冷的缺点，操作容易可行，控制稳定。从满负荷至负荷为零这个过程只需 7.5h，停机进行空气强冷至汽机第一级金属温度达 150℃只需 18h，从满负荷至停润滑油系统仅用 26h 左右，对于容量为 700MW 的机组来说，冷却速度快且安全、稳定，因此，这是一种行之有效的操作方法。

### 15. 凝结水泵节能改造

【案例】

某电厂1号、2号300MW机组，每台机组配置2台100%容量的 NLT350-400×6 凝结水泵，泵出口压力为2.87MPa，流量为905t/h，电动机功率为1000kW。由于凝结水泵设计富裕量大，在运行中凝结水泵运行时压力较高（2.7～3.2MPa左右），除氧器水位采用节流调节，节流损失很大。运行数据表明，即使在机组320MW负荷时，除氧器水位调节阀前后压力差仍有1.35MPa，说明凝结水泵扬程存在较大富裕量，水泵运行的经济性很差，故确定了对凝结水泵进行去掉最后一级叶轮的技术改造。经计算，在去掉一级叶轮后，凝结水泵正常运行时工作点出口压力为 2.4MPa。机组最大负荷 320MW 时，除氧器水位调节阀前管道阻力实测为 0.1MPa，除氧器水位调节阀开度在 80％时阀门阻力计算值为 0.8MPa；除氧器水位调节阀后压力为 1.5MPa，大于机组夏季最高负荷 320MW 时除氧器水位调节阀后压力值 1.3MPa，可满足实际需要。

机组大修期间对 1 号机组凝结水泵进行了改造，将凝结水泵末级叶轮和导流壳去掉，末级叶轮和调整套用新加工的叶轮轴套代替，以保证其他叶轮的相对位置不发生变化，由原制造厂提供出水短管代替导流壳体安装到出水管上。改造后，消除了凝结水泵出口阀门开启困难、除氧器水位调节阀振动、噪声大等问题，凝结水泵运行稳定，可满足机组最大负荷的需要，凝结水泵电动机在各个负荷段的电流平均下降约为 15A，每月实际节电 10 万千瓦时，投入产出比大，经济效益明显。

16. **总体内容**

表 4-3　汽机节能技术管理总体内容

| 序号 | 内　容 | 要　求 |
|---|---|---|
| 1 | 汽轮机热耗率 | |
| | (1)汽轮机实际热耗率 | 热耗率符合保证值 |
| | (2)热耗率计算 | 计算方法符合标准 |
| | (3)大修前后热耗率试验 | 大修前后做热耗率试验 |
| | (4)热耗率保证值 | 新建的机组，合同中包括热耗率保证值 |
| | | 合同中给出验收试验时的保证热耗率，并指明所采用的标准 |
| | (5)热耗率评价 | 大修后对修后、修前热耗率进行对比和评价 |
| | | 新投产机组按规定进行性能验收试验 |
| 2 | 汽轮机热耗量 | |
| | (1)汽机检修、技改项目计划制定、实施情况 | 汽机标准检修项目按相应标准进行检修及验收 |
| | | 汽机非标准项目，检修完成后进行性能指标的测试及考核 |
| | (2)汽轮机通流部分检修 | 提高检修工艺减小汽封间隙。不断总结检修工艺和运行启、停过程的控制，实现轴端汽封间隙向下限靠近、动叶叶顶汽封向下限靠近，提高汽轮机效率 |
| | | 高、中压缸效率符合设计值 |
| | | 各段抽汽压力、温度符合规定 |
| | | 配汽机构调门重叠度合理 |
| | | 通过性能诊断试验分析轴封漏汽、调门压损、动叶叶顶和隔板汽封等造成的损失是否在设计和合理范围内。可以通过对汽轮机通流部分局部改造，改善调速汽门重叠度，减少节流损失，改造汽封结构等措施，降低汽轮机热耗 |
| | (3)轴封漏汽 | 无轴封漏汽造成油中进水使油质劣化现象 |
| | (4)运行优化调整 | 根据机组运行特性，进行低负荷滑压运行试验 |
| | | 低负荷滑压运行试验结果合理 |
| | | 制定低负荷滑压运行操作规定 |
| | | 运行严格执行低负荷滑压运行规定 |

续表

| 序号 | 内　　容 | 要　　　　求 |
|---|---|---|
| | （5）热力系统 | 检查处理疏放水系统内、外漏 |
| | | 大修前做热力系统泄漏率试验 |
| | | 泄漏率超过 5‰检修时应采取相应措施 |
| | | 根据给水溶氧调整除氧器排氧门开度 |
| | | 检查蒸汽旁路系统内漏 |
| | | 加热器疏水运行方式符合设计或规程要求 |
| | （6）化学评价 | 制订防止凝汽器、加热器等受热面以及汽轮机通流部分发生腐蚀、结垢、积盐的措施 |
| | | 汽轮机通流部分积盐率符合规定 |
| | | 隔板无较严重锈蚀 |
| 3 | 汽轮机主蒸汽压力 | |
| | （1）主蒸汽压力指标 | 机组在定压区，主蒸汽压力（汽机侧）符合设定值 |
| | （2）主蒸汽压自动系统投入 | 汽压自动投入 |
| | （3）主蒸汽压力运行方式 | 确定不同负荷下锅炉主蒸汽压运行方式和参数（定—滑—定压曲线） |
| | | 未执行规定压红线（定—滑—定压曲线）运行，每次扣 2 分 |
| 4 | 汽轮机主蒸汽温度 | |
| | （1）主蒸汽温度指标 | 主蒸汽温度符合规程 |
| | （2）运行调整 | 主蒸汽温度自动投入 |
| 5 | 汽轮机再热蒸汽温度 | |
| | （1）再热蒸汽温度指标 | 再热蒸汽温度符合规程 |
| | （2）运行调整 | 再热蒸汽温度自动投入 |
| 6 | 给水温度 | |
| | （1）给水温度指标 | 给水温度符合规程 |
| | （2）检修工作 | 检查、消除加热器旁路阀门、加热器水室隔板泄漏 |
| | | 大修时根据加热器管子表面脏污情况，进行清理或清洗 |
| | （3）修前、修后给水温度比较 | 大修前对给水温度作出合理评价，找出影响给水温度的因素，制订对应措施 |
| | | 比较和评价修后、修前给水温度的变化情况，以检验检修效果 |
| | （4）除氧器运行 | 除氧器水温控制符合规程要求 |
| | | 除氧器自动控制装置投入 |
| 7 | 高压给水旁路漏泄率 | |
| | （1）高加旁路严密性 | 运行中对加热器旁路门应确认严密，防止凝结水（给水）旁路现象 |
| | （2）测量管理 | 高压给水旁路漏泄状况每月测量一次 |
| 8 | 加热器端差 | |
| | （1）加热器端差指标 | 加热器上、下端差符合规程 |
| | | 在启动过程中，排出加热器内部聚积的空气，提高传热效果 |
| | | 运行中定期放空气 |

续表

| 序号 | 内　容 | 要　　求 |
|---|---|---|
| | (2)加热器水位监视和调整 | 运行中注意监测加热器水位,防止水位过高淹没传热管束而使端差增大 |
| | | 检查疏水器或疏水门的工作状态,保证疏水阀调节灵活、稳定,疏水水位自动调节装置运行。当上一压力级的疏水量过大或温度过高时,应研究上一级加热器存在的问题 |
| | (3)抽汽压损 | 加热器运行中的进汽门或逆止阀在全开位置 |
| | | 每个加热器抽汽压损符合规程 |
| | (4)检修工作 | 根据各加热器进、出水温度,判断加热器旁路阀门的严密性 |
| | | 由于长期运行,内部隔板泄漏引起给水短路时,应及时处理 |
| | | 当加热器管束水侧结垢严重时,采用酸洗办法解决 |
| | | 当加热器堵管率过高或腐蚀严重时,更换新的加热器管束 |
| 9 | 高压加热器投入率 | |
| | (1)高加投入率指标 | 以统计报表的高压加热器投入率作为评价依据 |
| | (2)加热器启停 | 要规定和控制高压加热器启停中的温度变化率,防止温度急剧变化 |
| | | 在加热器启动时,应保持加热器排气通畅 |
| | (3)停机保养 | 当加热器长期停运时,应在完全干燥后的汽侧充入干燥氮气,以达到防腐的目的 |
| | (4)运行维护 | 避免加热器超负荷运行,缩短加热器的使用寿命 |
| | | 运行中的加热器疏水水位超过规定范围,每次/每台扣1分 |
| | | 维持正常运行水位,保持高压加热器旁路门的严密性,使给水温度达到相应值 |
| | | 水位自动调节装置投入 |
| | | 给水含氧不超标 |
| | (5)检修工作 | 定期检查疏水调节装置 |
| | | 定期检查疏水管道、空气门、水位计、温度测点、给水管道、给水门、安全门等影响加热器运行的辅助设备 |
| | | 泄漏管子数目不超过规定数目 |
| 10 | 胶球清洗装置投入率 | |
| | (1)凝汽器胶球清洗装置投入率指标 | 投入率符合规程 |
| | (2)凝汽器胶球清洗装置运行 | 防止因凝汽器冷却水管内漏、收球网堵球,造成胶球清洗不能正常投入 |
| | | 应定期排放凝汽器水室的空气,防止胶球集聚在水室上部 |
| | (3)凝汽器胶球清洗装置维护与检修 | 合理设计胶球清洗系统管路,包括安装高度、弯头设置、焊接工艺等 |
| 11 | 胶球清洗装置收球率 | |
| | (1)凝汽器胶球清洗收球率指标 | 保持凝汽器胶球清洗装置处于良好状态,保证胶球清洗装置投入率和胶球收球率满足相关规程的要求 |
| | (2)胶球清洗 | 检查收球网的状态,一是收球时要求闭合严密,二是收球网不能出现破损 |
| | | 注意水室隔板间隙,防止胶球卡在水室隔板间隙处 |

续表

| 序号 | 内　容 | 要　　　求 |
|---|---|---|
| | （2）胶球清洗 | 保证冷却水的压力（特别是母管制机组），使胶球能够顺利通过凝汽器管束 |
| | | 按规定数量投球，按规定时间投球，确保清洗时间 |
| | | 制订凝汽器胶球清洗装置管理制度，设立专责人，检查设备缺陷情况，统计清洗投入率和胶球收球率 |
| | | 投球前充分浸泡 |
| | | 胶球正常投球数量符合要求 |
| | | 使用中胶球直径小于冷却管内径时应更换 |
| | | 加强胶球清洗装置的管理，在保证投入率和收球率的基础上，可根据凝汽器实际运行状态、端差大小适当增加投入时间 |
| | （3）胶球质量 | 合理选择胶球。对购置胶球的规格、性能、质量进行试验和验收。运行中若凝汽器脏物严重，可先选择小一点、软一点的胶球，防止胶球堵塞在管束内；然后改用稍硬一点、稍大一点的胶球 |
| | | 胶球质量合格 |
| | （4）冷却管内流速（流量）调整 | 选择合适的循环水流量下清洗或收球 |
| | （5）循环水系统清洁情况 | 定期对冷却水塔、水泵房滤网进行巡查，发现滤网设备缺陷，清除塑料布等垃圾杂物 |
| | | 无异物进入凝结器堵塞铜管 |
| | （6）胶球清洗效果评价 | 根据凝汽器的端差、真空等特性参数和胶球的直径、外观等对清洗效果及时评价，以便更换、选择胶球，确定清洗方法 |
| 12 | 凝汽器真空度 | |
| | （1）凝汽器真空度指标 | 实际真空符合规程 |
| | （2）最佳真空调整 | 最佳真空运行优化试验报告 |
| | | 最佳真空运行优化调整规定 |
| | | 监测漏往凝汽器的疏水门和放水门，对内漏阀门及时处理，以减少凝汽器热负荷 |
| | | 合理调整凝汽器冷却水量，保持冷却水系统经济运行 |
| | | 采用高效抽气器或真空泵，以提高其运行效率 |
| | （3）冷却塔维护与检修 | 保持冷却水塔的冷却效果，定期对冷却水塔进行维护和检修，提高冷却水塔效率 |
| | | 冷却塔部件上避免结垢和滋生藻类，水泥部件腐蚀，实现连续加药 |
| | | 冷却塔淋水均匀，无水柱或无水区 |
| | | 冷却塔防冻措施 |
| | | 对各种不同损坏情况的发生部位、数量及危害性做详细的记录，作出检修安排和检修准备 |
| | | 淋水填料堕落而空缺的部位补齐 |
| | | 冲刷损坏的填料更换 |
| | | 填料顶部变形、倒伏影响水、气流道畅通时应更换 |
| | | 填料内部结垢严重，影响热交换通道时，应处理或更换 |

| 序号 | 内　容 | 要　　求 |
|---|---|---|
| | (3)冷却塔维护与检修 | 溅水盘损坏或喷头脱落时应更换 |
| | | 喷头堵塞未疏通 |
| | | 配水管承接式接头脱落,应修复 |
| | (4)迎峰度夏 | 制订迎峰度夏措施 |
| | | 度夏前充分消除影响真空的因素 |
| | (5)真空评价 | 确定大修后的真空目标 |
| | | 大修后对修后、修前真空进行对比和评价 |
| 13 | 真空系统严密性 | |
| | (1)真空严密性指标 | 试验中真空下降速度平均值符合规程 |
| | (2)真空严密性试验 | 定期开展真空严密性测试,试验中特别注意应停止抽气设备运行而不选择关闭凝汽器抽真空阀的办法,保证真空系统严密性测试数据准确 |
| | | 若真空严密性超标,可利用检修期间的高位上水检漏或运行期间的氦质谱检漏技术,及时发现和消除真空系统漏点 |
| | | 重点检查的部位有:低压缸轴封,低压缸水平中分面,低压缸安全门,真空破坏门及其管路,凝汽器汽侧放水门,轴封加热器水封,低压缸与凝汽器喉部连接处,汽动给水泵汽轮机轴封,汽动给水泵汽轮机排汽蝶阀前、后法兰,负压段抽汽管连接法兰,低压加热器疏水管路,抽气管至凝汽器管路,凝结水泵盘根,低压加热器疏水泵盘根,热井放水阀门,冷却管损伤或端口泄漏,低压旁路隔离阀及法兰 |
| | (3)低压轴封供汽调整情况 | 结合真空严密性试验,合理调整低压轴封供汽压力,保持低压汽封的严密性 |
| | (4)凝结水泵运行监视 | 运行中对凝结水泵进行监视,检查轴封,造成空气自凝结水泵轴封漏入 |
| | (5)检修工作 | 大小修前进行真空严密性试验 |
| | | 检修期间应进行凝汽器高位上水找漏,水位高度至少到达低压缸水平中分面处 |
| | | 使用高效射水抽气器,运行中注意监测射水池中水温,使水池中水温低于25℃。有条件可开展真空泵抽干空气能力试验 |
| | | 大修时进行真空系统灌水检漏 |
| | (6)真空严密性评价 | 大修后对修后、修前真空严密性进行对比和评价 |
| | | 以修前真空严密性为基准,修后真空严密性试验真空下降速度符合规程 |
| 14 | 凝汽器端差 | |
| | (1)凝汽器端差指标 | 实际端差符合规定 |
| | (2)化学评价 | 加强对冷却水水质的评价,进行冷却水处理,如加药、排污等措施,减轻凝汽器污染 |
| | | 循环水浓缩倍率或极限碳酸盐硬度、循环水浓缩倍率或极限碳酸盐硬度不超标 |
| | | 没有因水质不合格引起凝汽器铜管结垢 |
| | | 凝汽器管束的均匀腐蚀符合规定 |
| | | 凝汽器管束的局部腐蚀、管壁点蚀符合规定 |

| 序号 | 内　容 | 要　求 |
|---|---|---|
| | (3)滤网清洁情况 | 检修和运行人员定期对冷却塔、水泵房滤网进行巡查 |
| | | 监测冷却水一次滤网、二次滤网的状态,定期实施反冲洗,防止滤网破损而使较大脏物进入凝汽器 |
| | | 检查确认由于凝汽器、二次滤网污塞引起真空、端差变化 |
| | | 开式循环水系统设二次滤网 |
| | | 二次滤网网芯进、出水侧应有压力表 |
| | | 二次滤网水阻符合标准 |
| | (4)维护与检修工作 | 具有凝汽器冷却水反冲洗条件的机组,定期进行反冲洗 |
| | | 根据凝汽器管束结垢特点,选择高压水射流清洗、机械除垢、凝汽器酸洗等措施去除污垢 |
| | | 防止凝汽器汽侧漏入空气,提高真空系统严密性 |
| | | 凝汽器管束因泄漏堵管处理 |
| 15 | 凝结水过冷度 | |
| | (1)凝结水过冷度指标 | 实际过冷度符合规定 |
| | (2)管束布置 | 凝汽器内管束合理布置。若凝汽器汽阻增大,将使过冷度增大 |
| | (3)运行监视 | 运行中对凝结水泵进行监视、检查轴封,凝结水泵轴封空气无漏入 |
| | | 监视凝汽器水位,防止凝汽器水位过高淹没冷却水管 |
| | | 注意真空严密性变化,防止空气漏入 |
| | | 保持抽气器工作正常 |
| | | 防止冷却水漏入凝汽器 |
| | | 在冷却水温度较低时,适当减少冷却水量 |
| | (4)低压汽封的监视与调整 | 运行中加强低压汽封的监视与调整 |
| | (5)凝结水水质评价 | 无凝汽器冷却管泄漏的现象 |
| | (6)凝结水过冷度评价 | 修后过冷度比修前降幅符合要求 |
| 16 | 湿式冷却水塔的冷却幅度 | |
| | (1)冷却幅度测试 | 定期开展冷却水塔冷却能力的测试,发现和查找设备存在的问题 |
| | (2)设计要求 | 在冷却水塔周围至少20m范围内不应有高大建筑,保证冷却塔周围通风良好 |
| | (3)运行管理 | 运行中定期对冷却水塔外观检查。检查的内容包括:淋水密度均匀度、水质的清洁度、溅水碟完整度、填料外观整齐情况、配水均匀情况,配水槽堵塞情况、除水器安放情况等 |
| | | 在北方,冷却塔冬季做好防冻措施,减少填料装置的损坏 |
| | | 严禁在不进行净化处理的情况下,利用循环水养鱼 |
| | (4)冷却水塔维护与检修工作 | 在大修时,及时更换脱落的溅水碟、更换损坏的填料,对水池进行清污处理 |
| | | 根据冷却水塔情况,确定停机后进行检修 |
| 17 | 阀门管理 | |

续表

| 序号 | 内 容 | 要 求 |
|---|---|---|
| | (1)建立阀门设备清册 | 阀门设备清册中记录了与阀门运行寿命、故障类型及维修情况、校验、检查、阀门特性、变更记、替代产品的评估等信息。一种是按照阀门所在功能系统阀门分类清册,如主蒸汽系统、抽气系统、给水系统、高低加疏水系统、凝结水系统、轴封系统、给水密封系统、工业水系统、空气系统、厂用蒸汽系统10个系统进行建立阀门清册。对10个系统阀门的编码及位号、安装位置、所属机组、设备名称等基础信息进行描述,同时对阀门的型号、在装量及设备的生产厂家等技术参数进行了说明,包括该阀门所属专业及责任的划分。另一种是按照在用阀门的种类分别建立阀门分类清册,如电动蝶阀分类清册、国产及进口调节阀分类清册、国产闸阀分类清册、国外进口截止阀和真空闸阀分类清册、国产及进口安全阀分类清册等 |
| | (2)建立阀门漏泄治理台账 | 阀门漏泄治理台账记录了严重泄漏、一般泄漏、微泄漏、在观察等项目;采用的检查方法为三点温度检测法,即阀门前、阀体及阀门后。同时记录了阀门的维护保养或阀门制造厂现场服务情况、阀门采购情况等,方便了对阀门的管理。阀门漏泄治理台账除记录了常规的阀门生产厂家、规格型号以外,还要记录阀门的设备编号、阀门操作机构类型、阀门连接方式、阀门工况、易损件规格、维修工时等详细信息 |
| | (3)建立阀门密封点清册 | 阀门密封点清册对各专业所辖的阀门设备按机组及公用系统进行分类管理,建立密封点清册,并定期对密封点进行动态跟踪管理 |
| | (4)阀门内漏检查 | 定期进行汽水流量平衡试验,判断机组汽水损失,计算不明漏泄量 |
| | | 采用红外温度测试仪测量阀体温度、超声波阀门内漏检测仪以及手摸感知等方法定性确定阀门漏泄程度 |
| | | 综合阀门漏泄对机组经济性影响程度和阀门漏泄程度两项因素,对漏泄阀门进行排序,并制订检修计划 |
| | | 在能耗诊断中,重点检查锅炉侧定期排污系统和锅炉疏放水阀门;汽机侧各加热器旁路门,高加危急放水门,疏水箱处疏放水阀门以及高、低压旁路门等 |
| | (5)检修维护 | 建立机组检修前阀门状况评估清册。机组检修前阀门状况评估清册对各系统阀门在检修前现状进行充分的评估,并有针对性的对阀门内漏严重的进行重点分析,同时制订维修计划 |
| | | 阀门检修总结。主要记录检修前阀门主要存在的隐患及缺陷处理情况,对重要的内漏阀门进行专项治理情况及修后设备状况的评估 |
| | | 应重点关注漏泄情况的阀门如疏水阀、放水阀和旁路阀,其执行机构型式有气动阀、电动阀、手动阀、液控阀等,这些阀门多数处于高温高压状态,容易发生漏泄 |
| 18 | 汽轮机通流部分内效率 | |
| | (1)通流部分内效率测试 | 每月测试一次 |
| | (2)检修治理 | 检修后有提高 |

## 三、发电机及主变压器

### 1. 发电机

在锅炉、汽轮机实施技术改造后,发电机需要进行改造:一是实现机炉功率匹配,增加相应比例的发电机容量，降低机组的发电煤耗和厂用电率；二是实现发电机进相运行，满足机网协调、电网要求；三是改进设计不足消除设备缺陷，有效延长发电机使用寿命，达到提高安全性、可靠性和经济性的目的。

**【案例】** 某厂国产 **300MW** 双水内冷发电机增容技术研究与应用

某厂 300MW 机组发电机为国产 20 世纪 70 年代生产的双水内冷发电机，型号 QFS-300-2。通过对发电机定子线棒增大铜线截面积、端部增加铜屏蔽和调整线规等有效措施，发电机的额定功率从 300MW 增容至 320MW（功率因数 0.85），具有 150～320MW 调峰运行能力，在调度下达的进相深度范围内发电机各部位温度测点的温度正常。发电机改造前后参数对比见表 4-4。

表 4-4　发电机改造前后参数对比

| 性能参数名称 | 改造前 | 改造后 |
| --- | --- | --- |
| 型号 | QFS-300-2 | QFS-320-2 |
| 有功功率/MW | 300 | 320 |
| 视在功率/(MV·A) | 353 | 377 |
| 定子电压/V | 18000 | 18000 |
| 定子电流/A | 11320 | 12075 |
| 定子线圈直流电阻/Ω | $2.129×10^{-3}$(15℃) | $1.86×10^{-3}$(15℃) |
| 转子线圈直流电阻/Ω | 0.229(15℃) | 0.226(15℃) |
| 发电机满载励磁电压/V | 485(55℃) | 508(55℃) |
| 发电机满载励磁电流/A | 1850 | 1930 |
| 转速/(r/min) | 3000 | 3000 |
| 频率/Hz | 50 | 50 |
| 功率因数 | 0.85 | 0.85 |
| 定子线圈接线方式 | 双 Y | 双 Y |
| 绝缘等级 | B | F |
| 定子绕组冷却水量/(t/h) | 46 | 46 |
| 转子绕组冷却水量/(t/h) | 31 | 31 |
| 定子绕组冷却水压/MPa | 0.2～0.4 | 约 0.3 |
| 转子绕组冷却水压/MPa | 0.2～0.4 | 约 0.3 |
| 定、转子线圈内冷水进水温度/℃ | 10～40 | 30～40 |
| 发电机冷却空气量/(m³/s) | 40 | 40 |
| 效率/% | 98.61 | 98.7 |

## 2. 主变压器

三相一体式主变的造价和损耗均比单相式主变低，在运输条件许可的条件下有限选用三相一体式主变。自耦变压器与普通绕组变压器相比具有用料少、造价低和阻抗小、损耗小的特点,当发电厂采用主变兼作高压和中压系统联络变时,可以考虑采用自耦主变以降低损耗。从电力系统稳定、短路电流、电压调整、并联运行和设备选择等方面进行综合考虑,通过优化设计,合理选择阻抗尽可能低的变压器,既满足设备和导体的选择,又有效降低变压器的损耗。

## 四、降低厂用电率措施

### (一)厂用电率构成及影响因素

厂用电率分为综合厂用电率、发电厂用电率和辅助厂用电率。发电厂用电率是构成综合厂用电率的主要部分,通常两者差值小于 5%;辅助厂用电率主要是生产过程中的主变、升压站开关及线路损耗的电量和生产办公、设备检修等消耗的电量,在综合厂用电中占的比例相对较小,而且相对稳定。厂用电率降低 1%,供电煤耗也降低约 3.5g/(kW·h)。

厂用电量是电厂辅助设备消耗的电量,其中大部分是辅机消耗的电量,主要由引风机、送风机、制粉系统、一次风机、电动给水泵、循环水泵、凝结水泵、除灰系统、输煤系统、化学制水系统、脱硫系统等消耗的电量组成。不同配置的辅机耗电率差别很大,脱硫系统消耗厂用电率约 1%~2%,一般情况下辅机的耗电率见表4-5。

表 4-5 典型机组主要辅机耗电率表      单位:%

| 机组容量/MW | 给水泵 | 循环泵 | 凝结泵 | 引风机 | 送风机 | 磨煤机 | 排粉机 | 全厂 |
|---|---|---|---|---|---|---|---|---|
| 100 | 2.5 | 1.52 | | 1.09 | 0.92 | 0.82 | 0.56 | 8.83 |
| 200 | 2.54 | 0.97 | 0.15 | 1.00 | 0.80 | 0.8 | 0.55 | 8.41 |
| 300 | | 0.95 | 0.30 | 0.8 | 0.33 | 0.7 | 0.62 | 4.9 |
| 600 | | 0.6 | 0.34 | 0.65 | 0.55 | 0.35 | 0.70 | 4.5 |

影响厂用电率的主要因素,一方面是设备选型,辅机的设计效率高,辅机消耗的厂用电率就小;辅机的运行效率和运行方式还取决于与系统特性的匹配,使辅机工作在高效工作区,辅机运行效率就高。此外适应机组的运行对辅机运行方式灵活地组合也会降低辅机的耗电率。另一方面,机组负荷率降低,发电厂用电率会增加,一般机组负荷率降低10%,厂用电率增加 0.3%左右,负荷越低,负荷率对厂用电率的影响越大;燃煤煤质发热量和灰分等都会对厂用电率带来很大的影响。

### (二)降低厂用电率的管理措施

降低厂用电率的管理措施见表 4-6。

**表 4-6　降低厂用电率的主要技术措施**

| 序号 | 内　容 | 要　求 |
|------|--------|--------|
| 1 | 发电厂用电率管理 | |
| | (1)发电厂用电率指标 | 根据设计值和行业对标值确定目标值 |
| | (2)厂用电率统计 | 按规定扣除非生产用能,供热机组未进行发电、供热的合理分配 |
| | (3)厂用电分析 | 定期进行电能平衡测试,对影响厂用电率的因素分析并不断改进,并查找不明电能损耗 |
| | (4)优化机组的负荷分配方式和运行方式 | 优化机组负荷分配,机组采用滑压运行方式,直接降低给水泵的耗电率。制订机组启停过程中的主要辅机合理调度方案 |
| 2 | 制粉系统 | |
| 2.1 | 磨煤机单耗、耗电率 | |
| | (1)磨煤机节能潜力分析 | 进行对标分析,分析磨煤机节能潜力并提出改进措施或方案 |
| | (2)大小修对磨煤机和制粉系统进行检查维修 | 检修期间钢球磨衬板检查更换或中速进行磨辊磨损检查、修复,按规定定期筛选磨煤机钢球,风扇磨按规定进行磨损检查、冲击板更换、修复,风门、挡板检查修复 |
| | (3)制粉系统各部定期检查、维护 | 磨煤机定期检查、维护,避免带缺陷运行,影响出力 |
| | (4)制粉系统调整试验 | 进行钢球装载量试验确定最佳装载量 |
| | | 通过试验,确定最佳的煤粉细度 |
| | | 进行磨煤机出力试验确定最佳出力 |
| | | 确订制粉系统最佳通风量 |
| | (5)经济运行措施 | 制订经济运行措施 |
| | (6)制粉系统优化运行 | 钢球磨煤机和风扇磨煤机均有很大的空载损耗,尽量提高磨煤机出力 |
| | | 磨煤机出口温度符合规定值 |
| | | 磨煤机进出口压差或料位符合规定值,中速磨煤机及时调整碾磨件加载压力 |
| | | 制粉系统合理调度、合理启停,减少空转时间 |
| | | 输粉绞龙无故障 |
| | | 尽量采用碎煤机破碎煤块,使进入磨煤机的煤质粒度不大于 300mm |
| | (7)加钢球制度 | 严格执行添加钢球制度 |
| | | 添加钢球量适当,不造成磨煤机电流与最佳值偏差大 |
| | (8)控制给煤水分、杂物 | 制订、执行给煤水分、杂物控制措施 |
| | (9)清除制粉系统中的杂物 | 采取措施清除燃煤中的铁块、石块、木块。避免水分、杂物多,造成堵磨、断煤、影响制粉出力 |
| | | 中间储仓制粉系统木块分离器及时清理检查,中速磨内煤粉分离挡板杂物堵塞及时清理检查 |
| 2.2 | 排粉机单耗、耗电率 | |

续表

| 序号 | 内　容 | 要　　求 |
|---|---|---|
| | (1)排粉机节能潜力分析 | 进行对标分析节能潜力并提出改进措施或方案 |
| | (2)排粉机大小修工作 | 按规定项目对排粉机进行检查维修 |
| | | 叶轮、挡板磨损严重情况修复 |
| | | 风机叶轮、集流器间隙不超标 |
| | | 风门挡板等调节机构故障排除 |
| | (3)排粉机运行 | 排粉机入口挡板开度适当,避免前后差压大 |
| | | 实际制粉系统通风量符合最佳通风量 |
| | | 电动机配置裕量适当,风机选型合理或出力裕量适当,能高效运行 |
| | | 合理启停 |
| 2.3 | 一次风机单耗、耗电率 | |
| | (1)一次风机节能潜力分析 | 进行对标分析节能潜力并提出改进措施或方案 |
| | (2)一次风机大小修工作 | 风门挡板等调节机构故障消除 |
| | | 一次风道漏风消除 |
| | (3)一次风机定期检查和维护 | 一次风机进行定期检查维护,避免带缺陷运行 |
| | (4)经济运行措施 | 制订经济运行措施 |
| | (5)一次风机运行 | 电动机配备裕量适当,风机选型合理或设计出力适当,能高效率运行 |
| | | 风机出口风压符合规定 |
| | | 一次风压力投入自动 |
| 2.4 | 密封风机单耗、耗电率 | |
| | (1)密封风机节能潜力分析 | 进行对标节能潜力并提出改进措施或方案 |
| | (2)密封风机大小修工作 | 风门挡板等调节机构消除故障 |
| | | 密封风道漏风处理 |
| | (3)密封风机定期检查和维护 | 密封风机进行定期检查维护 |
| | | 密封风机避免带缺陷运行 |
| | (4)经济运行措施 | 制订经济运行措施 |
| | (5)密封风机运行 | 电动机配备裕量、风机选型合理 |
| | | 风机出口风压适当 |
| | | 密封压力投入自动 |
| 2.5 | 给煤机单耗、耗电率 | |
| | (1)给煤机节能潜力分析 | 对标分析并提出改进措施 |
| | (2)给煤机大小修工作 | 调节机构有故障消除 |
| | | 给煤机其他缺陷及时消除 |
| | (3)给煤机定期检查和维护 | 进行定期检查维护 |
| | | 避免带缺陷运行 |
| | (4)经济运行措施 | 制订经济运行措施 |
| | (5)给煤机运行 | 电动机配备裕量合理 |

| 序号 | 内　　容 | 要　　　　求 |
|---|---|---|
| 3 | 燃烧系统 | |
| 3.1 | 送风机单耗、耗电率 | |
| | (1)送风机节能潜力分析 | 进行对标分析并提出改进措施 |
| | (2)大小修检查维修 | 叶轮、集流器间隙符合规定 |
| | | 风道漏风处理 |
| | | 大小修彻底清理暖风器积灰杂物 |
| | | 风门挡板、变速调节装置等调节机构故障、轴流风机动叶卡涩消除 |
| | (3)送风机定期检查和维护 | 进行定期检查和维护 |
| | | 避免带缺陷运行 |
| | (4)经济运行措施 | 制订经济运行措施 |
| | (5)送风机运行方式 | 电动机配备裕量适当,风机选型合理或设计出力适当,能高效率运行 |
| | | 送风自动投入正常 |
| | | 锅炉氧量控制适当 |
| | | 预热器空气侧出入口差压适当 |
| | | 送风机出口压力适当 |
| 3.2 | 引风机单耗、耗电率 | |
| | (1)引风机节能潜力分析 | 进行对标分析并提出改进措施 |
| | (2)引风机检修工作 | 叶轮、集流器与挡板磨损修复 |
| | | 风机叶轮与集流器间隙不超标 |
| | | 风门挡板、变速调节装置等调节机构故障、轴流风机动叶卡涩消除 |
| | (3)引风机定期检查和维护 | 进行定期检查和维护 |
| | | 避免带缺陷运行,影响风机效率 |
| | (4)经济运行措施 | 通过试验,选择合理的运行方式,如低负荷时采用单风机运行 |
| | (5)引风机运行方式 | 炉膛负压自动调节 |
| | | 空预器出入口烟气差压、引风机入口负压、脱硫设备出入口差压适当 |
| | | 电动机配备裕量适当,风机选型合理或设计出力适当,能高效率运行 |
| 3.3 | 系统漏风 | 减少风量消耗,消除烟道及风道漏风,特别是空气预热器和除尘器的漏风 |
| 4 | 除灰、除尘系统单耗、耗电率 | |
| | (1)潜力分析 | 进行对标分析并提出改进措施 |
| | (2)水力除灰、除渣、输灰系统泵效率、耗电情况以及系统管道状况 | 系统管道结垢及时进行处理 |
| | | 避免带缺陷运行 |
| | | 泵的叶轮磨损较重及时进行更换 |
| | (3)除尘系统 | 大修后进行性能试验 |
| | | 制订电除尘系统电压、电流优化运行调整的节能措施 |
| | (4)除尘系统各部分的定期检查、维护 | 按规定进行设备和系统定期工作 |

续表

| 序号 | 内　容 | 要　求 |
|---|---|---|
| | (5)除尘系统大小修工作 | 执行标准中的大小修项目 |
| | (6)输灰系统设备运行方式评价 | 采用高浓度输灰提高灰水比 |
| | | 输灰管线运行方式合理 |
| 5 | 脱硫耗电率 | |
| | (1)潜力分析 | 进行对标分析并提出改进措施 |
| | (2)脱硫系统耗电设备 | 保证脱硫设备投入率 |
| | | 脱硫系统设备故障消除 |
| | (3)脱硫系统各部分的定期检查、维护 | 运行、维护记录完整 |
| | | 系统漏风消除 |
| | (4)大小修工作 | 执行大、小修标准项目 |
| | (5)脱硫系统设备运行方式 | 制订脱硫系统设备优化运行方案 |
| 6 | 输煤系统单耗、耗电率 | |
| | (1)输煤系统耗电设备及潜力分析 | 对输煤系统进行节电潜力分析 |
| | | 提出降低输煤耗电率的技改方案或措施 |
| | (2)输煤系统各部分的定期检查、维护 | 运行、维护记录完整 |
| | (3)大小修工作 | 执行大、小修标准项目 |
| | (4)皮带运行方式 | 对输煤皮带运行方式进行优化 |
| | | 输煤系统缺陷消除 |
| 7 | 汽机系统 | |
| 7.1 | 电动给水泵单耗、耗电率 | |
| | (1)电动给水运行情况分析 | 进行对标分析并提出改进措施 |
| | | 采用变速调节流量代替节流调节流量 |
| | (2)运行优化调整 | 制订运行优化调整方案或措施 |
| | | 机组可采用滑压运行方式,减少给水调整门的阻力 |
| | | 确定维持锅炉运行所需最低的给水泵出口压力 |
| | (3)检修管理 | 大修时调整好给水泵的内部间隙、内部表面研磨打光 |
| | | 调速装置自动调节投入 |
| | (4)再循环阀严密性 | 定期进行再循环阀查漏 |
| 7.2 | 凝结水泵耗电率 | |
| | (1)凝结水泵运行情况分析 | 进行对标分析并提出改进措施 |
| | | 论证泵组是否需要改造并提出技术方案 |
| | (2)检修工作 | 大修对水泵内部铸造表面研磨打光或根据实际情况更换叶轮等 |
| 7.3 | 循环水泵耗电率 | |
| | (1)循环水泵工作情况分析 | 进行对标分析并提出改进措施 |
| | (2)运行优化调整措施及执行情况 | 进行运行优化试验 |
| | | 指定运行优化调整规定 |

续表

| 序号 | 内　　容 | 要　　　求 |
|---|---|---|
| | （3）运行维护 | 凝汽器冷却水出口定期放气 |
| | | 循环水入口滤网及时清理 |
| | （4）检修工作 | 大修对水泵内部铸造表面研磨打光或根据实际情况更换叶轮等 |
| | | 进行二次滤网清理 |
| 7.4 | 空冷耗电率 | |
| | 运行情况分析 | 进行对标分析并提出改进措施 |
| | | 论证是否需要改造并提出技术方案 |
| 8 | 制水系统单耗 | |
| | （1）供水设备节能潜力分析 | 离心泵、轴流泵的性能参数达不到设计值时进行改造或更换 |
| | | 对供水系统节电潜力分析，提出降低输煤耗电率的技改方案或措施 |
| | （2）供水系统耗电设备 | 建立供水系统设备台账 |
| | | 泵与电机配套 |
| | | 避免设备带缺陷运行 |
| | （3）供水系统各部分的定期检查、维护 | 运行、维护记录完整 |
| | （4）大小修工作 | 执行大、小修标准项目或执行不全面 |
| | （5）供水系统设备运行方式 | 对供水系统运行方式进行优化 |
| 9 | 电气系统 | |
| 9.1 | 厂用变压器 | |
| | （1）优化设计厂用变压器 | 合理划分供电区域以及合理分配厂用电负荷，有效减少厂用变压器台数 |
| | | 合理选择厂用变压器容量 |
| | | 将单相负荷尽量平均地分配到三相 |
| | （2）采用高效变压器 | 采用S10或S11系列及型号变压器替换S7系列及以下型号高耗能变压器 |
| | | 比选后采用非晶合金节能低损耗变压器 |
| 9.2 | 电动机 | |
| | （1）选择节能型高效率电动机 | 比选采用YX系列高效率电动机 |
| | （2）工艺系统的设计优化 | 适当减少电动机的台数和功率 |
| | （3）合理选择电动机的形式 | 根据不同的机械特性选择合适形式的电动机 |
| | （4）合理选择电动机的控制方式 | 采用软启动器、变频调速等 |
| 9.3 | 照明设备 | 合理选用节能照明及其控制设备 |

## （三）降低厂用电率典型技术

### 1. 泵与风机系统改造

在火力发电厂中的各类辅机设备中，风机水泵类设备占了绝大部分，泵与风机也是最主要的耗电设备，直接关系到厂用电率的高低。

由于这些设备处于长期连续运行状态，而且部分设备在不同的时段不可避免地处于低负荷及变负荷运行状态，运行工况点偏离高效点，运行效率降低。提高风机本身的效率固然重要，但是如何提高泵与风机的运行效率更重要，实现泵与风机和管网合理地匹配是降低耗电率的最有效的途径。

例如，目前火电机组的锅炉风机，特别是近年来新投产的大机组的风机，绝大多数是高效风机，它们的最高效率在 $80\%\sim85\%$ 之间，但是风机运行效率不高。主要原因是风机选型不合理，风机设计出力和压头比锅炉实际额定负荷时的风量和系统阻力大得多，尤其是机组低负荷时，这些风机在调节门开度较小情况下长期运行，造成大量节流损失，风机实际运行工况点偏离风机设计最佳工况点，使实际运行效率达不到设计效率。风机选型不合理的主要原因是火力发电厂的泵与风机的选型按照以往的设计规定，风机在满足正常所需的最大流量和最高扬程（全压）的基础上，还必须再增加一定的安全裕量，以保证火力发电厂主机的正常工作。过去由于我国火电设备制造和安装质量不高，锅炉煤种的变化大，锅炉漏风率（包括空气预热器）大，经常造成风机运行出力不能满足主机最大出力的需要，与此同时没有在设备治理上及锅炉漏风治理上投入，而是一味的放大风机的设计裕量，来满足新机的设计要求。随着技术的进步、主设备质量和管理水平的提高，近年来锅炉的漏风率明显下降，应适应目前的设备实际状况，避免"大马拉小车"现象。

采用高效泵与风机，合理选定泵与风机的设计参数，对选型不当的泵与风机进行技术改造。一台泵与风机是否节电取决于很多因素，除自身的效率外，还与管网设计是否合理、阻力大小及与管网是否匹配良好等因素有关。所谓匹配指的是泵与风机设计的流量和扬程（风压）应与管网所需流量和扬程（风压）相符，也就是说泵（风机）所产生的扬程（全风压）应能克服管网阻力的前提下满足管网流量的需要。离心式泵与风机的流量通常是用调节门（风门或阀门）来调节的，调节门关得越小，节流损失越大，泵与风机使用效率越低。

为了减轻或防止因泵与风机的额定参数大于实际运行参数而造成运行效率降低，可以根据具体情况分别采用切割叶片及更换高效叶轮两种方法对泵与风机进行技术改造。若泵与风机扬程或全压富裕量达 $50\%\sim60\%$，则可将转速降低一档，可采用电机换级和泵与风机降速方法：以利降低其耗电率。

各类水泵、风机应通过试验摸清运行效率、阀门挡板压损、系统阻力和辅机配置余量，针对性的对辅机进行改造。改造的基本原则如下。

（1）针对效率较低且设备部件老化的水泵或风机，宜实施更换高效节能型泵与风机改造。采用新型叶轮、导流部件及密封装置，改造低效给水泵，提高给水泵效率。对循环水泵特性进行测试，对效率偏低或参数与冷却水系统不相匹配的水泵进行有针对性的技术改造，循环水系统应有季节性流量调整措施。

（2）当离心式水泵或风机容量偏大时，可通过切削叶轮、叶片或更换小叶轮的方法，来降低水泵和风机的使用容量，提高运行效率。对于多级离心泵，当实际运行流量、扬程大大低于铭牌容量时，可采用抽级改造法，使其工作在高效区。

（3）对大型锅炉的送风机、引风机，解决系统管路特性和风机的匹配问题，调峰范围较大的可改造为变速驱动，调峰范围不大的可改造为双速电机。风机通过改前试验确定合理的风机设计参数和评价风机系统管路阻力特性和布置的合理性，有针对性的采用各种改造方案，如更换叶轮和集流器，切割或加长离心式通风机的叶轮叶片，或改变叶轮宽度、叶轮的尺寸等，在风机本身改造的同时考虑管路系统特性，改造不合理的管路布置，降低系统阻力。

（4）对负荷变动较大的泵与风机，宜使用调速技术改造。

目前火电厂泵与风机中除部分采用汽动给水泵，液力耦合器及双速电机外，部分水泵和风机仍采用定速驱动。这种定速驱动的泵，由于采用出口阀，风机则采用入口风门调节流量，都存在严重的节流损耗。尤其在机组变负荷运行时，由于水泵和风机的运行偏离高效点，使运行效率降低。火电厂泵与风机设计选型时套用定型产品，由于型号是分挡而设，间隔较大，一般只能套用相近型产品，造成泵与风机设计选型时裕量过大，也会造成运行工况偏离高效区。

泵与风机共同特点是转速在±20％范围内变化时，它的效率大约不变。风量却与转速的一次方成正比，风压与转速的平方成正比，轴输出功率与转速的三次方成正比。所以采用变速调节能减少节流中的损耗，达到节电的目的。在机组变负荷运行方式下，如果主要辅机采用高效可调速驱动系统取代常规的定速驱动系统，无疑可节约大量的节流损失，节电效果显著。

电站锅炉风机的风量与风压的富裕度以及机组的调峰运行导致风机的运行工况点与设计高效点相偏离，从而使风机的运行效率大幅度下降。一般情况下，采用风门调节的风机，在两者偏离10％时，效率下降8％左右；偏离20％时，效率下降20％左右；而偏离30％时，效率则下降30％以上。可见，锅炉送、引风机的用电量中，很大一部分是因风机的型号与管网系统的参数不匹配及调节方式不当而被调节门消耗掉的。因此，改进离心风机的调节方式是提高风机效率，降低风机耗电量的最有效途径。

泵与风机一样，为了降低水泵的能耗，除了提高水泵本身的效率，降低管路系统阻力，合理配套并实现经济调度外，采用调速驱动是一种更加有效的途径。因为大多数水泵都需要根据主机负荷的变化调节流量，对调峰机组的水泵尤其如此。调峰机组配套的各种水泵最好采用调速驱动，以获得最佳节能效果。

对锅炉给水泵来说，节流损失的大小还与负荷和汽轮机的运行方式有关。在同一种运行方式下负荷越小节流损失越大；在负荷相同时采用滑压运行方式的节流损失比采用定压运行方式还大。因此，对调峰和滑压运行机组，采用调速给水泵的节电效果尤为显著。

调速节电可以通过很多种途径去实现（如采用液力耦合器、变频器、汽动给水泵、交流调速等），采用不同的调速装置，有不同的效果。在实际应用中应视具体情况具体分析，通过技术经济分析选用最优的改造方法，做到投入小、节电效果好。变频调节技术是当今自动化技术中比较成熟、比较先进的技术，变频器是电力技术、微电子技术、控制技术高度发展的产物。变频器是通过微电子器件、电力电子器件和控制技术，将供给电机定子的工频交流电源经过二极管整流成直流，再由 GTR、IGBT 等逆变为频率可调的交流电源，此电源再拖动电机和负载。变频调速就是通过改变供给电动机电源的频率值达到改变电动机转速的目的。

归纳起来，调速技术改造主要措施如下。

① 变极调速。用改变定子绕组的接线方式来改变电动机定子极对数达到调速的目的。这种技术适用于鼠笼型电动机。大中型异步电动机采用变极调速时，一般采用双速，对小型电动机可采用三速或四速。

② 液力耦合器调速。液力耦合器由泵轮（主动轮）、涡轮（被动轮）、外壳和液体工作介质组成。改变工作腔中液体的充满程度来改变被动轮的转速。

③ 变频调速。通过改变电源频率来改变电动机的同步转速。变频器可分为交流—直流—交流变频器和交流—交流变频器。

其他电动机的调速方式有串级调速、转子串电阻调速、滑差电机调速等。

（5）大容量机组给水泵采用汽轮机驱动方式。

（6）由于水泵或风机系统布置不合理而对系统进行的改造。

（7）电厂中主要改造的风机有引风机、送风机、一次风机等，电厂中主要改造的水泵有给水泵、凝结水泵、循环水泵、疏水泵等。

改造注意的几个问题如下。

① 低于国家和行业关于电动机、风机、水泵的能效限定值要求值，确定改造项目。

② 根据本企业泵与风机的效率普查值及资金使用情况，制订改造计划。

③ 改造前应多方调研，可行性研究报告中应包含有节能评估内容。

④ 改造后应进行能耗测试，对改造效果进行评价。

改造执行标准如下。

① GB 18613　中小型三项异步电动机能效限定值及能效等级。

② GB 19761　通风机能效限定值及节能评价值。

③ GB 19762　清水离心泵能效限定值及节能评价值。

**2. 厂用变压器选择**

变压器电能损耗在发电厂电气系统中占有较大的比例，因此降低变压器的损耗是电气节能的重点之一。变压器的台数、负载率、负载平衡情况以及节能型号、相数、容量、电磁耦合形式、阻抗、接线组别、冷却方式等主要形式和参数的选择都对功率的损耗影响较大。

（1）优化设计厂用变压器容量、台数和负荷平衡

通过优化设计，合理划分供电区域以及合理分配厂用电负荷，可以有效减少厂用变压器台数，合理选择厂用变压器容量，并将单相负荷尽量平均地分配到三相，使变压器处于节能经济运行状态，减少厂用变压器的电能损耗。

（2）采用高效变压器

我国早期普遍使用 SJ1、SL1 系列高能耗变压器，1982 年国家统一设计 SL7、S7 变压器，1985 年设计开发了 S9 系列变压器，其后又有 S11 系列。对老旧变压器进行更新改造，采用 S10 或 S11 系列及型号变压器替换 S7 系列及以下型号高耗能变压器，降低变压器损耗，条件允许的情况下可以选择三维立体卷铁心节能低损耗变压器。有条件的情况下

采用空载损耗（铁耗）比传统硅钢片变压器低 65%～75% 的非晶合金节能低损耗变压器。

我国一些厂家生产常用的"7"型、"9"型、"10"型 10kV 级配电变压器的损耗对照见表 4-7（以 1600kV·A 容量变压器为例）。

表 4-7　10kV 级配电变压器的损耗对照表

| 变压器型号 | 空载损耗/kW | 负载损耗/kW |
| --- | --- | --- |
| S7-1600/10 | 2.65 | 16.5 |
| S9-1600/10 | 2.4 | 14.5 |
| S10-1600/10 | 1.8 | 14 |

变压器选用执行标准：

① GB/T 6451 三相油浸式电力变压器技术参数和要求。

② DL/T 985　配电变压器能效技术经济评价导则。

### 3. 电除尘节能优化运行控制系统

在燃烧煤种、锅护负荷和燃烧情况的变化时，除了必须对电除尘系统的有关运行参数和控制特性进行调整，以适应锅炉运行工况的变化外，采用间歇供电控制系统是保证电除尘系统节能优化运行的重要方式。

间歇供电就是利用常规电源的控制线路，对原有的全波整流输出进行调控，周期性地阻断某些供电波，达到间歇输出的目的。由于电除尘器电场电容的作用，间歇供电在使电流大幅下降的同时还保留较高的电压。电除尘器高压常规供电方式是采用可控硅一次调压后经变压器升压，再通过桥式硅堆全波整流而获得。

间歇供电对电除尘器性能的改善主要体现在以下几个方面：

（1）具有脉冲供电的特征，减小充电时间，减小平均电流，破坏了反电晕的产生条件，抑制了反电晕的发生。

（2）与常规电源相比，电压波形成具有脉冲形状，火花击穿电压提高，运行电压峰值提高。

（3）由于电压峰值提高和收尘板反电晕正离子的产生受到抑制，粒子的荷电比提高。

（4）间歇供电使得平均电场强度下降，这有利于振打除灰。

（5）与常规电源相比，可以大幅节省能耗。

间歇供电的节能效果是显而易见的，在采用浊度仪反馈的计算机智能闭环控制中，应用间歇供电方法来节能其效果是显著的。在飞灰比电阻比较高的情况下，它与全波供电的方法相比，不仅节能效率比较高，对收尘效率也有一定的改善。在现场用电度表考核，在维持同样收尘效果的条件下，间歇供电的节能效率可稳定达到 60% 以上。

### 【案例】

某电厂一台 600MW 的燃煤发电机组电除尘器中应用间歇供电，与常规供电方式相比较，当间歇供电的间歇比为 2∶10 时，与常规供电相比，出口排放量减少了 8mg/m³（标），功耗节省了 80%。电厂电除尘设备运行良好，除尘效果满足要求，因此在保证除尘效率的基础上将节能作为关键考核指标。原电除尘器运行在火花整定工作方式下，而实际在这种大功率高能耗的工作方式下，电能利用率极低。装置在运行过程中，用于高压收尘的电耗可分为三类，一是用于粉尘的荷电与搜集的电能为有效电能；二是对粉尘的荷电与搜集起破坏作用的反效电能，如反电晕和二次扬尘等；三是介于两者之间既不有利也不有害的无效电能。实际运行中，三种电能交织在一起，且有效电能占很少的部分，通过先进的技术措施来提高有效电能比例就可以较少损耗。改造后的设备采用节能提效脉冲供电方式，充分利用整流变的电感特性和本体电场的电容特性，通过在一定范围内合理控制输出脉冲的幅度、周期等参数，输出合适的供电波形，提高电除尘器运行过程中电能利用效率，在保证除尘效率的前提下，达到了很好的节能效果。

## 五、厂级监控信息系统应用

目前，部分电厂构建了以"5S"模型构架为基础的"数字化电厂"，即：DCS（协调控制系统）、SIMU（电厂仿真系统）、SIS（厂级监控信息系统）、MIS（管理信息系统）、DSS（决策支持系统）五个主要系统。厂级监控信息系统对于提高火电厂生产经营管理和现代化水平具有重要作用。

SIS 是实现电厂管理信息系统与各种分散控制系统之间数据交换的桥梁，以实现全厂实时数据处理、监视、分析、优化、管理，达到信息共享，为电厂管理层的决策提供真实、可靠的实时运行数据，为市场运作下的企业提供科学、准确的经济性指标。

该系统在发电企业生产自动化及信息平台中的定位如图 4-1 所示。

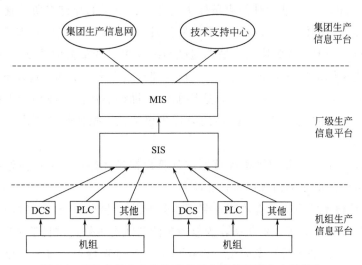

图 4-1 SIS 在发电企业生产自动化及信息平台中的定位

SIS 接入了生产系统全部采集系统的数据，侧重于分析、诊断、预警、指导的数据处理与信息发布，强调参数指标级的量化分析。SIS 模块一般包括实时信息处理模块、数据归类统计模块、历史趋势模块、报警管理模块、显示及远程监视功能模块、报表功能模块等基本功能。在 SIS 系统中，可定制开发机组及厂级性能计算、控制系统优化、吹灰优化、运行统计与考核、压力容器安全监督、性能试验、能损分析、金属安全监督、负荷优化分配、操作优化指导、工况分析、工程师字典等高级模块，完成全厂生产过程实时数据分析、全厂经济指标分析及优化运行操作指导、设备（系统）故障诊断、负荷优化分配等功能。

① 压力定值优化。单元机组普遍采用滑压运行方式，机前压力在全程范围内与负荷有一固定关系。这一关系一般由汽轮机制造厂给出，不随工况而变。压力定值优化算法充分考虑当前机组运行环境及运行工况，按照一定目标（如供电煤耗最小）实时计算压力给定值，计算值与滑压曲线综合后作为蒸汽压力的真正给定值。当运行偏离设计情况时，通过调整来实现新条件下的优化运行。

② 基于多约束优化的全厂负荷分配。设全厂有 $N$ 台机组投入并联运行，全厂总负荷为 $P$，全厂负荷优化分配就是将全厂总负荷指令 $P$ 按照稳定性、快速性、经济性原则分配给 $N$ 台机组，而使全厂总煤耗量最小。工程上进行寻优求解的数学方法有多种，对于特定的项目，在满足具体需要的前提下，考虑问题的出发点不同可以选用不同的方法。传统的经济调度计算较多采用机组能耗等微增率法，但这一方法对机组能耗特性曲线的要求比较苛刻，要求总的煤耗目标函数为凸函数。在不满足要求时，需要对特性曲线进行近似处理，这样使得在计算精度上产生人为的误差，使用有局限性。动态规划法对机组能耗特性曲线没有任何限定条件。另外，动态规划法又是确定机组开停次序和机组最优组合的有效方法。为了提高负荷优化分配系统的实用性，在软件设计时还综合考虑各种约束条件，主要有安全性约束条件、快速性约束条件和经济性约束条件。安全性约束条件考虑机组的主要辅机和控制系统的运行情况，包括以下因素：协调投入，单机最大、最小负荷约束，RB、RU、RD、BI、BD。快速性约束条件主要考虑：单机的允许变负荷速率、全厂负荷定值和全厂实际负荷的偏差。经济性约束条件除机组煤耗特性之外，还要考虑：以投运最少机组来完成负荷调节任务为原则，最大程度地减少机组变负荷的频度；在选择机组加、减负荷时，应避免机组在短时间内反向变负荷，即机组完成一次加负荷任务后，让其稳定运行一段时间后再去承担减负荷任务，这样能防止机组热负荷下波动产生的疲劳寿命损耗。当然各约束条件的优先级中安全性约束优先级最高，快速性约束次之，经济性条件最低。

③ 吹灰优化。首先根据热平衡计算原理计算出锅炉受热面积灰结渣情况，然后根据锅炉受热面积灰结渣的实际情况决定是否吹灰。

④ 基于统计模型的设备状态监测。利用本系统建立起来的全厂实时历史数据库，建立运行参数统计模型，分析设备状态，为故障预测与状态维修提供科学指导。

⑤ 基于统计分析的运行状态监测。根据电力生产过程特点，将统计分析分为量值统计和次数统计两种。量值统计是对振动、噪声、温度、压力等连续变化的物理量所进行的统计分析。通过对信号的连续监视，可以及时发现异变，以引起注意。次数统计是对故障次数、质量缺陷等离散数量所进行的统计分析。通常是把一定时间内的故障或不良状态引起的停机或缺陷次数进行统计，用来了解全厂或某单一设备的管理现状，如控制系统切手动次数、缺陷次数等。

⑥ 故障预警技术。电力生产过程工艺复杂、需要监控的参数众多，仅仅依靠操作员

的分析判断很难给出系统的确切状态及其与正常状态的偏离情况。目前过程监控中广泛使用参数越限报警技术，以协助操作员实现状态监视。但报警意味着过程已经发生明显变化，并需要及时处理。从事故预防角度来看，更具实际意义的是当参数刚刚偏离正常值或具有偏离正常值的趋势时就给出预警信号，提醒相关人员引起注意。因此，根据机组实时数据自动进行参数异变监测，通过预警达到安全关口前移，对生产运行与管理具有十分重要的意义。

⑦ SIS 在生产经营管理，提高全厂运行的经济性，提高生产运行管理效率等方面发挥了积极作用。主要体现在以下几方面。

建立全厂统一的实时/历史数据平台，解决了各控制系统之间存在的数据孤岛问题，使全厂运行、检修与管理人员能够及时准确地了解生产运行情况及设备状况，有利于安全稳定运行；

通过经济性分析与优化操作指导，使单元机组发电煤耗降低；

通过优化吹灰，使吹灰工质耗量减少，降低排烟温度，提高锅炉效率；

通过全厂信息共享，实现统一管理与考核，挖掘企业内部潜力。

建立基于数据挖掘、数据融合及劣化分析的热力设备（系统）状态监测与故障诊断方法，通过设备性能监测与劣化分析，早期发现设备隐患，并应用于故障预测预报，提高故障查找与维修效率，减少机组非停。

创立基于热力系统拓扑结构矩阵的耗差分析理论方法，计算准确度高，耗差率查找全面，实现了运行优化及智能操作指导。基于设备劣化分析理论方法，提出了电厂设备预警的概念并予以应用，实现了设备故障的预测预报。

建立以生产实时数据为核心的管控一体化模式，把统计分析、运行考核等先进的管理模式应用于生产运行管理。

# 第二节　运行调度

## 一、运行维护管理

运行人员要树立节能意识，不断总结经验，使各项运行参数达到规定值。

### 1. 运行维护措施

机组定期或不定期进行不同负荷运行方式的优化调整试验，机组按优化运行曲线运行。在优化运行试验的基础上，逐步实现在线过程考核，考核的主要内容包括：系统运行方式（以负荷确定滑压）、蒸汽参数、回热系统运行质量（加热器端差、温升）、凝汽器端差、锅炉氧量、排烟温度、制粉系统的经济运行。

应尽可能燃烧设计煤种，当煤质变化较大或燃用新煤种时，根据不同煤质及锅炉设备特性，研究确定掺烧方式和掺烧配比。并按照 GB/T 219 进行煤灰熔融性测定，按照 GB/T 2565 进行煤的可磨性指数测定。燃烧非单一煤种的火电厂，应开展配煤工作。根据不同煤种及锅炉设备特性，研究确定掺烧方式和掺烧配比。

定期（在大修、技术改造、煤质严重偏离设计值、煤种混配后）进行锅炉机组燃烧优化调整试验，提高锅炉热效率和低负荷稳燃能力；运行人员应根据入炉煤的变化，煤种分析报告及炉膛燃烧工况，及时调整燃烧操作，对煤粉细度及其分配均匀性、一次和二次风配比及总风量、炉膛火焰中心位置、磨煤机运行方式等进行调整，及时进行锅炉的清焦和吹灰工作，以使锅炉经常处于最佳工况下运行。

提高运行水平，努力节约点火用油和助燃用油，根据各种不同类型的锅炉和运行条件，制订耗油定额，并加强管理，认真考核，推广应用等离子和无油点火技术。

应定期对锅炉受热面、空气预热器、暖风器、凝汽器和加热器等换热设备进行清洗，以提高传热效果。在对凝汽器清洗时，通常可采用胶球在运行中连续清洗凝汽器法、运行中停用半组凝汽器轮换清洗法或停机后用高压射流冲洗机逐根管子清洗等方法。保持凝汽器的胶球清洗装置（包括二次滤网）经常处于良好状态。

定期进行凝汽机组凝汽器系统经济性诊断试验和运行方式优化，机组在良好真空下运行，且凝汽系统和循环冷却系统按优化方式运行，每月进行一次真空严密性试验。当100MW及以上机组真空下降大于400Pa/min、100MW以下机组大于667Pa/min时，应检查泄漏原因并及时消除，保持凝汽器在铜管清洁和真空严密性良好的状况下工作。在凝汽器管束清洁状态和凝汽器真空严密性良好的状况下，绘制不同循环水进口温度与机组出力、端差的关系曲线，作为经济运行的依据。

严格控制凝汽器端差，加强凝汽器的清洗。通常可采用胶球在运行中连续清洗，运行中停用半组凝汽器轮换清洗法或停机后用高压水射流冲洗（逐根管子清洗）等方法，出现结垢可进行酸洗。保持凝汽器清洗装置（包括二次滤网）处于良好状态，根据循环水质情况确定运行方式（每天通球清洗的次数和时间），对于水质较差的情况，清洗装置可连续长期投运。

保持高压加热器的投入率在97％以上。使给水温度达到相应值。注意各级加热器的端差和相应抽汽的充分利用，保证回热系统经济运行。高压加热器启停时应按规定控制温度变化速率，防止温度急剧变化。维持正常水位，保持高压加热器旁路阀门的严密性，使给水温度达到相应值。要注意各级加热器的端差和相应抽汽的充分利用，使回热系统保持最经济的运行方式。

加强日常维护，保证热力系统各阀门处于正确阀位。通过检修，消除阀门和管道泄漏，治理漏汽、漏水、漏油、漏风、漏灰、漏煤、漏粉、漏热等问题。建立查漏堵漏制度，及时检查和消除锅炉漏风。每月测试一次锅炉漏风系数，保证锅炉漏风系数符合要求。加强对汽、水系统内、外漏的治理。设备外漏达到无渗漏企业的标准，设备内漏通过测温的方法确定，保证主要的汽水系统阀门严密不漏。

按规定做好冷水塔检查和维护工作，结合大修进行彻底清理和整修，冷却水塔应被作为重要运行设备管理，不应被视为建筑物。相同类型的冷却塔，至少应对其中一台进行性能鉴定试验和年平均负荷下的水量变化试验，以便确定最佳的水塔冷却效果、循环泵节电运行控制方式。若循环水流量发生变化，应及时调整塔内配水方式，充分利用水塔冷却面积；采用高效淋水填料和新型喷溅装置，提高水塔冷却效率。

应加强化学监督和锅炉水处理，严格执行锅炉定期排污制度，加强直流锅炉冷、热态冲洗，防止锅炉和凝汽器、加热器等受热面以及汽轮机通流部分发生腐蚀、结垢。

保持热力设备、管道及阀门的保温完好，采用新材料、新工艺，努力降低散热损失。保温效果的检测应列入大修竣工验收项目，当年没有大修任务的设备也必须检测一次。当周围环境为25℃时，保温层表面温度不得超过50℃。

对各种运行仪表应加强管理，做到装设齐全、可靠。作好热控系统检测仪表的检修与维护，保证参数测试准确。

加强热力试验工作，进行机炉设备大修前后的热效率试验及各种特殊项目的试验，主要辅机的性能试验，作为设备检修和改进的评价依据；热力试验组应参与新机组的性能验收试验，了解设备性能，提供验收意见。

按电网调度要求和等微增法，确定本厂机组运行方式，优化机组电、热负荷的分配，使全厂达到经济运行。通过试验制定主要辅机运行特性曲线，在运行中特别是低负荷运行时，对辅机进行经济调度。

**2. 运行能效指标分析**

指标主要有火电厂供电煤耗、发电量、供热量、燃料消耗量、煤耗率、厂用电率、同类型机组平均单耗等。除发电量、供热量、煤耗率、综合厂用电率、综合水耗、燃油量综合指标以外，还应该根据各厂具体情况对以下各项小指标实现目标管理。

① 锅炉指标。过热蒸汽汽温、再热蒸汽汽温不低于设计值3℃，补水率小于1.5%，年均锅炉烟含氧量小于4.3%，排烟温度不超过设计值5℃。锅炉各段漏风系数：炉膛出口至预热器前的漏风系数不大于0.1，预热器漏风系数不大于0.1，电除尘漏风系数不大于0.1，吸风入口处总过剩空气系数不大于1.6，飞灰（灰渣）可燃物造成的机械损失小于1%。

② 耗电指标。制粉系统通过经济性试验，中储式球磨机乏气送粉制粉单耗小于29kW·h/t煤，中储式球磨机热风送粉制粉单耗小于23kW·h/t煤，直吹式中速磨系统制粉单耗小于22kW·h/t煤；离心式吸、送风机单耗小于3kW·h/t汽（海拔200m以下地区），轴流式小于2.4kW·h/t汽，给水泵单耗小于6kW·h/t汽，亚临界以上的参数按扬程增加的比例而增加，循环泵耗电率小于0.8%。

③ 汽轮指标。热耗率一般小于设计值的1.02倍，真空度的大小由汽机热耗和循环水系统节电运行方式比较后达到经济效益最大化来确定。凝汽器端差：淡水、软水冷却闭式循环端差不超过4℃；淡水开式循环夏季端差不超过4℃；海水开式循环夏季端差不超过6℃。加热器端差：低压加热器端差不高于设计值2℃；低压加热器温升不低于设计值2℃；高压加热器端差不高于设计值1℃。

④ 热网。供热回水率等。

⑤ 化学。自用水率、补充水率（单机容量≥300MW的应小于1.5%、单机容量<300MW的应小于2.0%）、汽水损失率、汽水品质合格率等。

⑥ 热工。热工仪表（主要是温度表、流量表、氧量表）的准确性、自动装置（包括

给水、减温、主汽压力、氧量、轴封、疏水装置）的投入率和调节品质。

## 二、机组的滑压运行

### 1. 滑压运行方式

所谓滑压运行是指单元制机组中，汽轮机所有调节阀全部开启或部分开启但开度不变，通过调整锅炉出口蒸汽压力（一般来说蒸汽温度不变）即改变流量来适应机组负荷的变化。在大容量机组调峰时，采用滑压运行方式在安全性和灵活性上优于定压运行，一定条件下，经济性也优于定压运行。通常的滑压运行方式有：

（1）纯滑压运行方式：所有的调节阀全部开启，完全依靠锅炉燃烧改变汽轮机进汽压力和流量以适应机组负荷的变化。

（2）节流滑压运行方式：汽轮机顺序阀方式但不全开留有一定开度（5％～10％）。通过改变进汽压力和流量调节负荷的变化。当负荷急剧变化时，可通过阀门开度变化进行应急调节，负荷稳定后，阀门再回到设置状态。

（3）复合滑压运行方式：是将滑压和定压相结合的一种运行方式。在高负荷区和低负荷区采用定压运行，在中间负荷区采用滑压运行。这种方式也称定—滑—定运行方式。通常在85％～90％以上的负荷、25％～50％负荷采用定压运行，中间采用滑压运行。

### 2. 滑压运行注意事项

（1）滑压运行方式主要适用于调峰幅度较大且频繁的单元制机组。

（2）针对某台机组应开展定、滑压运行的安全、经济比较，从而确定合理的滑压运行方式。

（3）通过试验和计算，绘制滑压运行曲线，在运行中应严格按照滑压运行曲线来运行。

（4）滑压运行中应注意监视锅炉过热器和再热器的超温问题，加强锅炉四管温度检测。

## 三、发电机组进相运行

发电机进相运行属于并网发电厂辅助服务项目。所谓发电机进相运行，是指发电机发出有功而吸收无功的稳定运行状态 。随着电力工业不断发展，电网结构的变化，超高压远距离输电网络不断扩大，导致系统无功增多，同时为弥补系统高峰负荷时的无功不足，在电网中还装设了一定数量的电容器，这些电容器有时难以适应系统调节电压的需要而及时投切。因此，在节假日或午夜等系统负荷处于低谷时，其过剩无功必导致电网电压升高，甚至超过运行电压容许的规定值，不仅影响供电的电压质量，还会使电网损耗增加，经济效益下降。发电机进相运行能吸收网络过剩的无功功率，降低系统电压，它通过发电机改变运行工况达到降压的目的，可扩大系统电压的调节范围，改善电网电压的运行状况。该方法操作简便，在发电机进相运行限额范围内运行可靠，其平滑无级调节电压的特点，更显示了它调节电压的灵活性，发电机进相运行是改善电网电压质量最有效而又经济的必要措施之一。

发电机进相运行时，供给系统有功功率和感性无功功率，其有功功率和无功功率表的指示均为正值；而进相运行时供给系统有功功率和容性无功功率，其有功功率表指示为正值，而无功功率表则指示负值，故可以说此时从系统吸收感性无功功率。发电机进相运行时各电气参数是对称的，并且发电机仍保持同步转速，因而是属于发电机正常运行方式中功率因数变动时的一种运行工况，只是拓宽了发电机通常的运行范围。同样，在允许的进相运行限额范围内，只要电网需要是可以长期运行的。

发电机进相运行时，主要应注意四个问题：一是静态稳定性降低；二是端部漏磁引起定子端部温度升高；三是厂用电电压降低；四是由于机端电压降低在输出功率不变的情况下发电机定子电流增加，易造成过负荷。

当系统负荷处于低谷，无功过剩电压增高至超过规定的运行电压允许值时，调度可安排发电机进相运行，降低电压，使全网电压于允许的范围内运行，既确保了电压质量，又可改善系统的电能分配，减少变压器等设备因电压增高而增加损耗，减少全网的总损耗，提高经济效益。

发电厂机组具备适当的进相运行能力，是系统运行对发电厂的基本要求之一。发电机必须机组的进相试验，以确定电厂机组的实际进相运行能力。调度制订发电机组进相深度要求，按日下达发电厂电压曲线。发电厂按调度下达的电压曲线控制无功负荷，严格控制高压母线电压。

## 四、各类发电机组调峰

各类发电机组调峰属于并网发电厂提供的辅助服务，各类发电机组的调峰，按照其调峰方式的不同和调峰深度可分为基本辅助服务和有偿辅助服务。最常见的两种调峰方式就是机组启停调峰方式和变负荷运行调峰方式。一般低负荷调峰运行方式属于并网发电厂为电网提供的基本辅助服务，是无偿的服务；低速旋转热备用调峰运行方式、两班制调峰运行方式、少汽无功调峰运行方式等其他调峰方式属于并网发电厂为电网提供的有偿辅助服务。

对于发电企业，具体调峰方式的确定，使整个电厂运行最为经济，取决于机组低负荷运行经济性、机组启停或工况转换的损失，以及低负荷调峰运行的时间长短，电网公司的经济补偿等。一般情况下，采用变负荷调峰方式时，超过一定调峰运行时间后，低负荷调峰运行的经济性没有两班制调峰的经济性好。

### 1. 两班制调峰运行方式

两班制调峰运行方式是通过启、停部分机组进行电网的调峰。即在电网低谷期间将部分机组停运，在电网高峰负荷到来之前再投入运行。或机组在每周低峰负荷时间（星期六、日）停运，其他时间运行。这种运行方式机组调峰幅度大（可达100%），但运行操作复杂，对设备寿命影响大。由于频繁的启停，机组金属部件要经常受到剧烈的温度变化和由此产生的交变热应力，因而导致部件的低周疲劳损耗，缩短机组的使用年限。

### 2. 低负荷调峰运行方式

低负荷调峰运行方式是机组参加电网调峰的主要运行方式之一。低负荷调峰运行直接影响汽轮机的效率，经济性差；机组低负荷运行时，采用滑压方式一般不会对汽轮机寿命影响小。但机组最低负荷受锅炉最低稳燃负荷和水动力工况安全的限制，调峰幅度有限，调峰幅度取决于机组技术上允许的最低负荷，一般可以做到50％的负荷。

### 3. 少汽无功调峰运行方式

少汽无功调峰运行方式是指停炉不停机，发电机在电动方式运行，机组不与电网解列，处于热备用状态。来自邻机抽汽或母管的少量蒸汽用以带走鼓风摩擦产生的热量。与两班制运行相比，其区别在于多了蒸汽运行阶段，少了冲转、并网过程。少汽无功运行时，燃料消耗量的大小与供汽方式、机组容量、设备状态以及启停操作方式有关，其计算方法与两班制类似。一般情况下，少汽无功运行冷却汽轮机叶片蒸汽的热能损失大，因而经济性比两班制略差。

### 4. 低速旋转热备用调峰运行方式

低速旋转热备用调峰运行方式是将汽轮机负荷降到零，发电机解列，汽轮机在低于转子第一阶临界转速的某一转速下运行，处于热备用状态。虽然国外经验表明这种运行方式的经济性比两班制略好，但由于必须连续不断地监视机组状态，防止进入临界转速，其应用受到了很大的限制。

### 【案例】

某厂对600MW机组不同负荷工况下循环热效率及性能进行了变负荷工况专项试验，测试汽轮发电机组在不同负荷工况下发电机组的发电热耗率和厂用电率，结合同时进行的锅炉效率试验的结果，获得单元机组循环热效率、发电煤耗、供电煤耗的具体数据，作为电厂向电网提供经济运行和经济负荷调度的依据。

机组循环效率和性能试验在100％、90％、80％、70％、60％、50％额定负荷六个负荷工况点下进行，根据机组实际运行特性按不同主蒸汽压力和对应的高压调门开度，分别安排3～5个工况，详见表4-8。本次试验共进行了26个工况。

表4-8　某机组变负荷工况循环效率及性能试验结果

| 序号 | 工况/MW | 汽机运行方式 | 主汽压/MPa | 修正后功率(扣励)/MW | 修正后发电热耗/[kJ/(kW·h)] | 修正后供电煤耗/[g/(kW·h)] |
|---|---|---|---|---|---|---|
| 1 | 600 | 常规定压 | 16.53 | 604.3 | 8028 | 315.3 |
| | | 变主汽压 | 15.96 | 603.8 | 8013 | 314.9 |
| 2 | 540 | 常规定压 | 16.29 | 541.4 | 8069 | 316.7 |
| | | 变主压1 | 15.67 | 534.8 | 8076 | 317.2 |
| | | 变主压2 | 14.64 | 534.0 | 8034 | 315.8 |
| 3 | 480 | 常规滑压 | 16.03 | 480.0 | 8146 | 320.9 |
| | | 变主压1 | 14.77 | 479.0 | 8118 | 319.8 |
| | | 变主压2 | 13.37 | 479.1 | 8097 | 318.9 |

续表

| 序号 | 工况/MW | 汽机运行方式 | 主汽压/MPa | 修正后功率(扣励)/MW | 修正后发电热耗/[kJ/(kW·h)] | 修正后供电煤耗/[g/(kW·h)] |
|---|---|---|---|---|---|---|
| 4 | 420 | 变主压1 | 16.38 | 414.4 | 8258 | 327.9 |
| | | 常规滑压 | 14.93 | 411.4 | 8253 | 327.8 |
| | | 变主压2 | 13.61 | 417.6 | 8207 | 325.8 |
| | | 变主压3 | 11.91 | 416.5 | 8186 | 324.9 |
| 5 | 360 | 变主压1 | 15.59 | 360.2 | 8414 | 336.1 |
| | | 常规滑压 | 13.60 | 357.6 | 8365 | 334.2 |
| | | 变主压2 | 11.81 | 357.1 | 8343 | 333.4 |
| | | 变主压3 | 10.40 | 357.8 | 8324 | 332.3 |
| 6 | 300 | 变主压1 | 12.93 | 304.3 | 8519 | 344.9 |
| | | 常规滑压 | 11.89 | 309.1 | 8489 | 344.6 |
| | | 变主压2 | 10.29 | 305.7 | 8436 | 342.4 |
| | | 变主压3 | 8.95 | 309.8 | 8389 | 340.1 |

　　通过各负荷工况试验测量数据和计算结果表明，在 300～600MW 的机组日常调峰负荷范围内，机组的试验发电热耗在 7991～8626kJ/(kW·h) 之间变化，修正后发电热耗为 7999～8519g/(kW·h)；试验发电煤耗为 299.9～324.0g/(kW·h) 之间，修正后发电煤耗为 299.0～320.4g/(kW·h)；试验供电煤耗在 315.2～349.7g/(kW·h) 之间变化，修正后供电煤耗在 314.3～344.9 g/(kW·h) 范围内；机组试验循环热效率为 35.5%～39.4%，修正后循环热效率为 36.0%～39.5%。由于试验时机组状况与正常运行时较接近，因此机组的试验发电热耗率、试验供电煤耗和试验循环热效率基本上反映了机组日常的运行经济性。

　　在 100%～50% 设计负荷工况变化中，试验供电煤耗差为在设计值 315g/(kW·h) 基础上的 0～34.5g/(kW·h) 之间变化。结果分析见表 4-9、图 4-2～图 4-5。

表 4-9　机组 50%～100% 各负荷工况点下的供电煤耗及差值

| 序号 | 负荷率/% | 600MW (100%) | 540 MW (90%) | 480 MW (80%) | 420 MW (70%) | 360 MW (60%) | 300 MW (50%) |
|---|---|---|---|---|---|---|---|
| 1 | 供电煤耗/[g/(kW·h)] | 315.3 | 316.7 | 320.9 | 327.8 | 334.2 | 344.6 |
| 2 | 供电煤耗差值/[g/(kW·h)] | 0 | -1.4 | -5.6 | -12.5 | -18.9 | -29.3 |

## 五、电厂各机组负荷的优化分配

　　火电厂内机组运行经济调度是指在全厂总的调度负荷下，根据厂内各机组的热力特性优化分配各机组应承担的负荷，使全厂总的煤耗为最小。由于历史的原因，目前有些电网对电厂机组负荷直接调度，随着电力走向市场、实行竞价上网的开展，必然过渡到电网只调度电厂负荷，电厂机组间的负荷分配由电厂进行优化分配。

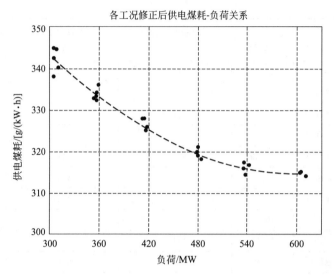

图 4-2　各工况修正后供电煤耗与负荷关系

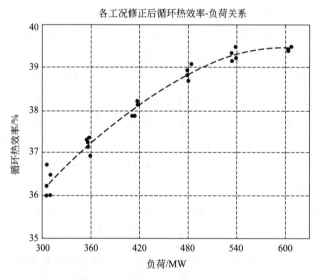

图 4-3　各工况修正后循环热效率与负荷关系

火电机组的耗量特性就是机组在稳定状态运行时的燃料量和功率之间的关系。发电机组的耗量特性是负荷优化分配计算的基础，其数据的精确性对计算结果有着直接的影响。确定机组的耗量特性是负荷优化分配中关键的一步。单元机组的燃料耗量与发电机有功功率之间的关系比较复杂，而且随着汽轮机组进汽阀门开度的调节发生变化。对于实现了机组效率在线监测的火电厂，可以据此实时得出机组特性曲线并编制出机组的耗量关系。对于配置 SIS 系统的电厂可以通过 SIS 系统中技术经济指标的计算结果实时确定出机组的耗量特性关系。准确的机组耗量特性参数依赖于完整的机组性能试验，但在生产实际中，机组的性能试验需要花费相当大的成本，为了得到机组的耗量特性，采用的办法有两种：一种是根据机组较长时间的运行记录和试验运行点数据得出机组的耗量特性；另一种是通过

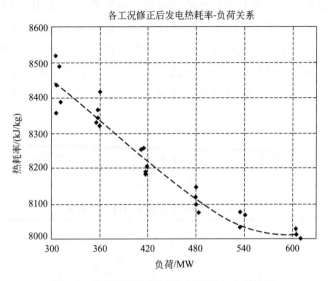

图 4-4  各工况修正后发电热耗率与负荷关系

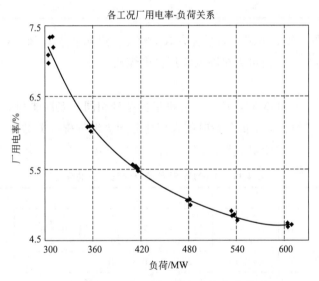

图 4-5  各工况修正后厂用电率与负荷关系

制造厂家的设计数据和长期运行的数据进行结合得出机组的耗量特性。

火电厂内不同的机组其热力特性差异很大，即使同一类型的机组其热力特性也不尽相同。如何将电网给予的总负荷在各台机组间合理分配，使全厂的总煤耗量最小。就是所谓的机组间负荷最优分配。为了实现火电厂机组间负荷优化分配，目前有很多负荷优化分配模型、负荷优化分配算法。

**1. 等微增调度的原则**

当全厂负荷变化时，可采取增加、减少正在运行机组负荷的方式；也可采取启动、停止机组运行的方式来适应负荷的变化。相对来讲，开停机调峰方式主要适用机组容量较小的机组（135MW 及以下机组），对大容量机组通常使用增减负荷的方式。

负荷分配的优化原则是使并联运行的几台单元制机组，燃用相同质量的燃料，在一定负荷下，使其全厂的燃料消耗量最少。如果汽轮发电机的热耗特性是连续的，且随负荷的增加而单调地增加，应采用等微增煤耗率特性分配各台机组的负荷，若机组微增煤耗率特性是相同的，则总负荷可平均分配到各台机组。通常在增加负荷时，应按微增煤耗率由小到大顺序增加相应机组的负荷；在降低负荷时，应按微增煤耗率由大到小顺序减少相应机组的负荷。

【案例】

某电厂有2台600MW机组，通过各负荷点组合运行对煤耗影响的计算发现，同一负荷下不同的组合会得到完全不同的煤耗值（表4-10）。

表 4-10　各负荷点组合运行对煤耗影响

| 全厂负荷/MW | 950 | | | | | | | | | | | |
|---|---|---|---|---|---|---|---|---|---|---|---|---|
| 机组组合方式 | 1 | | 2 | | 3 | | 4 | | 5 | | 6 | |
| 各机负荷/MW | #1 | #2 | #1 | #2 | #1 | #2 | #1 | #2 | #1 | #2 | #1 | #2 |
| | 600 | 350 | 550 | 400 | 500 | 450 | 450 | 600 | 400 | 550 | 350 | 600 |
| 供电煤耗/[g/(kW·h)] | 306.4 | | 304.8 | | 304 | | 303.7 | | 304.2 | | 305.2 | |

由表4-10可见，组合方式4和组合方式1相比，煤耗差达2.7g/(kW·h)。因此，用微增调度优化组合机组负荷可直接降低全厂供电煤耗。

【案例】

某电厂机组为2×600MW，该厂2台机组虽型号相同，但性能却有一定的差别，#2机组明显优于#1机组。为了低负荷时能合理地分配机组负荷，实现节能降耗，进行1、2机组负荷优化分配，取得明显成果。

表 4-11　450MW 时负荷分配与相应的煤耗

| 组合方式 | 1 | | 2 | | 3 | |
|---|---|---|---|---|---|---|
| 机组号 | #1 | #2 | #1 | #2 | #1 | #2 |
| 单机负荷/MW | 225 | 225 | 200 | 250 | 250 | 200 |
| 单机煤耗/[g/(kW·h)] | 341.5 | 337.5 | 348 | 330.7 | 339 | 344.5 |
| 平均煤耗/[g/(kW·h)] | 339.5 | | 338.4 | | 341.4 | |

表 4-12　500MW 时负荷分配与相应的煤耗

| 组合方式 | 1 | | 2 | | 3 | | 4 | | 5 | |
|---|---|---|---|---|---|---|---|---|---|---|
| 机组号 | #1 | #2 | #1 | #2 | #1 | #2 | #1 | #2 | #1 | #2 |
| 单机负荷/MW | 250 | 250 | 300 | 200 | 200 | 300 | 280 | 220 | 220 | 280 |
| 单机煤耗/[g/(kW·h)] | 339 | 330.7 | 334 | 348 | 348 | 324 | 336 | 338 | 342 | 325.6 |
| 平均煤耗/[g/(kW·h)] | 334.9 | | 338.3 | | 333.6 | | 336.9 | | 332.8 | |

将表4-11、表4-12机组负荷分配与相应的煤耗可绘成耗量特性曲线，分析得到在450MW负荷时1、2机组分别带215MW、235MW时供电标煤耗最低；在500MW负荷时，分别带275MW、225MW全厂供电标煤耗最低。在负荷优化分配试验前，一直采用

总负荷由 2 台机组平均分配的方案，通过负荷优化分配试验可以看出，平均分配负荷的方案不是全厂煤耗最低的方案。这样，性能良好的♯2 机组的优势得不到发挥。为此，根据负荷优化分配试验结果提出负荷优化分配细则：

(1) 全厂出力在 260～300MW 时，2 台机组负荷平均分配。

(2) 全厂出力在 300～350MW 时，♯2 机组承担 200MW 负荷，♯1 机组带 150MW 负荷。

(3) 全厂出力在 350～450MW 时，♯2 机组升负荷至 235MW，♯1 机组升负荷至 215MW。

(4) 全厂出力在 450～500MW 时，♯1 机组升负荷至 225MW，♯2 机组升负荷至 275MW。

(5) 全厂出力在 500～600MW 时，♯2 机组先加负荷至 300MW，余下负荷由♯1 机组承担。

根据上述负荷优化分配后，供电煤耗明显降低，负荷的优化分配对提高全厂的经济性有重要的意义。

**2. 负荷优化分配的注意事项**

(1) 对电网来说，调度部门应根据节能发电调度的原则，按煤耗率低、高顺序安排负荷，对同类型机组应实施等微增调度。

(2) 对电厂而言，机组负荷的优化分配更适用于具有多台（3 台以上）单元制机组的电厂且有权分配全厂负荷的电厂。

(3) 等微增煤耗率曲线应进行专门测试，同时要考虑机组空负荷特性、煤质变化特性、各机组系统和运行特性、最低稳燃特性等因素。

(4) 根据等微增煤耗率原则，制定负荷分配计划表。

(5) 有条件的电厂最好在线实现微增煤耗率特性的曲线绘制。

(6) 有条件的电厂最好实现机组负荷优化分配的在线控制。

等耗量微增率调度也称等微增率调度，是实现降低燃煤成本的一种重要手段。下面以 6 台发电机组为例来分析发电煤耗变化特性。

**3. 多台发电机组的发电煤耗特性**

(1) 等耗量微增率准则

燃煤机组总的耗煤量为各台机组的耗煤量总和，而各台机组的耗煤量为相应机组有功功率 $P_{Gi}$ 的函数，即：

$$\begin{cases} F_{\sum} = F_1(P_{G1}) + F_2(P_{G2}) + \cdots + F_n(P_{Gn}) = \sum_{i=1}^{i=n} F_i(P_{Gi}) \\ P_{\sum} = P_{G1} + P_{G2} + \cdots + P_{Gn} = \sum_{i=1}^{i=n} P_{Gi} \end{cases} \tag{4-1}$$

$F_i(P_{Gi})$ ——某台发电机组发出有功功率 $P_{Gi}$ 时单位时间内所需消耗的燃煤量；

$F_{\sum}$ ——多台机组总有功功率 $P_{\sum}$ 消耗的总燃煤量；

$n$ ——参与调度的机组台数。

根据数学理论和电力系统机组负荷优化分配的知识，为使总耗量最小，应按相等的耗量微增率在发电机组之间分配负荷，这就是等耗量微增率准则，即：

$$\lambda_1 = \lambda_2 = \cdots = \lambda_n = \lambda \tag{4-2}$$

其中：

$$\lambda_i = \frac{\mathrm{d}F_i(P_{Gi})}{\mathrm{d}P_{Gi}} \qquad i = 1, 2, \cdots, n \tag{4-3}$$

当按等耗量微增率准则确定的某台发电机组应发功率低于其下限 $P_{Gimin}$ 或高于其上限 $P_{Gimax}$ 时，该发电机组的应发功率就取 $P_{Gimin}$ 或 $P_{Gimax}$，即只能在下限 $P_{Gimin}$ 和上限 $P_{Gimax}$ 之间分配负荷。

（2）各台机组的发电耗量特性

因为发电机组在变负荷工况出力情况下，机组的运行经济性与设计工况下有较大差异，按照发电耗量特性负荷分配对于机组参与调峰、变负荷工况很必要。

【案例】

某电厂 6×300MW 亚临界燃煤记录各台机组的实时数据，截取 6 台机组各个负荷段的总的燃煤量，并根据当天燃煤的热值，换算为标煤耗量值，再利用图解法按照耗量微增率最小的原则进行负荷分配。根据各台机组现有的发电出力能力，♯2、♯5、♯6 机组发电上限定为 310MW，♯1、♯3、♯4 机组出力上限分别为 295MW、300MW、305MW，各台机组出力下限均为 150MW，全厂调度负荷在 900～1800MW 间优化分配。选取 $P$＝1200MW 和 $P$＝1500MW 两个典型调度负荷进行效果检验，计算结果见表 4-13。

**表 4-13  6 台机组平均分配与优化方案比较**

| 机组 | 调度负荷 1200MW | | | | 调度负荷 1500MW | | | |
| --- | --- | --- | --- | --- | --- | --- | --- | --- |
| | 平均分配 | | 优化分配 | | 平均分配 | | 优化分配 | |
| | 机组负荷/MW | 标煤量/[tce/(MW·h)] | 机组负荷/MW | 标煤量/[tce/(MW·h)] | 机组负荷/MW | 标煤量/[tce/(MW·h)] | 机组负荷/MW | 标煤量/[tce/(MW·h)] |
| ♯1 机组 | 200 | 68.299 | 155 | 55.254 | 250 | 84.219 | 190 | 65.295 |
| ♯2 机组 | 200 | 62.713 | 290 | 86.824 | 250 | 75.908 | 310 | 92.402 |
| ♯3 机组 | 200 | 64.02 | 150 | 49.815 | 250 | 78.725 | 245 | 77.232 |
| ♯4 机组 | 200 | 70.508 | 220 | 75.972 | 250 | 84.468 | 270 | 90.332 |
| ♯5 机组 | 200 | 61.318 | 150 | 46.438 | 250 | 76.598 | 175 | 53.828 |
| ♯6 机组 | 200 | 61.022 | 235 | 70.612 | 250 | 74.797 | 310 | 91.987 |
| 总计 | 1200 | 387.88 | 1200 | 384.91 | 1500 | 474.72 | 1500 | 471.08 |

结果分析如下。

在总负荷为 1200MW 时，平均分配负荷与优化方案所耗用标准煤量分别为 387.88t/h 和 384.91t/h；而在总负荷为 1500MW 时，以上数据分别为 474.72t/h 和 471.08t/h。即改变负荷分配方法，而不增加任何投入，分别降低标煤耗量 2.97t/h 和 3.64t/h。将标煤按低位发热量 5600kcal/kg 换算为燃煤，分别为 3.7125t/h 和 4.55t/h。

## 六、发电节能调度的政策与措施

现行的发电调度方式不分能耗和污染排放水平，对各类发电机组大致平均分配发电小时，造成了巨大的能源浪费和环境污染，是我国火电机组总体能耗偏高和小火电屡禁不止的重要原因，应当加以改变。

2007 年 8 月国务院办公厅发文转发发展改革委等部门的节能发电调度办法，是对现行发电调度制度的重大改革，是以节能、环保为目标，以全电力系统内发、输、供电设备为调度对象，优先调度可再生和清洁发电资源，按能耗和污染物排放水平，由低到高依次调用化石类发电资源，最大限度地减少能源、资源消耗和污染物排放，促进电力系统高效、清洁、环保的方式下运行的一种新型调度方式。

**1. 各类发电机组按以下顺序确定序位**

（1）无调节能力的风能、太阳能、海洋能、水能等可再生能源发电机组；

（2）有调节能力的水能、生物质能、地热能等可再生能源发电机组和满足环保要求的垃圾发电机组；

（3）核能发电机组；

（4）按"以热定电"方式运行的燃煤热电联产机组，余热、余气、余压、煤矸石、洗中煤、煤层气等资源综合利用发电机组；

（5）天然气、煤气化发电机组；

（6）其他燃煤发电机组，包括未带热负荷的热电联产机组；

（7）燃油发电机组。

同类型火力发电机组按照能耗水平由低到高排序，节能优先；能耗水平相同时，按照污染物排放水平由低到高排序。机组运行能耗水平近期暂依照设备制造厂商提供的机组能耗参数排序，逐步过渡到按照实测数值排序，对因环保和节水设施运行引起的煤耗实测数值增加要做适当调整。污染物排放水平以省级环保部门最新测定的数值为准。

**2. 日发电曲线**

对已经确定运行的发电机组合理分配发电负荷，编制日发电曲线：

（1）除水能外的可再生能源机组按发电企业申报的出力过程曲线安排发电负荷。

（2）无调节能力的水能发电机组按照"以水定电"的原则安排发电负荷。

（3）对承担综合利用任务的水电厂，在满足综合利用要求的前提下安排水电机组的发电负荷，并尽力提高水能利用率。对流域梯级水电厂，应积极开展水库优化调度和水库群的联合调度，合理运用水库蓄水。

（4）资源综合利用发电机组按照"以（资源）量定电"的原则安排发电负荷。

（5）核电机组除特殊情况外，按照其申报的出力过程曲线安排发电负荷。

（6）燃煤热电联产发电机组按照"以热定电"的原则安排发电负荷。超过供热所需的发电负荷部分，按冷凝式机组安排。

（7）火力发电机组按照供电煤耗等微增率的原则安排发电负荷。

**3. 试点效果**

江苏、河南、四川、广东和贵州 5 个省开展了节能调度试点，在发电权交易、差别电量计划和节能发电调度等方面开展工作。四川电网于 2007 年 12 月 19 日 0：00—

24：00进行了节能发电调度实际调电试验。实际调电试验的目的是要验证节能发电调度实施细则的可行性，考验节能发电调度业务流程和技术支持系统的适应性，验证电网调度安全控制和应急处置的能力，实证比较节能发电调度的效果，同时发现准备工作各环节中存在的不足和问题。试验期间，安排水电等清洁能源最大可调出力800万千瓦全额上网发电，按照能耗水平依序安排750万千瓦火电机组上网发电。有6台共77万千瓦煤耗和污染物排放高的机组停运，部分煤耗较高、排序靠后的火电机组全天仅能按最低技术出力运行，按能耗排序在前的60万千瓦火电机组全天满发，全网煤耗水平显著下降，体现了新调度方式的节能降耗效果。根据实际运行情况分析，与传统调度模式对比，调电试验当日节约标准煤424.8t，相当于平均供电煤耗降低2.9g/（kW·h），照此，加快四川节能发电调度进程，既可达到节能减排的目的，也可缓解四川电煤供应紧张的矛盾。

# 第三节　燃料管理

## 一、燃料指标

### （一）燃料检斤率

燃料检斤率是指燃料检斤量与实际燃料收入量的百分比。以统计报表数据作为依据。燃料检斤率应为100％。

**1. 基本要求**

（1）火车进煤的电厂，以轨道衡计量为准；汽车进煤的电厂，以汽车衡计量为准；船舶进煤的电厂，以入厂煤皮带秤或以卸煤前后船舶吃水深度检测为准；使用管道运输或皮带运输的燃料，应安装流量计验收。

（2）为准确计量煤量，计量装置应定期校验，保证校验精度在相关规程要求的范围内。

（3）计量衡器和计量装置的检验应由具有资质的单位承担，并出具合格的校验报告。

（4）原则上要求过衡率等于检斤率。

（5）计量值班人员应熟悉轨道衡或水尺检斤的技术要求，掌握操作方法。

（6）检斤过程中若发现亏吨，应及时向矿方索赔，并计算亏吨量、亏吨率、亏吨索赔率和运损率。

① 亏吨是指煤矿（供油单位）发运的燃料扣除规定运损后的数量与实际到货数量之差。

$$亏号量(t)=燃料发运量×(1-规定运损率)-燃料到货量 \qquad (4-4)$$

② 亏吨率是指燃料亏吨量与实际燃料检斤量的百分比。

$$亏吨率 = \frac{燃料亏吨量(t)}{实际燃料检斤量(t)} \times 100\% \tag{4-5}$$

③ 亏吨索赔率是指向供货方索回的亏吨数量占全部亏吨数量的百分比。

$$亏吨索赔率 = \frac{燃料亏吨索赔量(t)}{燃料亏吨量(t)} \times 100\% \tag{4-6}$$

④ 燃料运损率是指在燃料运输过程中实际损失数量与燃料发货货票数量的百分比，即：

$$燃料运损率 = \frac{燃料运损量(t)}{燃料货票量(t)} \times 100\% \tag{4-7}$$

运损规定：铁路运输损耗不超过 1.2%，公路运输损耗不超过 1%，水路运输损耗不超过 1.5%，每换装一次损耗标准为 1%。水陆联运的煤炭如经过二次铁路或二次水路运输损耗仍按一次损耗计算，换装损耗按换装次数累加。

（7）电厂在卸煤过程中做好清车底工作。

**2. 执行标准**

（1）DL/T 904 火力发电厂技术经济指标计算方法。

（2）DL/T 606.2 火力发电厂燃料平衡导则。

**（二）燃料检质率**

燃料检质率是指进行质量检验的燃料数量与实际燃料收入量的百分比。以统计报表数据作为评价依据。燃料检质率应为 100%。

**1. 基本要求**

（1）燃料的检质包括采样、制样、化验三个环节。

（2）燃料的质量检验按表 4-14 执行。

表 4-14 燃料的质量检验项目及采用的标准

| 序号 | 类别 | 项目 | 采样标准 |
|---|---|---|---|
| 1 | 采制样 | 火车运输的煤 | GB 475 |
| | | 汽车运输的煤 | DL/T 576 |
| | | 船舶运输的煤 | DL/T 569 |
| | | 进厂煤样的制备 | GB 474 |
| | | 燃气轮机液体燃料 | JB/T 5885 |
| | | 燃气轮机气体燃料 | JB/T 5886 |
| 2 | 进厂煤样化验 | 煤中全水分 | GB/T 211 |
| | | 煤的工业分析 | GB/T 212 |
| | | 煤的发热量 | GB/T 213 |
| | | 煤中全硫 | GB/T 214 |
| | | 煤灰熔融性 | GB/T 219 |
| | | 煤的元素分析 | GB 476 |
| | | 煤的可磨性 | GB/T 2565 |

续表

| 序号 | 类　别 | 项　目 | 采样标准 |
|------|--------|--------|----------|
| 3 | 进厂燃油化验 | 油产品水分 | GB/T 260 |
| | | 石油产品残碳 | GB/T 268 |
| | | 石油产品硫含量 | GB/T 380、GB/T 388 |
| | | 石油产品热值 | GB/T 384 |
| | | 石油产品灰分 | GB/T 508 |
| | | 石油产品凝点 | GB/T 510 |
| 4 | 燃气化验标准 | 天然气中总硫 | GB/T 11061 |
| | | 天然气发热量、密度和相对密度 | GB/T 11062 |
| | | 天然气的取样 | GB/T 13609 |
| | | 天然气的组成分析 | GB/T 13610 |
| | | 原油伴生气 | SY 7502 |
| | | 天然气中水含量 | SY 7507 |

（3）通常对入厂煤进行工业分析及全水分、发热量和全硫值的检验；对新进煤种，还应对其煤灰熔融性、可磨性系数、煤的磨损指数、煤灰成分及其元素分析等进行化验。

（4）煤样制好后，应保留一份备用煤样，保存期在 2 个月以上。

（5）电厂应具有常规燃料检测能力，其试验室和检测设备符合相关标准的规定。

（6）燃料化验完成后，还应计算燃料质级不符率、煤质合格率、燃料亏卡与亏卡索赔率。

① 燃料质级不符率是指到厂煤检质质级不符部分的煤量与燃料检质量的百分比，即

$$燃料质级不符率 = \frac{质级不符合部分的数量(t)}{燃料检质的数量(t)} \times 100\% \tag{4-8}$$

② 煤质合格率是指到厂煤检质煤质合格部分的煤量与燃料检质量的百分比，即

$$燃料质量合格率 = \frac{燃料质量合格部分的数量(t)}{燃料检质的数量(t)} \times 100\% \tag{4-9}$$

③ 亏卡是指发运燃料的发热量低于合同规定发热量的差额。

$$燃料亏卡值(kJ/kg) = 合同规定的燃料发热量(kJ/kg) - 燃料实际发热量(kJ/kg) \tag{4-10}$$

④ 燃料亏卡索赔率是指火力发电厂向供货方实际索回的质价不符金额与应索回的质价不符金额的百分比，即

$$燃料亏卡索赔率 = \frac{实际索回的质价不符金额}{应索回的质价不符金额} \times 100\% \tag{4-11}$$

**2. 执行标准**

（1）DL/T 904 火力发电厂技术经济指标计算方法。

（2）DL/T 958 电力燃料名词术语。

（3）DL/T 606.2 火力发电厂燃料平衡导则。

## （三）入厂煤与入炉煤热量差

入厂煤与入炉煤热量差是指入厂煤收到基低位发热量（加权平均值）与入炉煤收到基低位发热量（加权平均值）之差。计算入厂煤与入炉煤热量差应考虑燃料收到基外在水分变化的影响，并修正到同一外在水分的状态下进行计算。以统计报表数据作为评价依据。

入厂煤与入炉煤的热量差不大于 502kJ/kg。

### 1. 基本要求

（1）入厂煤与入炉煤的采样原则上采用机械采样装置采取。

（2）人工采样应严格遵守火车、汽车、船舶采样的国家或行业的相关规定。入厂煤的人工采样容易产生偏差的原因一方面可能是采样人员没按照规范操作，另外一方面则是入厂来煤存在掺假或分层装车现象，此条件下人工采不到车底部的煤，从而造成人工采样代表差。入炉煤采样机装在碎煤机之后，大块的石头或矸石经碎煤机破碎，入炉煤采样机反而有取到石头或矸石的机会。针对这样的情况，采取增加入厂车皮挖底试样的方式增加入厂取样代表性。采样过程严格按照国家标准规定，按照煤量计算采样点，精确控制每个采样坑深 40mm，一个采样点 2kg 试样等。

（3）采样、化验人员应经过严格培训，持证上岗。

（4）电厂应具备必要的燃料化验实验室，拥有合格的设备和器材，采样和化验装置应定期检验，保证采样和化验结果的准确性。当热值差稍微超过规定值时，应首先检查化验方面是否有问题。国家标准规定对量热仪的准确度检查可以使用在有效期内的标准煤样或标准苯甲酸。将标准煤样的测定值与其标准值比较，若测定值在标准煤样的不确定度范围内则该量热仪准确度符合要求。另外，量热仪的热容量要 3 个月标定一次，且本次标定数值与前一次数值相对偏差不超过 0.2%。

（5）加强煤场管理，预防煤堆自燃，减少热值差。

（6）采样人员、化验人员应遵守职业道德。

（7）节能管理人员应加强对采样、化验程序的评价，严禁以调整热值差来调整煤耗。

### 2. 入厂煤与入炉煤热量差的计算

$$热值差(kJ) = 入厂煤收到基低位发热量(kJ) - 入炉煤收到基低位发热量(kJ) \quad (4\text{-}12)$$

$$入厂煤平均热值(kJ/kg) = \frac{\sum[每列或每船来煤量(t) \times 每列或每船来煤平均热值(kJ/kg)]}{统计期内入厂煤总量(t)}$$

$$(4\text{-}13)$$

$$入炉煤平均热值(kJ/kg) = \frac{\sum[统计 3 内每日入炉煤量(t) \times 每日入炉煤平均热值(kJ/kg)]}{统计期内入炉煤总量(t)}$$

$$(4\text{-}14)$$

计算入厂煤与入炉煤热值差时，应考虑燃料收到基外在水分变化的影响，并修正到同一外在水分的状态下进行计算。

### （四）煤场存损率

煤场存损率是指燃煤储存损失的数量与实际库存燃煤量的百分比。以统计报表数据作为评价依据。

煤场存损率不大于 0.5%，也可根据具体情况实际测量煤场存损率，报上级主管单位批准后作为评价依据。

#### 1. 基本要求

（1）为配合正平衡计算煤耗及燃料管理，煤场盘点管理应与入厂入炉煤计量相协调，有条件的火电厂应逐步采用科学的方法进行盘煤，确定煤场存损率。

（2）月度煤场储存损耗不得超过日平均存煤量的千分之五。煤炭贮存应做到不同煤种分堆存放、分堆压实、烧旧存新。要按锅炉对煤质的设计要求合理掺配。

（3）降低存储损耗的方法主要有防风损、防雨损、防扬尘、防自燃。

#### 2. 执行标准

（1）DL/T 904　火力发电厂技术经济指标计算方法。

（2）火力发电厂按入炉煤量正平衡计算发供电煤耗的方法。

## 二、燃料管理

表 4-15　燃料管理要求

| 序号 | 内　容 | 要　求 |
|---|---|---|
| | 燃煤指标 | |
| 1 | 检斤率 | |
| | (1)检斤率 | 入厂煤检斤率 100% |
| | (2)亏吨索赔率 | 亏吨索赔符合规定 |
| 2 | 检质率 | |
| | (1)入厂煤检质率 | 入厂煤检质率 100% |
| | (2)入炉煤煤质合格率 | 不造成入炉煤质原因造成锅炉灭火、结渣严重、机组限出力 |
| | (3)入厂煤化验 | 对每日每批来煤进行全水分、工业分析(包括水分、灰分、挥发分及固定碳)、全硫含量及发热量测定 |
| | | 对入厂新煤源增加测定元素分析、灰熔融性、可磨性等指标 |
| | | 对主要入厂煤按矿别每季度对累积混合样进行全分析一次，即包括元素分析、灰熔融性等 |
| | (4)燃料质级不符率 | 燃料质级相符 |
| | (5)燃料质量合格率 | 燃料质量合格 |
| | (6)燃料亏卡值 | 燃料亏卡值符合规定 |
| | (7)燃料亏卡索赔率 | 按合同(质价协议)进行索赔 |
| 3 | 入厂煤与入炉煤热量差 | |

续表

| 序号 | 内　容 | 要　　求 |
|---|---|---|
| | (1)入厂、入炉热值差与水分差 | 控制入厂煤与入炉煤热值差小于0.3MJ/kg |
| | | 水分差调整符合标准 |
| | (2)燃料管理制度及规定 | 制定燃料管理的相关制度 |
| | | 燃料采制化人员取得有资质的机构颁发的岗位合格证 |
| | (3)热值差分析报表 | 入厂、入炉煤热值差统计台账 |
| | | 入厂煤数量、质量日报与月报及月度分析材料 |
| | | 对造成入厂煤、入炉煤热值差高的原因分析 |
| | | 制定防止入厂煤、入炉煤热值差高的措施 |
| | (4)入厂煤采样、制样 | 制定入厂煤采样制样规定 |
| | | 样品盛放容器符合要求 |
| | | 入厂煤取样制样设备及制样室符合标准 |
| | | 备查煤样室符合有关规定 |
| | | 人工采、制样符合国家规定 |
| | | 制样筛定期送检 |
| | | 入厂煤机械化自动采样机年投运率(进煤批次/投运次数)符合标准 |
| | | 制样缩分机械经过精密度及系统误差的检验 |
| | (6)入厂、入炉煤质分析仪 | 建立分析仪器设备管理制度 |
| | | 在用计量仪器按时送检 |
| | | 热容量测定符合标准要求 |
| | | 使用标准物质自检 |
| | (7)入炉煤采制化 | 实现入炉煤机械化自动采样 |
| | | 采样机采样精确度、系统误差达到标准的要求 |
| | | 采煤样机年投运率不低于95% |
| | | 采样机按规定周期(半年)进行自检 |
| | | 入炉煤人工制样符合标准要求 |
| | | 对每日入炉煤进行全水分、工业分析(包括水分、灰分、挥发分及固定碳)、全硫含量及发热量测定 |
| | | 每季度末对入炉煤混合样进行一次氢值测定 |
| 4 | 煤场存损率 | |
| | (1)煤场储存情况 | 煤场不发生自燃现象 |
| | | 煤场设施完善 |
| | | 对煤场的烟煤和褐煤应定期测温,防止自燃和热量损失 |
| | | 对储煤进行用旧存新 |
| | (2)煤场盘点及损耗情况 | 煤场盘点工作符合要求 |
| | | 煤场盘点应每月进行一次 |
| | | 月度盈亏分析报告 |
| | | 亏量不超过平均库存量的0.5% |

# 第四节 结构调整

## 一、热电联产

我国热电联产机组承担了全国蒸汽集中供热总量的 84%、热水集中供热总量的 33%，城市集中供热总面积中 1/3 是热电厂提供的。中小热电机组是中小城市、经济开发区、工业园区、大型企业的主要集中供热设施，承担着广泛的社会责任和义务。

2009 年底，我国共有热电机组 14464 万千瓦，占火电总装机容量的 22.22%，总量位居世界前列。我国不同时期热电机组情况见表 4-16。目前国内抽凝机组最大为 14.2 万千瓦，背压机组最大为 5 万千瓦；凝汽供热两用机组最大为 30 万千瓦。实际供热期间，根据热电比不同，机组供电煤耗低于纯凝时期的数值一定大小。据全国火电大机组协作网分析，全国 10 万千瓦、20 万千瓦机组热供与纯凝相比，平均供电煤耗下降约 15g/(kW·h)、25g/(kW·h)，全国火力发电的供电标煤耗下降 3g/(kW·h)，见表 4-17 节能效果非常显著。

表 4-16  我国不同时期热电机组情况

| 年度 | 火电机组容量/万千瓦 | 热电机组容量/万千瓦 | 热电容量占火电比例/% | 总供热量/亿吉焦 | 供热耗原煤/万吨 | 供热耗燃油/万吨 | 供热耗天然气/亿立方米 |
|---|---|---|---|---|---|---|---|
| 2001 | 25314 | 3391.64 | 13.40 | 12.8744 | 6924.35 | 148.27 | 118.57 |
| 2006 | 48382.21 | 8311 | 17.18 | 22.7565 | 13157.40 | 76.65 | 200.31 |
| 2009 | 65107.63 | 14464 | 22.22 | 25.8198 | 14959.97 | | |

表 4-17  2008 年度供热机组调查数据

| 等级 | 分类 | 容量范围/万千瓦 | 供电煤耗/[g/(kW·h)] | 生产厂用电率/% |
|---|---|---|---|---|
| 10 万千瓦 | 全国 | 10～16.5 | 363.15 | 8.34 |
| | 纯凝 | 10～14 | 370.11 | 8.02 |
| | 供热 | 10～16.5 | 354.9 | 8.7 |
| | 供热与纯凝比较 | | —15.21 | |
| 20 万千瓦 | 全国 | 20～22.5 | 356.67 | 8.01 |
| | 纯凝 | 20～22.5 | 365.3 | 8.46 |
| | 供热 | 20～22 | 342.69 | 7.3 |
| | 供热与纯凝比较 | | —22.61 | |

## 二、洁净煤技术

### （一）循环流化床燃烧技术

循环流化床燃烧技术能有效利用煤炭资源，并能有效地、经济地解决环保问题，是最为成熟的洁净煤发电技术之一，在我国目前环保要求日益严格，煤种变化较大和电厂负荷调节范围较大的情况下，循环流化床成为发电厂和热电厂优选的技术之一。

### 1. 技术特点

（1）由于循环流化床属于低温燃烧，因此氮氧化物排放远低于煤粉炉，并可实现燃烧中直接脱硫，脱硫效率高且技术设备简单和经济。其脱硫的初投资及运行费用低于煤粉炉加烟气脱硫 FGD，是目前中国在经济上可承受的燃煤污染控制技术。

（2）燃烧效率高：由于灰分及燃料的多次循环，虽床内温度不是很高，但在燃用不同煤种，在不同负荷下，燃烧效率却比较高，可达 98%～99% 以上。完全可以和煤粉锅炉相比。

（3）对煤种适应性广：由于循环床炉内燃料着火、燃烧条件好，因而可以燃烧高灰、高硫、高水分、低热值、低挥发分的烟煤、无烟煤、褐煤、煤泥、煤矸石、油页岩、树干直至锅炉排渣等劣质燃料，且煤种多变和各种燃料混合物均能适应。中国地域广阔，煤种繁多，而且中国的高硫煤、劣质煤以及煤矸石产量很大，这些常规煤粉锅炉所不能处理的燃料在循环流化床锅炉中都可以得到很好的利用。

（4）负荷调节比大，运行操作灵活方便：实际运行表明，可以在 25% 的负荷下稳定运行。调节负荷变化速度也可以很快。而目前中国因为社会经济发展速度飞快，人民生活水平不断提高，因此电网的负荷波动也越来越大。而循环流化床锅炉机组的调峰性能优良，恰恰能够适应中国电力负荷波动大的特点。

（5）有利于灰渣综合利用：其灰渣可以作水泥混合料或其他建筑材料。

当然，与常规煤粉锅炉相比，循环流化床锅炉机组目前还存在厂用电率高、供电煤耗高以及可靠性较低的问题，这一方面是因为循环流化床锅炉所固有的燃烧机理所致，另一方面也与循环流化床锅炉发展较为迅速，其一些设计与运行规律还没有完全为人们掌握所致。相信以后随着技术的进步，这些劣势可能会逐渐得到扭转。

### 2. 我国大型循环流化床锅炉机组运行现状

根据全国循环流化床机组协作网统计分析，2009 年国内已投运循环流化床锅炉 3000 多台，其中 135MW 级机组 150 多台，300MW 级循环流化床锅炉机组投运 17 台、拟在建的有几十台之多。300MW 级循环流化床锅炉机组与常规煤粉炉机组典型比较见表 4-18。

表 4-18　300MW 级循环流化床锅炉机组与煤粉锅炉机组的经济性比较

| 项　　目 | 单　　位 | 循环流化床锅炉机组 | 常规煤粉炉机组 |
|---|---|---|---|
| 平均负荷率 | % | 77.51 | 78.23 |
| 非计划停运次数 | 次/(台·年) | 5.63 | 0.89 |
| 厂用电率 | % | 9.44 | 5.67 |
| 供电煤耗 | g/(kW·h) | 353.86 | 338.79 |
| 飞灰含碳量 | % | 2.34 | 2.6 |
| 脱硫设备投入率 | % | 100 | ＞90 |
| 平均脱硫效率 | % | 93.46 | 93.56 |
| $SO_2$ 排放浓度 | mg/m³（标） | 299.43 | 185.58 |
| $NO_x$ 排放浓度 | mg/m³（标） | 93.29 | 500～1200 |

相同容量的循环流化床锅炉发电机组与煤粉锅炉发电机组相比，在供电煤耗、厂用电率、非计划停运次数以及飞灰含碳量等方面还有改善的空间。尽管循环流化床锅炉在一些经济性指标低于煤粉锅炉有所差距，但是从综合指标来看，循环流化床锅炉还是有其特有优势的。比如在燃烧高硫燃料方面，循环流化床锅炉因为不需要安装尾部的脱硫装置使其投资成本以及运行成本低于同容量的常规煤粉锅炉。而在煤矸石等劣质燃料利用方面，循环流化床锅炉更有其不可替代的优势，统计表明，含灰量 20％～55％、发热量 11147～23360kJ/kg、挥发分 5.36％～40％的燃料在循环流化床锅炉里面都可以得到充分的利用。此外，从前面的分析中来看，循环流化床锅炉机组在脱硝方面优势也是煤粉锅炉所不可比的。而且，循环流化床锅炉的灰渣可以用来生产水泥等建筑材料，而煤粉锅炉的粉煤灰除少部分用作铺路材料外，一般作抛弃处理，这在综合利用我国大量的煤矸石资源方面能够发挥出重要作用。

因此，循环流化床锅炉与煤粉锅炉相比，实现了低品位燃料利用就是最大的节能，在资源综合利用、环保性方面是煤粉锅炉所不可比拟的。

### （二）整体煤气化联合循环发电

整体煤气化联合循环（IGCC）发电是当今国际上最引人注目的新型、高效的洁净煤发电技术之一。IGCC 发电系统把环境友好的煤气化技术和高效的燃气蒸汽联合循环发电技术相结合，实现了煤炭资源的高效、洁净利用，具有高效、洁净、节水、燃料适应性广、易于实现多联产等优点，并且与未来二氧化碳近零排放、氢能经济长远可持续发展目标相容，是今后洁净煤发电技术的重要发展方向之一。IGCC 发电效率现在已达 45％，还可以进一步提高，污染物的排放量仅仅是常规燃煤电站的 1/10，脱硫效率达到常规效率的 99％，氮氧化物的排放只有常规电站的 15％～20％。

其基本工艺过程为：煤（或者其他含碳燃料，如石油焦、生物质等）经气化生成中低热值合成气，经过除尘、脱硫等净化工艺成为洁净的合成气供给燃气轮机燃烧做功，燃气轮机排气余热和气化岛显热回收热量经余热锅炉加热给水产生过热蒸汽，带动蒸汽轮机发电，从而实现了煤气化燃气蒸汽联合循环发电过程。

据统计，全球已经建成投运 IGCC 电站约 30 余座，总装机约 1000 万千瓦。华能与天津市签订的合作建设绿色煤电一期示范工程 25 万千瓦级 IGCC 示范电站已于 2009 年核准并开工。

## 三、常规火电机组"上大压小"

国家鼓励各地区、各企业关停小火电机组，集中建设大机组；鼓励企业兼并、重组或收购小火电机组，将其关停后"上大"。按照《国务院批转发展改革委、能源办关于加快关停小火电机组若干意见的通知》（国发〔2007〕2 号）规定"十一五"期间，小火电机组的关停范围，主要包括大电网覆盖范围内单机容量 5 万千瓦及以下的火电机组、单机10 万千瓦及以下且运行满 20 年的常规火电机组，以及其他未达到节能环保标准、供电煤耗明显偏高和运行已达设计年限的火电机组。同时明确，经整改仍达不到国家规定要求的热电联产和资源综合利用机组，也要关停；非供热期供电煤耗明显偏高的热电机组在非供热期应停止运行或限制发电。

到 2010 年累计关停 7683 万千瓦，提前一年半完成"十一五"计划关停 5000 万千瓦小火电机组的目标，每年可节约原煤 6404 万吨，减少二氧化碳排放 1.28 亿吨，促进了我国火电结构的进一步优化。

## 四、燃气轮机联合循环发电

燃气轮机联合循环发电是一种利用优质能源的高效发电方式，是优化电源结构、提高电网调峰性能、保证电网安全的重要措施，近十年来，世界主要工业国家在电力装机基本稳定的情况下，燃气发电比例都有不同程度的提高。传统的燃气轮机联合循环发电是燃用石油或天然气，目前研究开发利用煤制气、石油焦气化、生物质气化作为燃料的联合循环发电机组，以减少对油气的消耗。

在国家能源政策导向下，配合西气东输和东南沿海进口 LNG 工程，我国建设了一批以天然气为主的联合循环发电机组，通过采用技贸结合的方式，分别由哈尔滨、东方、上海三大发电设备集团引进 GE、三菱、西门子公司 9F 级燃气轮机制造技术，整套设备已经实现国产化。2009 年底，联合循环机组总容量为 2400 万千瓦，取得了电站设计、运行、检修方面的宝贵经验。今后，我国在强化天然气、液化天然气进口渠道建设，扩大天然气、液化天然气进口规模的基础上，鼓励以气代油，适地适量建设天然气、液化天然气调峰电站和主要城市多联供电站。到 2020 年，我国联合循环机组总容量预计可达到 6000 万千瓦。

# 第五章　发电企业的污染物减排

## 第一节　电力企业各类污染物排放水平

### 一、烟尘排放

我国火电厂除尘方式以静电除尘为主，采用静电除尘器的锅炉容量占95％以上。新建电厂除尘器效率普遍高于99％，烟尘排放浓度小于$50mg/m^3$。随着环保要求的不断趋严，布袋除尘器和电袋除尘器比例逐步提高。目前，适用于电站锅炉的布袋除尘器、电袋除尘器已实现了国产化，并在国内200～600MW机组应用。截至2009年底，超过13家除尘器生产厂家具有燃煤电厂单机20万千瓦及以上的布袋除尘器或电袋复合式除尘器工程投运。

30年来，尽管我国火电装机增长了14倍，但电力年烟尘排放仍然维持在300万吨左右，单位火电发电量烟尘排放绩效大幅下降，从1980年的16.5g/(kW·h)下降到2009年的1.0g/(kW·h)，下降了15.5g/(kW·h)。2009年，全国火电厂烟尘平均排放绩效值1.0g/(kW·h)，比上年下降0.2g/(kW·h)；烟尘排放总量315万吨，比上年下降4.5％。

近年来火电烟尘排放指标情况见表5-1。

**表5-1　近年来火电烟尘排放指标**

| 项　　目 | 2000 | 2005 | 2006 | 2007 | 2008 | 2009 |
| --- | --- | --- | --- | --- | --- | --- |
| 火电发电量/亿千瓦时 | 11079 | 20437 | 23746 | 26980 | 28030 | 30117 |
| 烟尘排放总量/万吨 | 320 | 360 | 370 | 350 | 330 | 315 |
| 烟尘排放绩效指标/[g/(kW·h)] | 2.9 | 1.8 | 1.6 | 1.3 | 1.2 | 1.0 |

### 二、二氧化硫排放

电力是全国二氧化硫减排的主战场，政府、行业和企业高度重视。近年来，加大了现役火电机组的脱硫改造力度，火电厂烟气脱硫装置建设速度加快，截至2009年底，全国燃煤电厂烟气脱硫机组容量4.7亿千瓦，比上年增长29.5％；烟气脱硫机组占煤电机组的比例约为76％，新建燃煤机组全部配套建设脱硫装置，同时通过充分发挥结构减排、技术减排、管理减排的综合减排作用，电力二氧化硫排放量继续下降。

2009年，全国二氧化硫排放2214万吨，比上年下降4.6％，比2005年降低13.1％，提前一年完成国家"十一五"二氧化硫减排目标。根据分析，2009年全国电力二氧化硫排放量约 948 万吨，比上年下降 9.7%，降幅超过全国二氧化硫排放总量降幅 5.1 个百分点，提前一年达到"十一五"电力二氧化硫减排目标（年排放二氧化硫 951.7 万吨）。2006～2009 年，电力二氧化硫排放量共下降 352 万吨，承担了全国二氧化硫减排总量的全部。近年来全国及电力二氧化硫排放情况见表 5-2。

表 5-2　近年来全国及电力二氧化硫排放情况

| 年　　份 | 2000 | 2005 | 2006 | 2007 | 2008 | 2009 |
| --- | --- | --- | --- | --- | --- | --- |
| 全国二氧化硫排放量/万吨 | 1995 | 2549 | 2589 | 2468 | 2321 | 2214 |
| 电力二氧化硫排放量/万吨 | 810 | 1300 | 1350 | 1200 | 1050 | 948 |
| 电力占全国排放量的比例/% | 40.6 | 51.0 | 52.1 | 48.6 | 45.2 | 42.8 |
| 电力排放绩效指标/[g/(kW·h)] | 7.3 | 6.4 | 5.7 | 4.4 | 3.8 | 3.2 |

注：全国二氧化硫排放量为全国环境状况公报数据，电力二氧化硫排放量为电力行业统计分析数据。

## 三、氮氧化物排放

随着我国节能减排、"上大压小"等政策的实施，氮氧化物的控制力度不断加强，电力氮氧化物排放量增长趋势明显放缓。据分析，截至 2009 年底，全国已投运烟气脱硝机组容量接近 5000 万千瓦，约占煤电机组容量的 8%。已投运的烟气脱硝机组以新建机组为主，且大部分采用选择性催化还原法（SCR）工艺技术。但由于目前尚未出台脱硝电价政策，企业难以自行消化较高的脱硝成本，脱硝装置投运率不高。

## 四、废水排放

单位发电量的废水排放量逐年下降。近年来，新建机组加大了节水力度，直接空冷技术进入了商业化运行，越来越多的电厂采用城市再生水作为淡水水源，通过优化设计实现废水"零"排放。现有机组加大了节水改造力度，冲灰新鲜用水量及废水外排量大幅度下降，全国废水重复利用率达到 70% 以上，单位发电量的废水排放量呈逐年下降趋势。2009 年，全国火电厂单位发电量耗水量 2.7kg/(kW·h)，比上年降低 0.1kg/(kW·h)；单位发电量废水排放量（废水排放绩效值）0.53kg/(kW·h)，比上年降低 0.07kg/(kW·h)。近年来火力发电厂耗水及废水排放指标见表 5-3。

表 5-3　近年来火力发电厂耗水及废水排放指标

| 年　　份 | 2000 | 2005 | 2006 | 2007 | 2008 | 2009 |
| --- | --- | --- | --- | --- | --- | --- |
| 单位发电量耗水量/[g/(kW·h)] | 4.2 | 3.1 | 3.0 | 2.9 | 2.8 | 2.7 |
| 单位废水排放量/[g/(kW·h)] | 1.38 | 0.99 | 0.85 | 0.70 | 0.60 | 0.53 |

## 五、固体废弃物排放与综合利用

### 1. 粉煤灰

粉煤灰综合利用工作越来越受到发电企业的重视，近年来，全国粉煤灰综合利用率一直保持在 60% 以上，综合利用量逐年增加。2009 年，全国燃煤电厂发电及供热消耗原煤约 15.47 亿吨，产生粉煤灰约 4.2 亿吨，比上年增长 7.7%；粉煤灰综合利用量 2.8 亿吨，比上年增长 7.7%；燃煤电厂粉煤灰综合利用率为 68%，比上年提高 1 个百分点。近年来火电粉煤灰利用情况见表 5-4。

表 5-4 近年来火电粉煤灰利用情况

| 年　　份 | 2000 | 2005 | 2006 | 2007 | 2008 | 2009 |
|---|---|---|---|---|---|---|
| 灰渣产生量/亿吨 | 1.39 | 3.02 | 3.50 | 3.80 | 3.90 | 4.20 |
| 灰渣综合利用量/亿吨 | 0.83 | 1.99 | 2.30 | 2.50 | 2.60 | 2.80 |
| 综合利用率/% | 60 | 66 | 66 | 67 | 67 | 68 |

### 2. 脱硫副产品

2009 年，全国燃煤电厂采用石灰石-石膏湿法烟气脱硫等工艺产生的副产品石膏约 4300 万吨，比上年增长 23%。2009 年全国脱硫石膏综合利用率平均约 56%，但受地域和经济发展水平影响，各地脱硫石膏综合利用情况不一。目前，大部分火电厂的脱硫石膏主要采取灰场堆放或填海、填埋处理，部分电厂出现了脱硫石膏无处消纳的问题。随着脱硫机组的大规模投运，脱硫石膏产量逐年提高，脱硫石膏的综合利用问题应引起高度重视，石膏堆放和抛弃不仅占用大量土地，增加灰场的投资，而且处理不好可能会对周围环境造成二次污染。

# 第二节 发电厂环保管理评价

发电企业要加强对环境保护工作的领导，对环境有污染或有影响的项目，要编制防治技术措施，与生产计划同时实施。实施目标管理，将总目标分解，按目标下达给各部门，以保证总体环保目标的实现。生产中排放的各类有害物质，必须遵照国家规定的排放标准；对废水尽量采取回用措施，提高重复利用率；对粉煤灰及脱硫石膏加以利用，提高资源综合利用率。环保管理人员应及时进行培训，掌握新法规、新技术，更好地开展工作。

## 一、环保管理

### 1. 环护管理体系

（1）环境保护制度健全

制订环保管理办法、环保设施运行和检修技术规程、环境监测、环保统计、环保技术监控、环保目标责任制及监督考核办法等。

（2）环境保护职责清晰

① 环保领导小组、环保管理部门、环境保护人员职责清晰，岗位目标明确；

② 环境保护实行全过程管理，环境保护工作人员全过程参与环保设施的可行性研究、招投标、设计建设、调试运行；

③ 环保设施维护管理、定期进行检修改造的责任落实。

（3）环境保护目标明确

① 根据环保法规和环保规划，制订本企业中长期环保规划和年度工作计划，并组织实施；

② 贯彻国家环保法律法规，提高环保意识和综合素质。企业负责人（厂长、副厂长、总工程师等）熟悉环境保护法、清洁生产促进法、大气污染防治法、大气污染物排放标准、污水综合排放标准、建设项目环境保护管理条例、排污费征收管理条例等法规、地方环保标准和集团公司环境保护管理办法；

③ 环保专职工程师掌握、研究现行国家和地方环保法规标准的发展动态，及时向企业领导报告并提出建议。

（4）环保统计报表管理

环保技术监督专责工程师要收集、整理、分析、保管环境监测报表、环境指标考核资料，并按要求逐级上报。

（5）排污缴费管理

污染物排放总量严格控制，减少排污缴费额。配合地方环保部门完成排污费的核定、缴纳工作。每年年底向当地县、市两级环保局申报下一年度排污量，每年年初核查上一年排污量。每季度统计核算排污费，了解费用增减情况，及时办理排污申报。

（6）职业安全健康

作业环境达标；劳动防护措施完备。

（7）公共关系管理

与政府和社区关系的协调处理，为企业经营发展营造良好氛围。

## 2. 环保设施管理

（1）环保设施管理

建立健全电除尘器、脱硫设备、脱硝设备、输煤系统、灰渣系统、工业废水处理等系统的设备台账。环保设施发现缺陷要按设备缺陷管理标准及时处理。机组大修时，环保设施大修项目和其他项目同时进行。大修后的一个月内进行电除尘器除尘效率、脱硫设备效率的测试。

（2）监测仪器仪表管理

各类环保自动在线监测仪器应正常投运，并按计量监督要求进行定期检定和校验。

## 3. 环保监督

（1）环境监测管理

① 环境监测人员符合岗位技能要求，环境监测设备符合《火电行业环境监测管理规定》；

② 废水中 pH 值、SS、COD、$F^-$、油，厂界噪声，烟气中烟尘、$SO_2$、$NO_x$，现场作业环境粉尘和噪声按要求定期监测。

（2）清洁生产审核

组织清洁生产审核，制订整改计划并组织实施。

（3）环保设施运行管理

环保设施按要求运行维护和监督管理，保持长期稳定运行并达到设计出力。

（4）污染物达标排放

各项污染物排放满足国家和地方排放标准要求。

（5）污染物总量控制

污染物排放满足地方政府下达的总量指标要求。

（6）资源综合利用

积极开发粉煤灰综合利用，进行粉煤灰、渣的处置，增加脱硫副产品的综合利用。灰场、脱硫设施运行正常，设备出现问题按设备缺陷管理标准要求及时处理。

（7）污染物绩效控制

满足目标要求。

### 4. 环境治理项目管理

（1）电源建设项目"三同时"管理

① 电源建设项目依法开展环境影响评价并得到批复；

② 检查电源建设项目环保设施与主体工程同步设计、同步建设、同步投入运行；

③ 电源建设项目建成后，依法及时申请试生产和环保设施竣工验收并得到环保部门的批准。

（2）环境治理项目管理

① 环境治理项目按照要求编制可行性研究报告；

② 环境治理项目自有资金（资本金）落实；

③ 环保专项资金补助、国债资金补助（贴息）等环保优惠政策申请；

④ 实施招投标管理、竣工验收管理。

## 二、排放指标管理

### 1. 烟气排放

烟气排放执行《火电厂大气污染物排放标准》GB 13223。我国于 1973 年公布第一个排放标准《工业"三废"排放试行标准》（GBJ 4—73）电站部分，1985 年进行了修订，1991 年出台《燃煤电厂大气污染物排放标准》（GB 13223—91），1996 年修订为《火电厂大气污染物排放标准》（GB 13223—1996），2003 年修订出台《火电厂大气污染物排放标准》（GB 13223—2003），是当前的执行标准。2009 年起，该标准正在广泛征求意见，即将修订出台更为严格的新标准。

在 GB 13223—2003 中，各排放物浓度控制标准如下。

（1）烟尘最高允许排放浓度

烟尘最高允许排放浓度见表 5-5。

表 5-5 烟尘最高允许排放浓度 单位：mg/m³

| 时段 | 第 1 时段 | | 第 2 时段 | | 第 3 时段 |
|---|---|---|---|---|---|
| 实施时间 | 2005 年 1 月 1 日 | 2010 年 1 月 1 日 | 2005 年 1 月 1 日 | 2010 年 1 月 1 日 | 2004 年 1 月 1 日 |
| 燃煤锅炉 | 300① 600② | 200 | 200① 500② | 50 100③ 200④ | 50 100③ 200④ |

① 县级及县级以上城市建成区及规划区内的火力发电锅炉执行该限值。

② 县级及县级以上城市建成区及规划区以外的火力发电锅炉执行该限值。

③ 在本标准实施前，环境影响报告书已批复的脱硫机组，以及位于西部非两控区的燃用特低硫煤（入炉燃煤收到基硫分小于 0.5%）的坑口电厂锅炉执行该限值。

④ 以煤矸石等为主要燃料（入炉燃料收到基低位发热量小于等于 12550kJ/kg）的资源综合利用火力发电锅炉执行该限值。

（2）二氧化硫排放

二氧化硫最高允许排放浓度见表 5-6。

表 5-6 二氧化硫最高允许排放浓度 单位：mg/m³

| 时段 | 第 1 时段 | | 第 2 时段 | | 第 3 时段 |
|---|---|---|---|---|---|
| 实施时间 | 2005 年 1 月 1 日 | 2010 年 1 月 1 日 | 2005 年 1 月 1 日 | 2010 年 1 月 1 日 | 2004 年 1 月 1 日 |
| 燃煤锅炉及燃油锅炉 | 2100① | 1200① | 2100 1200② | 400 1200② | 400 800③ 1200④ |

① 该限值为全厂第 1 时段火力发电锅炉平均值。

② 在本标准实施前，环境影响报告书已批复的脱硫机组，以及位于西部非两控区的燃用特低硫煤（入炉燃煤收到基硫分小于 0.5%）的坑口电厂锅炉执行该限值。

③ 以煤矸石等为主要燃料（入炉燃料收到基低位发热量小于等于 12550kJ/kg）的资源综合利用火力发电锅炉执行该限值。

④ 位于西部非两控区的燃用特低硫煤（入炉燃煤收到基硫分小于 0.5%）的坑口电厂锅炉执行该限值。

（3）氮氧化物排放

氮氧化物最高允许排放浓度见表 5-7。

表 5-7 氮氧化物最高允许排放浓度 单位：mg/m³

| 时段 | | 第 1 时段 | 第 2 时段 | 第 3 时段 |
|---|---|---|---|---|
| 实施时间 | | 2005 年 1 月 1 日 | 2005 年 1 月 1 日 | 2004 年 1 月 1 日 |
| 燃煤锅炉 | $V_{daf}<10\%$ | 1500 | 1300 | 1100 |
| | $10\%\leqslant V_{daf}\leqslant20\%$ | 1100 | 650 | 650 |
| | $V_{daf}>20\%$ | | | 450 |
| 燃油锅炉 | | 650 | 400 | 200 |
| 燃气轮机组 | 燃油 | | | 150 |
| | 燃气 | | | 80 |

## 2. 废水排放

执行《污水综合排放标准》（GB 8978—1996），部分行业后续制定了新的替代标准。

在一般保护水域，对排入的污水执行二级标准，要求 pH 6～9、悬浮物≤200mg/L、生化需氧量≤60mg/L、化学需氧量≤150mg/L、石油类≤10mg/L、氨氮≤25mg/L，废水排放达标率100％。

废水处理设施管辖人员应按设备缺陷管理标准要求及时处理废水处理设施存在的缺陷，保证废水处理设施投运率100％。

### 3. 噪声

执行《工业企业厂界噪声标准》（GB 12348—2008）。

厂界噪声要求：在居住、商业、工业混杂区，昼间60dB（A）、夜间50dB（A）；在工业区，昼间65dB（A）、夜间55dB（A）。

各噪声源设备管辖人员要采取措施降低设备噪声，必要时应进行设备改造。

## 三、环境监测管理

环境监测按表5-8的内容执行

表5-8　环保监测项目及周期

| 方式 | | 监测项目 | 内容 | 检测频度 | 采样地点 |
|---|---|---|---|---|---|
| 自动监测 | 1 | 废水 | pH值、SS、流量 | 连续 | 排水出口 |
| | 2 | 烟气 | $CO$、$CO_2$、$SO_2$、$NO_x$、烟尘、$O_2$、湿度 | 连续 | 在线监测仪 |
| 定期试验 | 3 | 工业废水 | 油、pH值、$COD_{Cr}$、$F^-$、SS、As | 3次/月 | 排出口 |
| | 4 | 生活污水 | pH值、SS、$COD_{Cr}$、$NH_3$-N、$BOD_5$ | 3次/月 | 排出口 |
| | 5 | 烟气 | $SO_2$、$NO_x$、烟尘 | 2次/年 | 除尘器入口 |
| | | | 效率 | 1次/年 | |
| | 6 | 噪声 | 厂界、生产区 | 2次/年 | 现场 |

# 第三节　发电企业污染物排放控制

## 一、二氧化硫治理

我国火电厂烟气脱硫装置的工艺设计、制造、安装、调试、运行、检修、技术标准和规范进一步完善，烟气脱硫设施运行监管进一步强化，行业自律体系有效完善，脱硫产业化发展日趋成熟和规范。2009年底，全国燃煤电厂烟气脱硫机组容量4.7亿千瓦，比上年增长29.5％；烟气脱硫机组占煤电机组的比例约为76％。在全国已投运的烟气脱硫机组中，30万千瓦及以上烟气脱硫机组占86％；石灰石-石膏湿法仍是主要脱硫方法，占92％；其余脱硫方法中，海水法占3％，烟气循环流化床法占2％，氨法占2％，其他占1％。同时，火电厂烟气脱硫特许经营试点项目有效开展，截至2009年底，全国经批准实施火电厂烟气脱硫特许经营试点的项目共有20个（53台机组，2329万千瓦），其中9个项目（30台机组，1387万千瓦）已按特许经营方式运行。近年全国燃煤电厂烟气脱硫机组发展情况见表 5-9。

**表 5-9　近年全国燃煤电厂烟气脱硫机组情况**

| 年份 | 2005 | 2006 | 2007 | 2008 | 2009 |
|---|---|---|---|---|---|
| 烟气脱硫机组容量/亿千瓦 | 0.53 | 1.60 | 2.66 | 3.63 | 4.70 |
| 占燃煤机组比例/% | 14 | 41 | 48 | 60 | 76 |

## 二、氮氧化物治理

氮氧化物排放治理是我国"十二五"规划主要污染物排放总量减少新增两项约束性指标之一，也是即将出台的新的火电厂大气污染排放标准重点修订的内容，是火电行业"十二五"治理工作重点。

火电企业氮氧化物控制包括一次控制（低氮燃烧）和二次控制（烟气脱硝）。新建大机组均已采用低氮燃烧技术，包括低氧燃烧、空气分级送入、燃料分级送入、烟气再循环等手段，烟煤类机组排放浓度为 $320\sim430\text{mg/m}^3$（标），无烟煤类机组排放浓度为 $420\sim860\text{mg/m}^3$（标）；同时，循环流化床技术、整体煤气化联合循环技术、水煤浆技术也是低氮燃烧技术。烟气脱硝技术主要是干法烟气脱硝，包括选择性催化还原法 SCR（脱硝效率 90% 以上）、选择性非催化还原法 SNCR（脱硝效率 40% 以内）、SNCR/SCR 联合脱硝法（脱硝效率 90% 以上）、电子束照射法和活性炭联合脱硫脱硝法。2009 年底，我国约有 5000 万千瓦脱硝机组投运，随着新机组环评要求更加严格和新的排放标准出台，新机组脱硝和老机组改造还有较大规模。

我国脱硝技术市场发展很快，锅炉厂和电力环保公司的设计制造和总承包能力、催化剂供应能力、脱硝还原剂原料供应能力能够基本满足火电行业氮氧化物治理要求。

# 第六章  发电企业温室气体减排

## 第一节  发电企业二氧化碳排放情况

### 一、我国二氧化碳排放现状

根据《中华人民共和国气候变化初始国家信息通报》，1994 年中国温室气体排放总量为 40.6 亿吨二氧化碳当量（扣除碳汇后的净排放量为 36.5 亿吨二氧化碳当量），其中二氧化碳排放量为 30.7 亿吨，甲烷为 7.3 亿吨二氧化碳当量，氧化亚氮为 2.6 亿吨二氧化碳当量。据中国有关专家初步估算，2004 年中国温室气体排放总量约为 61 亿吨二氧化碳当量（扣除碳汇后的净排放量约为 56 亿吨二氧化碳当量），其中二氧化碳排放量约为 50.7 亿吨，甲烷约为 7.2 亿吨二氧化碳当量，氧化亚氮约为 3.3 亿吨二氧化碳当量。从 1994 年到 2004 年，中国温室气体排放总量的年均增长率约为 4%，二氧化碳排放量在温室气体排放总量中所占的比重由 1994 年的 76% 上升到 2004 年的 83%。

中国温室气体历史排放量很低，且人均排放一直低于世界平均水平。根据世界资源研究所的研究结果，1950 年中国化石燃料燃烧二氧化碳排放量为 7900 万吨，仅占当时世界总排放量的 1.31%；1950～2002 年间中国化石燃料燃烧二氧化碳累计排放量占世界同期的 9.33%，人均累计二氧化碳排放量 61.7t，居世界第 92 位。根据国际能源机构的统计，2004 年中国化石燃料燃烧人均二氧化碳排放量为 3.65t，相当于世界平均水平的 87%、经济合作与发展组织国家的 33%。

在经济社会稳步发展的同时，中国单位国内生产总值（GDP）的二氧化碳排放强度总体呈下降趋势。根据国际能源机构的统计数据，1990 年中国单位 GDP 化石燃料燃烧二氧化碳排放强度为 5.47kg $CO_2$/美元（2000 年价），2004 年下降为 2.76kg $CO_2$/美元，下降了 49.5%，而同期世界平均水平只下降了 12.6%，经济合作与发展组织国家下降了 16.1%。

到 2020 年，我国单位国内生产总值二氧化碳排放比 2005 年下降 40%～45%，作为约束性指标纳入国民经济和社会发展中长期规划，并制订相应的国内统计、监测、考核办法。会议还决定，通过大力发展可再生能源、积极推进核电建设等行动，到 2020 年非化石能源占一次能源消费的比重达到 15% 左右；通过植树造林和加强森林管理，森林面积比 2005 年增加 4000 万公顷，森林蓄积量比 2005 年增加 13 亿立方米。

我国通过制定应对气候变化国家方案，积极推进经济和产业结构调整、优化能源结构、实施鼓励节能、提高能效等政策措施，加强对节能、提高能效、洁净煤、可再生能源、先进核能、碳捕集利用与封存等低碳和零碳技术的研发和产业化投入，加快建设以低碳为特征的工业、建筑和交通体系，增加森林碳汇等手段，制定配套的法律法规和标准，完善财政、税收、价格、金融等政策措施，倡导构建低碳绿色的生活方式和消费模式，达到减缓温室气体排放目标。

## 二、电力二氧化碳排放情况

电力工业二氧化碳排放约占全国排放总量的一半。根据《气候变化国家评估报告》，2000 年，我国全部火电机组的二氧化碳排放量约 3.3 亿吨碳（相当于 12.1 亿吨二氧化碳），占全国碳排放总量的 40％左右，单位火电发电量二氧化碳排放量为 1085g/(kW·h)。经过多年发展，电力行业二氧化碳排放绩效有所下降，但排放总量仍呈逐年上升的趋势。根据估算，2009 年全国单位火电发电量二氧化碳排放量约 1023g/(kW·h)。

# 第二节　发电二氧化碳减排路径

## 一、发电二氧化碳减排主要路径及成效

发电二氧化碳减排措施包括电源结构调整和节能降耗两个主要路径。

在电源结构优化减排方面，以 2005 年为基准年，2006～2009 年全国新增水电发电量累计为 3788 亿千瓦时，相当于多节约标准煤 1.2 亿吨，相当于减排二氧化碳约 3.4 亿吨；全国新增核电发电量累计为 446 亿千瓦时，相当于多节约标准煤 1440 万吨，相当于减排二氧化碳约 4000 万吨；全国新增风电发电量累计为 457 亿千瓦时，同 2005 年相比，相当于多节约标准煤 1470 万吨，相当于减排二氧化碳约 4100 万吨。

在节能降耗减排方面，通过关停小火电、技术改造及优化运行等措施，2006～2009 年，发电标准煤耗由 342g/(kW·h) 下降到 321g/(kW·h)，降低了 21g/(kW·h)，相当于节约标准煤 6000 万吨，约减排二氧化碳 1.7 亿吨；全国电网线路损失率由 7.08％下降到 6.55％，降低了 0.53 个百分点，相当于节约标准煤 570 万吨，约减排二氧化碳 1600 万吨。

## 二、碳捕获与碳储存试验示范

碳捕获与碳储存（CCS）是指通过碳捕集技术将工业和相关能源产业所生产的二氧化碳分离出来，再通过碳封存手段将其输送到一个封存地点，并且长期与大气隔绝的一个过程。CCS 是未来能源发展和气候保护的重要储备技术，目前仍处于研究、开发和示范阶段。据国际能源署（IEA）的预测，到 2050 年，CCS 可以减少全球 20％的碳排放。联合

国气候变化委员会已将针对燃煤电厂的 CCS 技术作为 2050 年温室气体减排目标最重要的技术方向。

我国已有的示范项目包括燃烧后捕捉的技术路线的华能北京高碑店和上海石洞口碳捕获项目，探索整体煤气化联合循环发电＋CCS 技术路线的华能"绿色煤电"项目，探索煤制油＋CCS 的技术路线的神华鄂尔多斯煤制油项目等。

一般而言，如果安装上 CCS 装置，采用现有技术在新建发电厂中捕集二氧化碳，其二氧化碳排放将减少 85％～90％。一些研究表明，增加 CCS 将使发电成本提高 20％～30％，发电效率要降低 8～10 个百分点，相应约增加 25％的煤炭消耗。另外，也存在二氧化碳捕获、运输和贮存各个环节的不确定性，如资金成本、技术风险、管制的不确定性、碳贮存的泄漏风险等，需要研究解决。

# 第七章　电网节能降损

## 第一节　电网企业综合线损率

### 一、线损电量与线损率

电力网在输送电能时产生的电能损耗直接影响了电力的使用效率和经济效益。发电机发出来的电能输送给用户使用，必须经过输电、变电、配电设备，由于这些电气设备存在着阻抗，因此电能通过时就会产生电能损耗，并以热能的形式散失在周围介质中，这个电能损耗称为线损电量，简称线损。

实际运行中，线损电量是在产权分界处（关口点）安装电能表，并按照规定时间统计出来的，如月、季、年度线损电量。电能损耗根据输、变、配电设备的资产归属由各经营企业方承担的，如发电厂与电网结算上网电量的关口表计装在电厂母线的出线侧，即电厂的升压变压器和母线产生的线损电量由发电厂承担；电力用户结算电量的关口表计装在用户受电侧，则电力用户的电气设备产生的线损电量由用户承担；电力网输电、变电、配电设备和营销过程中产生的线损电量由电网企业承担。

电力网线损电量为供电量与售电量的差值，是电力系统电能损耗的主要组成部分，它具体反映了电网的规划建设、生产技术和营销管理水平，是电网企业的综合性技术经济指标。供电量是指电网企业供电生产活动的全部投入量，包括发电厂上网电量、外购电量、邻网输入输出电量；售电量是指电网企业卖给用户的电量和本企业供给非电力生产用的电量。

线损电量一般由 35kV 及以上输电线路中的损耗、降压变电站主变压器中的损耗、10kV 配电线路中的损耗、配电变压器中的损耗、低压线路中的损耗、无功补偿设备中的损耗，以及变电站的直流充电、控制及保护、信号、通风冷却等设备消耗的电量，电压、电流互感器及二次回路中的损耗，接户线及电能表中的损耗，表计接线差错、计量装置故障、二次回路电压降超标、熔丝熔断等引起的计量装置误差等。另外，也包括营销工作中的漏抄、漏计、错算及倍率差错、用户违章用电和窃电等损失。

线损率指电网经营企业在电力传输过程中的损耗电量占供电量的比率。线损率是衡量线损高低的指标，它综合反映和体现了电力系统规划设计、生产运行和经营管理的水平，是电网经营企业的一项重要的经济技术指标。一个网、省（市、区）电网公司范围内所有地、市、县（市）供电公司及一次电网的统计线损电量的总和与其供电量之比的百分率，称为网、省（市、区）电网公司的线损率。线损率根据电网公司管辖范围和电压等级可分为一次网损率和地区线损率，目前一次网损率可分为 500kV、330kV 和 220kV 网损率，地区线损率可分为地区网损率和配电线损率。

## 二、全国线损率现状

2009 年全国各省市电网线损情况见表 7-1，国家电网公司、南方电网公司各年度线损率情况见表 7-2。

**表 7-1 2009 年全国各省市电网线损情况表**

| 地区 | 线损率/％ | 地区 | 线损率/％ | 地区 | 线损率/％ |
|---|---|---|---|---|---|
| 全国 | 6.72 | 浙江省 | 5.5 | 重庆市 | 8.61 |
| 北京市 | 6.76 | 安徽省 | 5.99 | 四川省 | 10.31 |
| 天津市 | 5.91 | 福建省 | 7.29 | 贵州省 | 4.6 |
| 河北省 | 5.24 | 江西省 | 5.4 | 云南省 | 6.33 |
| 山西省 | 6.87 | 山东省 | 6.49 | 西藏区 | 11.42 |
| 内蒙古 | 4.48 | 河南省 | 5.41 | 陕西省 | 6.86 |
| 辽宁省 | 7.4 | 湖北省 | 6.25 | 甘肃省 | 5.54 |
| 吉林省 | 6.98 | 湖南省 | 8.96 | 青海省 | 3.76 |
| 黑龙江 | 8.09 | 广东省 | 5.59 | 宁夏区 | 4.65 |
| 上海市 | 6.09 | 广西区 | 6.44 | 新疆区 | 7.99 |
| 江苏省 | 8.15 | 海南省 | 7.68 | | |

注：统计数据不包括台湾省等地。

**表 7-2 国家电网公司、南方电网公司各年度线损率情况** 单位：％

| 年 份 | 2002 | 2003 | 2004 | 2005 | 2006 | 2007 | 2008 |
|---|---|---|---|---|---|---|---|
| 国家电网公司 | 7.15 | 6.97 | 6.95 | 6.59 | 6.40 | 6.29 | 6.10 |
| 南方电网公司 | 8.00 | 7.47 | 7.45 | 7.38 | 7.08 | 6.90 | 6.68 |

2009 年，全国线损电量 2191 亿千瓦时，比上年增长 5.33％，低于全国供电量增速 1.19 个百分点；全国线损率 6.72％，比上年下降 0.07 个百分点。"十一五"以来累计下降了 0.83 个百分点。

2000 年以来全国电网线路损失率变化情况见图 7-1。

按国际能源机构（IEA）发布的统计数据，2002 年世界各国线损率大体分为四个档次，低于 5％有德国、日本等国家；5％～7％之间有美国、韩国等国家；7％～9％有澳大利亚、法国、加拿大、英国等国家；大于 9％的有俄罗斯、印度等国家。我国线损率管理水平处于中等偏上，与中国国土面积相近的国家中，美国（6.16）、澳大利亚（7.06）、加拿大（8.79），俄罗斯、印度线损率都高于 10％。

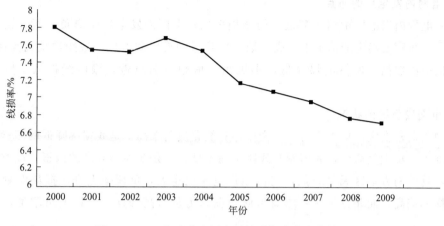

图 7-1　2000 年以来全国电网线路损失率变化情况

# 第二节　线损影响因素及降损措施

线损一般可区分技术线损和管理线损。技术线损是电力网设备上产生的电能损耗的统称，又分为不变损耗和可变损耗。设备通电就会产生的损耗为不变损耗，受流经电流大小影响的损耗为可变损耗。技术线损可由理论线损计算来预测，通过采取相应的技术措施，如更换损耗较高的设备，达到降低损耗的目的。管理线损指由管理工作不完善和失误等原因造成的电能损失，称为管理线损。管理线损可通过加强管理工作来逐步降低。

## 一、影响线损率的因素

线损率是电力系统规划建设、生产运行、装备状况和经营管理水平的综合体现，影响因素有十多个，包括电网的网络结构、组成电网的所有设备损耗参数，电源分布、运行方式和潮流分布，电网的管理体制和供电方式，电网安全稳定的限制条件等因素，也有管理方面的因素（例如相应电压等级变电站的自用电量大小，表计误差和误计漏计等）。因此线损率标准不能完全用理论推导或推算的方式给出，只能依据历史数据归纳整理。

### 1. 电网的网络结构

电网结构方面，供电半径大小、辐射型线路和环网线路比例、单回线路和双回线路比例、大截面线路和小截面线路比例、长距离线路和短距离线路比例等每一个因素，都影响线损率的高低。对电网建设投资的影响也很大。

### 2. 连接在电网上设备的损耗参数

连接在电网上的设备有变压器、电压互感器、电流互感器、避雷器、电抗器、电容器、各类无功调节设备、整流设备、变流设备等，这些设备的损耗参数，尤其是变压器的铁损、铜损，对线损率的影响明显。

### 3. 电网内发电厂的布点

如果电网内发电厂距离负荷近，则线损率低；电网内发电厂距离负荷远，则线损率高。但在负荷密度确定的情况下，高参数、大容量的机组和电厂一般距离负荷点距离远，输电线损率虽然高，但供电煤耗低，小机组一般距负荷点近，输电线损低，但供电煤耗高。

### 4. 电网内负荷的状况

电网负荷密度大，集中负荷多，变压器和线路负荷率高，是线损率降低的因素。反之负荷密度小，集中负荷少，变压器和线路负荷率低，则是线损率升高的因素。就季节性差异来说，夏季南方地区天气炎热，居民用户电量比重大，负荷率上升，损耗电量大大增加，线损率偏高；而北方地区冬季有取暖负荷，为负荷高峰期，损耗电量增加，线损率偏高。

### 5. 电网的运行方式和潮流分布

在电网的网络结构、连接在电网上设备的损耗参数、发电厂的布点、负荷分布确定的条件下，合理的运行方式，潮流分布，尤其是尽可能少的无功潮流分布，就是降低线损的主要因素之一。这涉及无功补偿的投资力度，也涉及电网运行方式的合理布局。

### 6. 用电结构方面

以低压负荷为主的供电局和以高压负荷为主的供电局，线损差别自然存在。工业发达地区 10kV 及以上电压等级大用户多，负荷密度高，线损统计范围相对较小，无损少损电量比例高，线损较低；欠发达地区大用户较少，有损电量比例高，线损较高。

### 7. 电力资产的管理体制

目前各级电网公司的电力资产管理体制不同，有的省，管理到用户电量计量点的用户比例很高，有的省则不多，甚至很少；有的省高压用户很多且计量电压高，有的省则高压用户少且计量电压低，售电量的电压等级越高和电量越大，其线损率越低，但这并不反映该企业的线损管理水平就一定高，因为配网线损由用户承担。

### 8. 配网线损管理

配网线损管理对线损率的影响主要反映在配网方面，包括变电站的自用电量多少、表计误差和损坏漏记，用户电表的误抄、漏抄、窃电量等。加强配网线损管理是降低线损率的有效途径，也是投资少见效快的节能增效办法，近年来各地都加强了这方面的工作力度，成效显著，使各省电力（电网）公司的综合线损率逐年降低。但是，配网线损管理节约（或增收费用）的电量一旦计入线损率，就难以横向进行比较，从而难以进行监管。

## 二、降损节能技术措施

### 1. 加强电网规划

规划是发展和节约的龙头，电网规划与建设环节在节能降损运行中具有基础性地位和重要作用。首先要确保电网发展适应我国资源分布状况和未来不断增长的用电需求，优化配置能源资源，完善城、农网发展规划，优化电网结构，提高电网装备技术标准，建设智能电网，实现高效节能。

电网始终是在原有网络基础上随着供电负荷增长不断局部地新建变电所、输、配电网络而得到扩展的。其能效的状况，一是与高能效的新技术新设备新材料的应用及有效运行管理密切相关，二是与电网规模（即输、配电能力）能否保持和用户供电负荷需求同步增长有密切关系。后者是基础。做好电网发展规划，保持电网适应安全、经济运行，是保持电网较好能效的根本性工作。要以提高电网供电可靠性、降损增效为原则，对电源点和电网网架结构规划进行细化、优化，逐年修编配电网的滚动规划。优化电网结构过程中，合理选择变电站等级及布点，避免重复降压造成的损耗，降低供电半径。加强负荷平衡工作，合理划分供电范围，避免负荷过轻或过重，应从供电范围优化、变压器容量优化、网络布局优化及电压等级组合优化四个方面做好规划与建设工作。

### 2. 采用新技术新设备

新建35千伏及以上主变压器应积极选用新型节能、有载调压变压器。低压配电网根据"小容量、密布点"的原则，新建、改造配电台区积极采用单相变压器或单、三相混合供电方式；应积极选用先进节能型变压器；用S11型取代S7型配电变压器，配变损耗约可下降30％。

加快智能配电系统建设，提高电网科技含量、配网自动化不仅能有效地减少停电，提高供电服务质量，减少线路冗余容量，减少线路的投资，形成一套配电网信息化、数字化、自动化信息管理平台，实现配电设备运行状态和配电网络实时监控；加快电量远传工作，积极推广配网线路、大客户在线监测系统、集中抄表系统、负荷管理在线检测和用电信息发布等先进的现代化技术，进一步完善负荷管理远程工作站使用功能。

### 3. 合理进行无功补偿

各级电网按照全面规划、合理布局、分级补偿、就地平衡的原则，合理配置无功补偿容量，提高功率因数，降低损耗。无功补偿原则为：集中补偿与分散补偿相结合，以分散补偿为主；高压补偿与低压补偿相结合，以低压为主；调压与降损相结合，以降损为主。对部分变电站增加的容量集中补偿设备，同时变电站根据电压情况，及时进行无功补偿电容器投切，结合主变有载调压调挡，充分提高供电电压质量；对于线路长、分支多、密度低、且较分散的10千伏配电线路可采取分散补偿和集中补偿相结合；对于变电所10千伏母线，可加装高压补偿电容器。加强厂站端无功设备的运行管理，积极研究应用区域无功优化控制系统，使各区域内无功功率合理分布，充分利用无功补偿容量，提高受电端功率因数，减少了电能损耗。大范围推广10千伏线路集中补偿、配电变压器补偿及大用户就地补偿，并规范运行管理工作。自动补偿装置在正常情况下应能根据无功负荷或功率因数的变化自动投退，提高功率因数；对手动投切的电容器，应掌握季节性的负荷、功率因数变化规律，及时进行投、切。

### 4. 谐波治理

改善电网电能质量，减少电网谐波带来的损耗。加强对大用户谐波监测和治理，对谐波源应采取必要的抑止手段，使有谐波源的用电负荷向电网注入的谐波电流符合国家相关规定，尤其对新加入电网的大容量非线性用电负荷，要从设计、审查、验收、运行等环节严格把关。研究谐波对各类计量装置准确性的影响，做到计量准确合理。

### 5. 电网经济运行

在保证电网安全、稳定、可靠的前提下，充分利用输、变、配电设备，借助理论计算，通过加强调度和运行管理，最大限度地降低变压器和线路的有功及无功损耗，使整个电网处于最佳运行状态，电能的损耗量最小。一是经济调度，在年度运行方式安排上加强对电网经济运行的定性分析和定量分析，在确保电网安全稳定运行的基础上，通过合理调度，加强网损管理，降低损耗。二是变压器经济运行，加强变压器经济运行管理工作，定期编制主变压器经济运行曲线，在日常调度工作加强负荷调配，及时按主变经济运行曲线调整主变运行方式，从而达到降低主变损耗的目的。合理选择配电变压器的容量和安装位置，消除"大马拉小车"和三相不平衡现象。调整公用变压器三相负荷，尽量采用三相平衡送电。

### 6. 加强设备检修

合理安排设备检修，加强设备检修的计划性，缩短检修时间，输、配电线路维护要尽可能做到供、用电设备同时检修试验，以减少停电时间和次数。对线路消缺等工作，要尽可能采用带电作业，提高检修水平，减少接触电阻，降低漏电损耗。

### 7. 加强管理

开展线损分台区管理，加强线损预测分析和理论计算工作线损分析，加强计量管理加大计量装置投入，深入开展反窃电工作，反对窃电行为。

# 附　　录

## 附录一　国家综合性法律法规规章汇总表

### 一、法律

| 序号 | 名　　称 | 制修订时间 | 实施时间 |
|---|---|---|---|
| 1 | 中华人民共和国可再生能源法 | 2009 年 12 月 26 日 | 2010 年 4 月 1 日 |
| 2 | 中华人民共和国节约能源法 | 2007 年 10 月 28 日修订 | 2008 年 4 月 1 日 |
| 3 | 中华人民共和国环境保护法 | 1989 年 12 月 26 日 | 1989 年 12 月 26 日 |
| 4 | 中华人民共和国环境影响评价法 | 2002 年 10 月 28 日 | 2003 年 9 月 1 日 |
| 5 | 中华人民共和国大气污染防治法 | 2000 年 4 月 29 日 | 2000 年 9 月 1 日 |
| 6 | 中华人民共和国水污染防治法 | 2008 年 2 月 28 日修订 | 2008 年 6 月 1 日 |
| 7 | 中华人民共和国固体废弃物污染环境防治法 | 2004 年 12 月 29 日修订 | 2005 年 4 月 1 日 |
| 8 | 中华人民共和国循环经济促进法 | 2008 年 8 月 29 日 | 2009 年 1 月 1 日 |
| 9 | 中华人民共和国清洁生产促进法 | 2002 年 6 月 29 日 | 2003 年 1 月 1 日 |
| 10 | 中华人民共和国国民经济和社会发展第十一个五年规划纲要 | 2006 年 3 月 14 日 | 2006 年 3 月 14 日 |

### 二、国务院行政法规及部门规章

#### 1. 综合类

| 序号 | 名　　称 | 制定单位 | 文　号 |
|---|---|---|---|
| 1 | 国务院关于做好建设节约型社会近期重点工作的通知 | 国务院 | 国发[2005]21 号 |
| 2 | 国务院关于发布实施《促进产业结构调整暂行规定》的决定 | 国务院 | 国发[2005]40 号 |
| 3 | 国务院关于加快推进产能过剩行业结构调整的通知 | 国务院 | 国发[2006]11 号 |
| 4 | 产业结构调整指导目录(2005 年本) | 国家发展改革委 | 国家发展改革委令第 40 号 |
| 5 | 国家发展改革委关于防止高耗能行业重新盲目扩张的通知 | 国家发展改革委 | 发改运行[2006]1332 号 |
| 6 | 国家发展改革委关于加快推进产业结构调整遏制高耗能行业再度盲目扩张的紧急通知 | 国家发展改革委 | 发改运行[2007]933 号 |

续表

| 序号 | 名　　称 | 制定单位 | 文　　号 |
|---|---|---|---|
| 7 | 国务院关于印发节能减排综合性工作方案的通知 | 国务院 | 国发[2007]15号 |
| 8 | 国务院关于"十一五"期间各地区单位生产总值能源消耗降低指标计划的批复 | 国务院 | 国函[2006]94号 |
| 9 | 国务院批转节能减排统计监测及考核实施方案和办法的通知 | 国务院 | 国发[2007]36号 |
| 10 | 关于印发《关于加强中央企业节能减排工作的意见》《中央企业任期节能减排管理目标》的通知 | 国资委 | 国资发考核[2007]194号 |
| 11 | 关于做好中央企业节能减排信息报送工作的通知 | 国资委 | 国资厅考核[2008]76号 |
| 12 | 关于印发《中央企业节能减排统计监测报表》的通知 | 国资委 | 国资厅发考核[2008]126号 |
| 13 | 国家质检总局、国家发展改革委关于印发《加强能源计量工作的意见》的通知 | 国家质检总局、国家发展改革委 | 国质检量联[2005]247号 |
| 14 | 中国人民银行关于改进和加强节能环保领域金融服务工作的指导意见 | 中国人民银行 | 银发[2007]215号 |
| 15 | 关于印发节能减排全民行动实施方案的通知 | 国家发展改革委 | 发改环资[2007]2132号 |
| 16 | 国务院关于加快发展循环经济的若干意见 | 国务院 | 国发[2005]22号 |
| 17 | 关于印发循环经济评价指标体系的通知 | 国家发展改革委 | 发改环资[2007]1815号 |
| 18 | 关于组织开展循环经济试点(第一批)工作的通知 | 国家发展改革委、国家环保总局、科技部、财政部、商务部、国家统计局 | 发改环资[2005]2199号 |
| 19 | 关于组织开展循环经济示范试点(第二批)工作的通知 | 国家发展改革委、国家环保总局、科技部、财政部、商务部、国家统计局 | 发改环资[2007]3420号 |
| 20 | 国家环保总局关于推进循环经济发展的指导意见 | 国家环保总局 | 环发[2005]114号 |
|  | 关于支持循环经济发展的投融资政策措施意见的通知 | 国家发展改革委、中国人民银行、银监会、证监会 | 发改环资[2010]801号 |
| 21 | 国务院办公厅转发发展改革委等部门关于加快推行清洁生产意见的通知 | 国务院 | 国办发[2003]100号 |
| 22 | 清洁生产审核暂行办法 | 国家发展改革委、国家环保总局 | 国家发展改革委令第16号 |
| 23 | 国家鼓励发展的资源节约综合利用和环境保护技术 | 国家发展改革委 | 国家发展改革委公告第65号 |
| 24 | 国务院关于印发中国应对气候变化国家方案的通知 | 国务院 | 国发[2007]17号 |
| 25 | 中国应对气候变化的政策与行动 | 国务院新闻办 |  |
| 26 | 清洁发展机制项目运行管理暂行办法 | 国家发展改革委、科学技术部、外交部 | 国家发展改革委第10号令 |
| 27 | 关于发布《中国应对气候变化科技专项行动》的通知 | 科技部、国家发展改革委、外交部、教育部、财政部、国家环保总局、农业部、水利部、国家林业局、国家海洋局、中国气象局、中国科学院、国家自然科学基金委员会、中国科学技术协会 | 国科发社字[2007]407号 |

续表

| 序号 | 名　　称 | 制定单位 | 文　号 |
|---|---|---|---|
| 28 | 中国的能源状况与政策 | 国务院新闻办公室 | 政府白皮书 2007 年 12 月 26 日发布 |
| 29 | 全国人民代表大会常务委员会关于积极应对气候变化的决议 | 人大常委会 | 十一届全国人大常委会第十次会议于 2009 年 8 月 27 日通过 |
| 30 | 太阳能光电建筑应用财政补助资金管理暂行办法 | 财政部 | 财建〔2009〕129 号 |
| 31 | 关于实施金太阳示范工程的通知 | 财政部、科技部、国家能源局 | 财建〔2009〕397 号 |
| 32 | 关于做好金太阳示范工程实施工作的通知 | 财政部、科技部、国家能源局 | 财建〔2009〕718 号 |
| 33 | 关于中国清洁发展机制基金及清洁发展机制项目实施企业有关企业所得税政策问题的通知 | 财政部、国家税务总局 | 财税〔2009〕30 号 |
| 34 | 中央企业节能减排监督管理暂行办法 | 国务院国有资产监督管理委员会 | 国资委令第 23 号 |

## 2. 节能专项类

| 序号 | 名　　称 | 制定单位 | 文　号 |
|---|---|---|---|
| 1 | 国务院关于加强节能工作的决定 | 国务院 | 国发〔2006〕28 号 |
| 2 | 国家发展改革委关于印发节能中长期专项规划的通知 | 国家发展改革委 | 发改环资〔2004〕2505 号 |
| 3 | 国家发展改革委、科技部关于印发中国节能技术政策大纲(2006 年)的通知 | 国家发展改革委、科技部 | 发改环资〔2007〕199 号 |
| 4 | 国家发展改革委关于加强固定资产投资项目节能评估和审查工作的通知 | 国家发展改革委 | 发改投资〔2006〕2787 号 |
| | 固定资产投资项目节能评估和审查暂行办法 | 国家发展改革委 | 国家发改委令第 6 号 |
| 5 | 国家发展改革委办公厅关于印发企业能源审计报告和节能规划审核指南的通知 | 国家发展改革委 | 发改办环资〔2006〕2816 号 |
| 6 | 国家发展改革委关于印发固定资产投资项目节能评估和审查指南(2006)的通知 | 国家发展改革委 | 发改环资〔2007〕21 号 |
| 7 | 国家发展改革委、财政部关于印发《节能项目节能量审核指南》的通知 | 国家发展改革委、财政部 | 发改环资〔2008〕704 号 |
| 8 | 关于印发千家企业节能行动实施方案的通知 | 国家发展改革委 | 发改环资〔2006〕571 号 |
| 9 | 关于印发重点耗能企业能效水平对标活动实施方案的通知 | 国家发展改革委 | 发改环资〔2007〕2429 号 |
| 10 | 国家发展改革委关于印发重点用能单位能源利用状况报告制度实施方案的通知 | 国家发展改革委 | 发改环资〔2008〕1390 号 |
| 11 | 关于印发"十一五"十大重点节能工程实施意见的通知 | 国家发展改革委、科技部、财政部、建设部、国家质检总局、国家环保总局、国管局、中直管理局 | 发改环资〔2006〕1457 号 |
| 12 | 财政部、国家发展和改革委员会关于印发《节能技术改造财政奖励资金管理暂行办法》的通知 | 财政部、国家发展改革委 | 财建〔2007〕371 号 |

续表

| 序号 | 名　称 | 制定单位 | 文　号 |
|---|---|---|---|
| 13 | 重点用能单位节能管理办法 | 国家经贸委 | 国家经贸委令第 7 号 |
| 14 | 国家重点节能技术推广目录(第一批) | 国家发展改革委 | 国家发展改革委 2008 年第 36 号公告 |
| 15 | 国家重点节能技术推广目录(第二批) | 国家发展改革委 | 国家发展改革委 2009 年第 24 号公告 |
| 16 | 关于财政奖励合同能源管理项目有关事项的补充通知 | 国家发展改革委办公厅、财政部办公厅 | 发改办环资[2010]2528 号 |
| 17 | 关于合同能源管理财政奖励资金需求及节能服务公司审核备案有关事项的通知 | 财政部办公厅、国家发展改革委办公厅 | 财办建[2010]60 号 |
| 18 | 关于印发《节能产品惠民工程高效电机推广实施细则》的通知 | 财政部、国家发展改革委 | 财建[2010]232 号 |

### 3. 资源节约类

| 序号 | 名　称 | 制定单位 | 文　号 |
|---|---|---|---|
| 1 | 国家发展改革委关于印发"十一五"资源综合利用指导意见的通知 | 国家发展改革委 | 发改环资[2006]931 号 |
| 2 | 国家发展改革委、财政部、国家税务总局关于印发《国家鼓励的资源综合利用认定管理办法》的通知 | 国家发展改革委 | 发改环资[2006]1864 号 |
| 3 | 关于印发《资源综合利用目录(2003 年修订)》的通知 | 国家发展改革委 | 发改环资[2004]73 号 |
| 4 | 关于资源综合利用及其他产品增值税政策的通知 | 财政部、国家税务总局 | 财税[2008]156 号 |
| 5 | 取水许可和水资源费征收管理条例 | 国务院 | 国务院令第 460 号 |
| 6 | 中国节水技术政策大纲 | 国家发展改革委、科技部、水利部、建设部、农业部 | 国家发展改革委公告第 17 号 |
| 7 | 关于印发海水利用专项规划的通知 | 国家发展改革委 | 发改环资[2005]1561 号 |
| 8 | 关于资源综合利用及其他产品增值税政策的补充的通知 | 财政部、国家税务总局 | 财税[2009]163 号 |
| 9 | 关于公布环境保护节能节水项目企业所得税优惠目录(试行)的通知 | 财政部、国家税务总局、国家发展改革委 | 财税[2009]166 号 |
| 10 | 中国资源综合利用技术政策大纲 | 国家发展改革委 | 国家发改委公告 2010 年第 14 号 |
| 11 | 关于推进再制造产业发展的意见 | 国家发展改革委、科技部、工业和信息化部、公安部、财政部、环境保护部、商务部、海关总署、税务总局、工商总局、质检总局 | 发改环资[2010]991 号 |

### 4. 环境保护类

| 序号 | 名　称 | 制定单位 | 文　号 |
|---|---|---|---|
| 1 | 关于落实科学发展观加强环境保护的决定 | 国务院 | 国发[2005]39 号 |
| 2 | 国务院关于印发国家环境保护"十一五"规划的通知 | 国务院 | 国发[2007]37 号 |

| 序号 | 名　　　称 | 制定单位 | 文　　号 |
|------|-----------|---------|---------|
| 3 | 关于"十一五"期间全国主要污染物排放总量控制计划的批复 | 国务院 | 国函〔2006〕70 号 |
| 4 | 关于印发《国家酸雨和二氧化硫污染防治"十一五"规划》的通知 | 国家环保总局 | 环发〔2008〕1 号 |
| 5 | 关于印发《二氧化硫总量分配指导意见》的通知 | 国家环保总局 | 环发〔2006〕182 号 |
| 6 | 建设项目环境保护管理条例 | 国务院 | 国务院令第 253 号 |
| 7 | 建设项目环境影响评价文件审批程序规定 | 国家环保总局 | 国家环保总局令第 29 号 |
| 8 | 关于加快节能减排投资项目环境影响评价审批工作的通知 | 国家环保总局办公厅 | 环办〔2007〕111 号 |
| 9 | 建设项目竣工环境保护验收管理办法 | 国家环保总局 | 国家环保总局令第 13 号 |
| 10 | 排污费征收使用管理条例 | 国务院 | 国务院令第 369 号 |
| 11 | 排污费征收标准管理办法 | 国家计委、财政部、环保总局、经贸委 | 国家计委令第 31 号 |
| 12 | 排污费资金收缴使用管理办法 | 财政部、国家环保总局 | 财政部令第 17 号 |
| 13 | 关于排污费征收核定有关问题的通知 | 国家环保总局 | 环发〔2003〕187 号 |
| 14 | 关于排污费征收核定有关工作的通知 | 国家环保总局 | 环发〔2003〕64 号 |
| 15 | 关于减免及缓缴排污费有关问题的通知 | 财政部、国家发展改革委、国家环保总局 | 财综〔2003〕38 号 |
| 16 | 关于加强排污费征收使用管理的通知 | 财政部、国家环保总局 | 财建〔2000〕438 号 |
| 17 | 关于排污费收缴有关问题的通知 | 财政部、中国人民银行、国家环保总局 | 财建〔2003〕284 号 |
| 18 | 关于印发《中央环境保护专项资金项目申报指南（2006～2010 年）》的通知 | 财政部、国家环保总局 | 财建〔2006〕318 号 |
| 19 | 关于印发《中央财政主要污染物减排专项资金管理暂行办法》的通知 | 财政部、国家环保总局 | 财建〔2007〕112 号 |
| 20 | 污染源自动监控管理办法 | 国家环保总局 | 国家环保总局令第 28 号 |
| 21 | 关于加强上市公司环境保护监督管理工作的指导意见 | 国家环保总局 | 环发〔2008〕24 号 |
| 22 | 《当前国家鼓励发展的环保产业设备（产品）目录》（2007 修订） | 国家发展改革委 | 发改委公告 2007 年第 27 号 |
| 23 | 关于印发《国家监控企业污染源自动监测数据有效性审核办法》和《国家重点监控企业污染源自动监测设备监督考核规程》的通知 | 环境保护部 | 环发〔2009〕88 号 |
| 24 | 关于贯彻落实抑制部分行业产能过剩和重复建设引导产业健康发展的通知 | 环境保护部 | 环发〔2009〕127 号 |
| 25 | 关于印发《国家先进污染防治示范技术名录》（2009 年度）和《国家鼓励发展的环境保护技术目录》（2009 年度）的通知 | 环境保护部 | 环发〔2009〕146 号 |
| 26 | 关于印发《环境保护部建设项目"三同时"监督检查和竣工环保验收管理规程（试行）》的通知 | 环境保护部 | 环发〔2009〕150 号 |

# 附录二　电力节能减排政策汇总表

## 一、电力产业政策

| 序号 | 名　　称 | 制定单位 | 文　号 |
|---|---|---|---|
| 1 | 关于加快电力工业结构调整促进健康有序发展有关工作的通知 | 国家发展改革委、国土资源部、铁道部、交通部、水利部、国家环保总局 | 发改能源〔2006〕661号 |
| 2 | 国家发展改革委关于燃煤电站项目规划和建设有关要求的通知 | 国家发展改革委 | 发改能源〔2004〕864号 |
| 3 | 国家发展改革委、建设部关于印发《热电联产和煤矸石综合利用发电项目建设管理暂行规定》的通知 | 国家发展改革委、建设部 | 发改能源〔2007〕141号 |
| 4 | 关于煤矸石综合利用电厂项目核准有关事项的通知 | 国家发展改革委 | 发改办能源〔2008〕101号 |
| 5 | 关于印发《申报国家发展改革委审核的资源综合利用电厂认定管理暂行规定》的通知 | 国家发展改革委 | 发改办环资〔2007〕1564号 |
| 6 | 国务院批转发展改革委、能源办关于加快关停小火电机组若干意见的通知 | 国务院 | 国发〔2007〕2号 |
| 7 | 国家发展改革委关于降低小火电机组上网电价促进小火电机组关停工作的通知 | 国家发展改革委 | 发改价格〔2007〕703号 |
| 8 | 国家发展改革委关于火电机组"上大压小"项目前期工作有关要求的通知 | 国家发展改革委 | 发改能源〔2008〕295号 |
| 9 | 关于落实《国务院批转发展改革委、能源办关于加快关停小火电机组若干意见的通知》的实施意见 | 国家电监会 | 电监市场〔2007〕6号 |
| 10 | 国家发展改革委关于印发天然气利用政策的通知 | 国家发展改革委 | 发改能源〔2007〕2155号 |
| 11 | 国家发展改革委关于印发《可再生能源产业发展指导目录》的通知 | 国家发展改革委 | 发改能源〔2005〕2517号 |
| 12 | 关于印发《可再生能源发展专项资金管理暂行办法》的通知 | 财政部 | 财建〔2006〕237号 |
| 13 | 国家发展改革委关于印发《可再生能源发电有关管理规定》的通知 | 国家发展改革委 | 发改能源〔2006〕13号 |
| 14 | 国家发展改革委关于风电建设管理有关要求的通知 | 国家发展改革委 | 发改能源〔2005〕1204号 |
| 15 | 国家发展改革委、财政部关于印发促进风电产业发展实施意见的通知 | 国家发展改革委、财政部 | 发改能源〔2006〕2535号 |
| 16 | 关于印发《风力发电设备产业化专项资金管理暂行办法》的通知 | 财政部 | 财建〔2008〕476号 |
| 17 | 关于印发《风电场工程建设用地和环境保护管理暂行办法》的通知 | 国家发展改革委 | 发改能源〔2005〕1511号 |
| 18 | 关于印发《能源领域行业标准化管理办法（试行）》及实施细则的通知 | 国家能源局 | 国能科技〔2009〕52号 |
| 19 | 关于严格执行"上大压小"有关政策的通知 | 国家能源局 | 国能电力〔2009〕158号 |

## 二、电力规划

| 序号 | 名　　称 | 制定单位 | 文　号 |
|---|---|---|---|
| 1 | 关于印发能源发展"十一五"规划的通知 | 国家发展改革委 | 发改能源[2007]653 号 |
| 2 | 关于印发可再生能源中长期发展规划的通知 | 国家发展改革委 | 发改能源[2007]2174 号 |
| 3 | 国家发展改革委关于印发可再生能源发展"十一五"规划的通知 | 国家发展改革委 | 发改能源[2008]610 号 |
| 4 | 核电中长期发展规划(2005～2020 年) | 国家发展改革委 | 2007 年 10 月 |

## 三、电价

| 序号 | 名　　称 | 制定单位 | 文　号 |
|---|---|---|---|
| 1 | 国务院办公厅关于印发电价改革方案的通知 | 国务院办公厅 | 国办发[2003]62 号 |
| 2 | 国家发展改革委关于印发电价改革实施办法的通知 | 国家发展改革委 | 发改价格[2005]514 号 |
| 3 | 关于印发《可再生能源发电价格和费用分摊管理试行办法》的通知 | 国家发展改革委 | 发改价格[2006]7 号 |
| 4 | 可再生能源电价附加收入调配暂行办法 | 国家发展改革委 | 发改价格[2007]44 号 |
| 5 | 国家发展改革委关于进一步疏导电价矛盾规范电价管理的通知 | 国家发展改革委 | 发改价格[2004]610 号 |
| 6 | 关于贯彻落实国家电价政策有关问题的通知 | 国家发展改革委、国家电监会 | 发改价格[2004]1149 号 |
| 7 | 关于进一步落实差别电价及自备电厂收费政策有关问题的通知 | 国家发展改革委、国家电监会 | 发改电[2004]159 号 |
| 8 | 国家发展改革委关于继续实行差别电价政策有关问题的通知 | 国家发展改革委 | 发改价格[2005]2254 号 |
| 9 | 国务院办公厅转发发展改革委关于完善差别电价政策意见的通知 | 国务院 | 国办发[2006]77 号 |
| 10 | 关于坚决贯彻执行差别电价政策禁止自行出台优惠电价的通知 | 国家发展改革委、国家电监会 | 发改价格[2007]773 号 |
| 11 | 关于进一步贯彻落实差别电价政策有关问题的通知 | 国家发展改革委 | 发改价格[2007]2655 号 |
| 12 | 关于取消电解铝等高耗能行业电价优惠有关问题的通知 | 国家发展改革委、国家电监会 | 发改价格[2007]3550 号 |
| 13 | 国家发展改革委印发关于建立煤电价格联动机制的意见的通知 | 国家发展改革委 | 发改价格[2004]2909 号 |
| 14 | 国家发展改革委、建设部印发关于建立煤热价格联动机制的指导意见的通知 | 国家发展改革委、建设部 | 发改价格[2005]2200 号 |

## 四、电力运行

| 序号 | 名　　称 | 制定单位 | 文　号 |
|---|---|---|---|
| 1 | 国务院办公厅关于转发发展改革委等部门节能发电调度办法(试行)的通知 | 国务院办公厅 | 国办发[2007]53号 |
| 2 | 关于印发节能发电调度试点工作方案和实施细则(试行)的通知 | 国家发展改革委 | 发改能源[2007]3523号 |
| 3 | 关于印发《节能发电调度信息发布办法(试行)》的通知 | 国家电监会、国家发展改革委、环境保护部 | 电监市场[2008]13号 |
| 4 | 印发《关于节能发电调度试点经济补偿有关问题的通知》 | 国家电监会、国家发展改革委、国家能源局 | |
| 5 | 电网企业全额收购可再生能源电量监管办法 | | 国家电监会令第25号 |
| 6 | 关于印发《加强用电需求侧管理工作的指导意见》的通知 | 国家发展改革委、国家电监会 | 发改能源[2004]939号 |
| 7 | 关于印发《电力需求侧管理办法》的通知 | 国家发展改革委、工业和信息化部、财政部、国资委、电监会、国家能源局 | 发改运行[2010]2643号 |
| 8 | 关于加强电力需求侧管理实施有序用电的紧急通知 | 国务院办公厅 | 国办发明电[2008]13号 |
| 9 | 节约用电管理办法 | 国家经贸委、国家发展计划委员会 | 国经贸资源[2000]1256号 |
| 10 | 关于进一步加强节油节电工作的通知 | 国务院 | 国发[2008]23号 |
| 11 | 关于完善电力用户与发电企业直接交易试点工作有关问题的通知 | 国家电监会、国家发展改革委、国家能源局 | 电监市场[2009]20号 |

## 五、电力二氧化硫减排

| 序号 | 名　　称 | 制定单位 | 文　号 |
|---|---|---|---|
| 1 | 关于加强燃煤电厂二氧化硫污染防治工作的通知 | 国家环保总局、国家发展改革委 | 环发[2003]159号 |
| 2 | 关于印发现有燃煤电厂二氧化硫治理"十一五"规划的通知 | 国家发展改革委、国家环保总局 | 发改环资[2007]592号 |
| 3 | 燃煤二氧化硫排放污染防治技术政策 | 国家环保总局、国家经贸委、科技部 | 环发[2002]26号 |
| 4 | 国家发展改革委、国家环保总局关于印发《燃煤发电机组脱硫电价及脱硫设施运行管理办法》(试行)的通知 | 国家发展改革委 | 发改价格[2007]1176号 |
| 5 | 关于印发加快火电厂烟气脱硫产业化发展的若干意见的通知 | 国家发展改革委 | 发改环资[2005]757号 |
| 6 | 关于开展火电厂烟气脱硫特许经营试点工作的通知 | 国家发展改革委、国家环保总局 | 发改办环资[2007]1570号 |
| 7 | 关于加强燃煤脱硫设施二氧化硫减排核查核算工作的通知 | 环境保护部 | 环办[2009]8号 |
| 8 | 关于修改《火电厂烟气脱硫工程技术规范烟气循环流化床法》等两项国家环境保护标准的公告 | 国家环保总局 | 国家环保总局2008年第5号公告 |

# 附录三   主要标准及指标体系选编

## 一、综合类

| 序号 | 名　　称 | 标准号 |
|---|---|---|
| 1 | 火电行业清洁生产评价指标体系(试行) | 国家发展改革委公告 2007 年第 24 号 |

## 二、节能

| 序号 | 名　　称 | 标 准 号 |
|---|---|---|
| 1 | 综合能耗计算通则 | GB/T 2589—90 |
| 2 | 企业能源审计技术通则 | GB/T 17166—1997 |
| 3 | 节能监测技术通则 | GB 15316—94 |
| 4 | 节能技术监督导则 | DL/T 1052—2007 |
| 5 | 用能单位能源计量器具配备和管理通则 | GB 17167—2006 |
| 6 | 产品单位产量能源消耗定额编制通则 | GB/T 12723—91 |
| 7 | 节电措施经济效益计算与评价方法 | GB/T 13471—92 |
| 8 | 合同能源管理技术通则 | GB/T 24915—2010 |
| 9 | 火力发电厂能量平衡导则　第一部分:总则 | DL/T 606.1—1996 |
| 10 | 火力发电厂能量平衡导则　第二部分:燃料平衡 | DL/T 606.2—1996 |
| 11 | 火力发电厂能量平衡导则　第三部分:热平衡 | DL/T 606.3—2006 |
| 12 | 火力发电厂能量平衡导则　第四部分:电能平衡 | DL/T 606.4—1996 |
| 13 | 火力发电厂能量平衡导则　第五部分:水平衡 | DL/T 606.5—1996 |
| 14 | 常规燃煤发电机组单位产品能耗限额 | GB 21258—2007 |
| 15 | 火力发电厂设计技术规程 | DL/T 5000—2000 |
| 16 | 火力发电厂厂用电设计技术规定 | DL/T 5153—2002 |
| 17 | 火力发电厂技术经济指标计算方法 | DL/T 904—2004 |
| 18 | 火力发电厂入厂煤检测实验室技术导则 | DL/T 520—2007 |
| 19 | 火力发电厂燃料试验方法　第 1 部分:一般规定 | DL/T 567.1—2007 |
| 20 | 火电厂燃料试验方法:入炉煤和入炉煤粉样品的采取方法 | DL/T 567.2—1995 |
| 21 | 火电厂燃料试验方法:飞灰和炉渣样品的采集 | DL/T 567.3—1995 |
| 22 | 火电厂燃料试验方法:入炉煤、入炉煤粉、飞灰和炉渣样品的制备 | DL/T 567.4—1995 |
| 23 | 火电厂燃料试验方法:煤粉细度的测定 | DL/T 567.5—1995 |
| 24 | 火电厂燃料试验方法:飞灰和炉渣可燃物测定方法 | DL/T 567.6—1995 |

| 序号 | 名 称 | 标 准 号 |
|---|---|---|
| 25 | 火力发电厂燃料试验方法 第7部分:灰及渣中硫的测定和燃煤可燃硫的计算 | DL/T 567.7—2007 |
| 26 | 火电厂燃料试验方法:燃油发热量的测定 | DL/T 567.8—1995 |
| 27 | 火力发电厂燃料试验方法:燃油元素分析 | DL/T 567.9—1995 |
| 28 | 电站锅炉性能试验规程 | GB 10184—88 |
| 29 | 电站汽轮机热力性能验收试验规程 | GB/T 8117—87 |
| 30 | 火力发电厂保温技术条件 | DL/T 776—2001 |
| 31 | 火力发电厂热力设备耐火及保温检修导则 | DL/T 936—2005 |
| 32 | 循环流化床锅炉性能试验规程 | DL/T 964—2005 |
| 33 | 电站磨煤机及制粉系统性能试验 | DL/T 467—2004 |
| 34 | 电站锅炉风机现场性能试验 | DL/T 469—2004 |
| 35 | 回转式空气预热器运行维护导则 | DL/T 750—2001 |
| 36 | 电除尘器性能试验方法 | GB/T 13931—2002 |
| 37 | 燃煤电厂电除尘器运行维护导则 | DL/T 461—2004 |
| 38 | 工业冷却塔测试规程 | DL/T 1027—2006 |
| 39 | 凝汽器与真空系统运行维护导则 | DL/T 932—2005 |
| 40 | 火力发电厂空冷塔及空冷凝汽器试验方法 | DL/T 552—1995 |
| 41 | 凝汽器与真空运行维护导则 | DL/T 932—2005 |
| 42 | 凝汽器胶球清洗装置和循环水二次滤网装置 | DL/T 581—1995 |
| 43 | 火电厂风机水泵用高压变频器 | DL/T 994—2006 |
| 44 | 热电联产电厂热力产品 | DL/T 891—2004 |
| 45 | 联合循环发电机组验收试验 | DL/T 851—2004 |
| 46 | 水力发电厂厂用电设计规程 | DL/T 5164—2002 |
| 47 | 电能计量装置技术管理规程 | DL/T 448—2000 |
| 48 | 电力网电能损耗计算导则 | DL/T 686—1999 |
| 49 | 电力变压器运行规程 | DL/T 572—1995 |
| 50 | 农村电力网规划设计导则 | DL/T 5118—2000 |
| 51 | 农村电网建设与改造技术导则 | DL/T 5131—2001 |
| 52 | 农村电网节电技术规程 | DL/T 738—2000 |
| 53 | 330～500kV变电所无功补偿装置设计技术规定 | DL 5014—92 |
| 54 | 高压静止无功补偿装置 第1部分:系统设计 | DL/T 1010.1—2006 |
| 55 | 高压静止无功补偿装置 第2部分:晶闸管阀试验 | DL/T 1010.2—2006 |
| 56 | 高压静止无功补偿装置 第3部分:控制系统 | DL/T 1010.3—2006 |
| 57 | 高压静止无功补偿装置 第4部分:现场试验 | DL/T 1010.4—2006 |
| 58 | 高压静止无功补偿装置 第5部分:密闭式水冷却装置 | DL/T 1010.5—2006 |

## 三、资源节约

| 序号 | 名　　称 | 标　准　号 |
|---|---|---|
| 1 | 火力发电厂节水导则 | DL/T 783—2001 |
| 2 | 取水定额　第1部分:火力发电 | GB/T 18916.1—2002 |
| 3 | 节水型企业评价导则 | GB/T 7119—2006 |
| 4 | 电厂粉煤灰渣排放与综合利用技术通则 | GB/T 15321—1994 |
| 5 | 水工混凝土掺用粉煤灰技术规范 | DL/T 5055—2007 |

## 四、环境保护

| 序号 | 名　　称 | 标　准　号 |
|---|---|---|
| 1 | 建设项目竣工环境保护验收技术规范　火力发电厂 | HJ/T 255—2006 |
| 2 | 电力环境保护技术监督导则 | DL/T 1050—2007 |
| 3 | 火电厂大气污染物排放标准 | GB 13223—2003 |
| 4 | 污水综合排放标准 | GB 8978—1996 |
| 5 | 火电厂环境监测技术规范 | DL/T 414—2004 |
| 6 | 固定污染源烟气排放连续监测技术规范 | HJ/T 75—2007 |
| 7 | 固定污染源烟气排放连续监测系统技术要求及检测方法(试行) | HJ/T 76—2007 |
| 8 | 火电厂烟气排放连续监测技术规范 | HJ/T 75—2001 |
| 9 | 燃煤电厂烟气排放连续监测系统技术条件 | DL/T 960—2005 |
| 10 | 电除尘器 | DL/T 514—2004 |
| 11 | 燃煤电厂电除尘器运行维护导则 | DL/T 461—2004 |
| 12 | 火力发电厂除灰设计规程 | DL/T 5142—2002 |
| 13 | 火力发电厂烟气脱硫设计技术规程 | DL/T 5196—2004 |
| 14 | 火电厂烟气脱硫工程技术规范　石灰石/石灰-石膏法 | HJ/T 179—2005 |
| 15 | 火电厂烟气脱硫工程调整试运及质量验收评定规程 | DL/T 5403—2007 |
| 16 | 石灰石-石膏湿法烟气脱硫装置性能验收试验规范 | DL/T 998—2006 |
| 17 | 火电厂烟气脱硫工程技术规范　烟气循环流化床法 | HJ/T 178—2005 |
| 18 | 火电厂石灰石-石膏湿法脱硫废水水质控制指标 | DL/T 997—2006 |
| 19 | 火力发电厂废水治理设计技术规程 | DL/T 5046—2006 |
| 20 | 火电厂排水水质分析方法 | DL/T 938—2005 |

## 五、可再生能源

| 序号 | 名　　称 | 标　准　号 |
|------|----------|-----------|
| 1 | 风电场风能资源测量方法 | GB/T 18709—2002 |
| 2 | 风电场风能资源评估方法 | GB/T 18710—2002 |
| 3 | 风力发电场项目可行性研究报告编制规程 | DL/T 5067—1996 |
| 4 | 风力发电场项目建设工程验收规程 | DL/T 5191—2004 |
| 5 | 风力发电机组验收规范 | GB/T 20319—2006 |
| 6 | 风力发电场运行规程 | DL/T 666—1999 |
| 7 | 风力发电场检修规程 | DL/T 797—2001 |
| 8 | 风电场噪声限值及测量方法 | DL/T 1084—2008 |
| 9 | 风电机组筒形塔制造技术条件 | NB/T 31001—2010 |
| 10 | 风力发电场监控系统通信——原则与模式 | NB/T 31002—2010 |

# 参 考 文 献

[ 1 ]　中国电力企业联合会. 电力行业节能减排政策综述及规章选编. 北京：中国电力出版社，2008.

[ 2 ]　国宏美亚（北京）工业节能减排技术促进中心. 中国工业节能进展报告 2008. 北京：化学工业出版社，2009.

[ 3 ]　国家发展改革委资源节约和环境保护司. 重点行业循环经济支撑技术（煤炭工业、电力工业）. 北京：中国标准出版社，2007.

[ 4 ]　中国电力企业联合会. 中国电力行业年度发展报告 2010. 北京：中国电力出版社，2010.

[ 5 ]　中国电力企业联合会科技服务中心，华中科技大学能源与动力工程学院编. 火力发电厂节能技术丛书（锅炉机组节能、汽轮机设备及系统节能、热力系统节能、节能与控制）. 北京：中国电力出版社，2008.

[ 6 ]　中国电力企业联合会科技服务中心. 变压器能效与节电技术. 北京：机械工业出版社，2007.

[ 7 ]　中国电机工程学会. 火力发电厂技术改造指南. 北京：中国电力出版社，2004.

[ 8 ]　贵州电力试验研究院等. 电力网降损节能手册. 北京：中国电力出版社，2005.

[ 9 ]　华北电力节能检测中心等. 电力节能检测实施细则. 北京：中国标准出版社，2000.